□ 中国高等职业技术教育研究会推荐

高职高专系列规划教材

高频电路分析与实践

主编 钟 苏 刘守义

西安电子科技大学出版社

内 容 简 介

全书共两篇，分为 11 章。第一篇为高频电路实验与分析，内容包括直接检波接收机：LC 选频与检波电路；简单高放式接收机；高放电路；超外差式接收机：变频与 AGC 电路；调频接收机：鉴频与 AFC 电路；发射机电路。第二篇为高频电路的基本理论及其应用，内容包括高频小信号放大电路分析基础；高频功率放大电路；正弦波振荡器；调幅、检波与混频：频谱线性搬移电路；角度调制与解调；非线性频率变换电路；反馈控制电路。

本书可作为高职高专电子、通信类专业或相近专业的教材，也可供有关专业的工程技术人员参考。

图书在版编目（CIP）数据

高频电路分析与实践/钟苏，刘守义主编. —西安：西安电子科技大学出版社，2012.8
高职高专系列规划教材
ISBN 978 - 7 - 5606 - 2845 - 5

Ⅰ. ① 高…　Ⅱ. ① 钟…　② 刘…　Ⅲ. ① 高频－电子电路－高等职业教育－教材　Ⅳ. ① TN710.2

中国版本图书馆 CIP 数据核字（2012）第 146932 号

策　　划　马乐惠
责任编辑　王　瑛　马乐惠
出版发行　西安电子科技大学出版社（西安市太白南路 2 号）
电　　话　(029)88242885　88201467　　邮　　编　710071
网　　址　www. xduph. com　　　　电子邮箱　xdupfxb001@163. com
经　　销　新华书店
印刷单位　陕西光大印务有限责任公司
版　　次　2012 年 8 月第 1 版　2012 年 8 月第 1 次印刷
开　　本　787 毫米×1092 毫米　1/16　印　张　16
字　　数　373 千字
印　　数　1～3000 册
定　　价　24.00 元

ISBN 978 - 7 - 5606 - 2845 - 5/TN • 0662

XDUP 3137001 - 1

前　言

从 1995 年开始，深圳职业技术学院电子与通信系结合专业建设与课程教学改革的需要，对电子技术的几门专业基础课程进行了比较深入的研究与改革，研究成果获广东省教学成果一等奖。课题提出了以能力为主线进行课程宏观设计与微观设计的思路，按照这一思路，编者编写出版了《高频电子技术》、《数字电子技术》、《模拟电子技术》、《单片机技术》、《电子技术操作基础》等系列高职教材，这些教材及与之配套的实训装置为许多高职院校采用。这些教材对巩固与推广教学改革成果，进一步深化与推进教学改革起到了积极作用。

其中《高频电子技术》1999 年出版后，当年即被教育部评为高职高专推荐教材，该教材重印 9 次，发行量达数万册。在原有教材的基础上，2007 年我们对这本教材进行了修改并增补部分章节由西安电子科技大学出版社重新出版。为避免因出版时间太早给高职院校继续选用该书带来困难，同时也为了适应新技术、新器件发展的需要，我们在 2007 年版《高频电子技术》的基础上重新编写了本书(《高频电路分析与实践》)。本书保留了原教材的结构，但在内容上做了大量的更新，主要体现在各章增补了集成器件及其应用方面的内容；重写了第 11 章，强调了集成锁相环的应用；对第一篇高频电路实验与分析的内容也进行了增补，使其在教学中更为适用。

一、本书特点

高频电路是通信与电子信息类专业重要的技术基础课，是一门理论性、工程性和实践性很强的课程。为使学生在理论和实践两方面都有所收获，本书在内容的选取和叙述体系方面，力求体现高职教育教学的特点。

本书内容体系按照人们的认识规律来组织，即通过实际应用系统问题来引导，而不是靠理论体系的逻辑引导。全书分为两篇：

第一篇为高频电路实验与分析。该篇的教学目的是使学生在高频电路的基本技能方面得到系统的训练，增加学生对高频电路的感性认识，体会电路的作用与相关概念的实际含义。全篇安排了 13 个实验项目，通过对无线电通信系统由小到大、由简到繁的安装、调试与检测，以及对实验过程与结果的定性分析，使学生对系统引出的基本单元电路的作用、特点、技术指标等有一个定性的了解，能基本理解电路的工作原理，并对高频电路系统形成一个总体的认识。需要说明的是，我们在这里有意采用了分离元件来构成实验电路，目的是让学生通过这一系列的实验获得高频电路调试、检测方面的有益经验。

第二篇为高频电路的基本理论及其应用。在这一篇中，通过建立单元电路的数学模型来阐述高频电路的基本理论。该篇注重结论的物理意义，尽量避免冗长的数学推导；注重介绍实际电路当前发展的水平及在不同系统中的最新应用。通过这部分的学习，可使学生在新的高度上加深对高频电路系统的总体认识。

二、教学安排

本书第一篇涉及的 13 个实验项目，应尽量创造条件完成，使学生在高频电路实际动手能力方面得到系统的训练。由于设备、器材等方面的原因不能完成书中全部实验的，可以用演示的方法完成或者借助仿真软件通过模拟实验的方式完成。建议第一篇安排 30 学时～40 学时，第二篇安排 40 学时～50 学时。第二篇可以在完成第一篇后再进行，也可以与第一篇穿插进行。

　　由于编者水平所限，书中不足之处在所难免，恳请读者批评指正。

编　者

2012 年 3 月

目　录

第一篇　高频电路实验与分析

绪　　论

一个多世纪以来，在自然科学方面有很多重大的发现和发明，无线电是这些发明中极其重要的一种。它从诞生到现在的一个多世纪中，对人类的生活和社会的进步产生了深刻的影响并起着重要作用。

在早期，无线电技术的发展和无线电通信的发展几乎是密不可分的。一个无线电收/发系统所包含的电子线路，涉及到电子线路的主要类型，它的工作原理和工作过程也具有普遍的、典型的意义，而且通信技术的发展和现代化，充分反映了无线电技术的发展。因此，在本书中，我们将以无线通信系统中的发送设备和接收设备为线索，讨论高频电子线路所涉及的一些问题。

一、通信系统的组成

广义地说，凡是在发信者和受信者之间，以任何方式进行消息的传递，都可称为通信。实现消息传递所需的设备的总和，称为通信系统。19 世纪末迅速发展起来的以电信号作为消息载体的通信系统，称为现代通信系统或电信系统，其组成方框图如图 0-1 所示。其中，各部分的作用简介如下。

图 0-1　现代通信系统组成方框图

1. 换能器

信源是指需要传送的原始信息，如声音、图像、文字等，一般是非电物理量。输入换能器的任务是将信源提供的非电量信息变换为电信号，这种电信号通常称为基带信号。基带信号的特点是频率较低，相对带宽较宽，如话音信号带宽为 300 Hz～3400 Hz，电视信号带宽为 0 MHz～6 MHz。输出换能器的作用则与之相反，是将接收设备输出的基带信号还原成原始信息。

2. 发送设备

发送设备的主要任务是调制和放大。在通信系统中，大多数信道不适宜直接传输基带信号。因此，必须将基带信号变换成适合信道传输的频带信号，这个过程称为调制。

调制就是用待传输的基带信号去控制信息载体高频电振荡的某一参数，让这一参数随基带信号线性变化的过程。例如，在连续波调制中，用基带信号去控制高频振荡的振幅，称为振幅调制，简称调幅（AM）；用基带信号去控制高频振荡的频率，则称为频率调制，简称调频（FM）；用基带信号去控制高频振荡的相位，则称为相位调制，简称调相（PM）。通常将基带信号称为调制信号，经过调制后的高频振荡信号带有基带信号的信息，称为已调信号；而未被调制的高频振荡是运载信息的工具，称为载波信号。

放大是指对调制信号和已调信号的电压和功率进行放大、滤波等处理过程，以保证已调波有足够的功率送入信道。

3. 信道

信道是信号传输的通道，又称传输媒介。通信系统中应用的信道可分为两大类：有线信道（如架空明线、电缆、波导、光纤等）和无线信道（如海水、地球表面、自由空间等）。不同信道有不同的传输特性，同一信道对不同频率信号的传输特性是不同的。例如，在自由空间媒介里，电磁能量是以电磁波的形式传播的，而不同频率的电磁波却有着不同的传播方式。电磁波具有直射、绕射、反射、折射等现象。例如，1.5 MHz 以下的电磁波可以绕着地球的弯曲表面传播，称为地波。由于大地不是理想导体，当电磁波沿其上传播时，有一部分能量被损耗掉，并且频率越高，损耗越严重，因此频率较高的电磁波不宜采用绕射方式传播。另外还应指出，由于地面的电性能在较短时间内的变化不会很大，因此这种传播比较稳定。1.5 MHz～30 MHz 的电磁波主要靠天空中电离层的折射和反射传播，称为天波。电离层是由太阳和星际空间的辐射引起大气上层电离形成的。电磁波到达电离层后，一部分能量被吸收，一部分能量被反射和折射到地面。频率越高，被吸收的能量越小，电磁波穿入电离层也越深。当频率超过一定值后，电磁波就会穿透电离层传播到宇宙空间而不再返回地面，因此频率更高的电磁波不宜用天波传播。30 MHz 以上的电磁波主要沿空间直线传播，称为空间波。由于地球表面的弯曲，空间波传播的距离受限于视距范围。架高发射天线、利用通信卫星可以增大其传输距离。

为了讨论问题的方便，将不同频率的电磁波人为地划分为若干个频段或波段，其相应名称和应用举例列于表 0-1 中。人们常对微波波段做更详细的划分，并用不同的拉丁字母表示，如表 0-2 所示。应该指出，各波段的划分是相对的，因为各波段之间并没有显著的分界线，但各个不同波段的特点仍然有明显的差别。例如，从使用的元器件以及电路结构与工作原理等方面来说，中波、短波和米波段基本相同，但它们和微波波段则有明显的区别。前者大都采用集总参数的元件，如通常的电阻器、电容器和电感线圈等，在器件方面主要采用一般的晶体二极管、三极管、场效应管和线性组件等。而后者则采用分布参数的元件，如同轴线、光纤和波导等。在器件方面除采用晶体管、场效应管和线性组件外，还需要特殊器件，如调速管、行波管、磁控管及其他固体器件，它们在作用原理上和晶体管也很不一样。

4. 接收设备

接收设备的任务是选频、放大和解调。也就是将信道传输过来的已调信号进行处理，恢复出与发送端相一致的基带信号，这个过程称为解调。显然，解调是调制的逆过程。又由于信道的衰减特性，经远距离传输到达接收端的信号电平是很微弱的（微伏数量级），需要放大后才能解调。同时，信道中还存在许多干扰信号，因而接收设备还必须具有从众多干扰信号中选择有用信号，抑制干扰信号的能力。

二、无线电发送设备和接收设备的组成

发送和接收设备是现代通信系统的核心部件。图 0-2 为无线发射机组成方框图，它包括三个部分：高频部分、低频部分和电源部分。

高频部分通常由主振级、倍频级、调制级和功率放大级组成。主振级的作用是产生频率稳定的高频载波信号。倍频级的作用是将主振产生的高频载波的频率提高到所需的数值。调制器受低频放大级送来的基带信号的控制，产生高频已调信号，经功率放大级进行高频功率放大，获得足够的功率，最后经发射天线将已调波辐射出去。

低频部分的基带信号通过低频放大器放大，为调制器提供完成调制所需的调制信号。

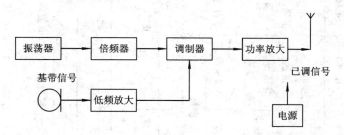

图 0-2　无线发射机组成方框图

无线电信号的接收过程正好和发射过程相反。图 0-3 所示为超外差式接收机组成方框图，接收天线将收到的电磁波转变为已调波电流，然后从这些已调波电流中选择出所需的信号并对其进行放大。放大后的有用信号 f_s 送入混频器与本地振荡器产生的正弦振荡信号 f_L 在混频器中混频，产生一个频率固定不变的中频信号 f_I（在后面的有关章节中将证明，该信号保留了输入信号中的全部有用信息）。混频器产生的中频信号经过若干级中频放大后，经解调器解调，还原成基带信号，最后经低频放大输出。

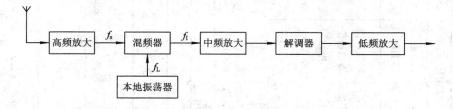

图 0-3　超外差式接收机组成方框图

三、本书研究的对象和内容

通过以上介绍，我们对无线电通信的基本原理有了一个粗浅的了解。下面我们将陆续介绍无线电发送设备和接收设备的工作原理与组成，着重讨论构成发送、接收设备的各单元电路的工作原理、典型电路、性能特点、工程分析方法、测试及调试方法。这些基本单元电路包括高频小信号放大电路、高频功率放大电路、正弦波振荡器、调制和解调电路、倍频电路、混频电路、反馈控制电路等。这些电路除了在现代通信系统中具有举足轻重的作用外，还广泛地应用于其他电子设备中。

需要指出的是，"高频"这一术语从广义来说，就是适于无线电传播的无线电频率，通常又称"射频"。由表 0-1 可知，高频包括的频率范围很宽。本书讨论的内容只限于狭义的"高频"，通常指低于微波频率范围。这是因为在微波波段，使用的有源器件和线路结构都与高频波段很不相同。当然，在本书中讨论的一些高频电路的基本原理，对微波范围也是适用的。

表 0 – 1　电磁波波段的划分

频段名称	频率	波长	波段名称	应用举例	传输媒介
极低频 (ELF)	30 Hz~300 Hz	10 Mm~1 Mm			有线　　　无线：海水、地球表面
声频 (VF)	300 Hz~3 kHz	1 Mm~100 km		音频 电话 数据传输 长距离导航时间标准	
甚低频 (VLF)	3 kHz~30 kHz	100 km~10 km	超长波 (VLW)		
低频 (LF)	30 kHz~300 kHz	10 km~1 km	长波 (LW)	航海设备 无线电信标	架空明线、视频电缆
中频 (MF)	300 kHz~3 MHz	1 km~100 m	中波 (MW)	调幅广播 业余无线电	
高频 (HF)	3 MHz~30 MHz	100 m~10 m	短波 (SW)	短波广播 移动通信 军用通信 业余无线电	射频电缆
甚高频 (VHF)	30 MHz~300 MHz	10 m~1 m	米波（超短波）	电视 调频广播 空中交通管制 业务无线电	
特高频 (UHF)	300 MHz~3 GHz	1 m~10 cm	分米波（微波）	电视 遥测 雷达 业余无线电	同轴电缆　　　自由空间
超高频 (SHF)	3 GHz~30 GHz	10 cm~1 cm	厘米波（微波）	雷达 卫星通信 业余无线电	
极高频 (EHF)	30 GHz~300 GHz	1 cm~1 mm	毫米波（微波）	无线电天文学 雷达 着陆设备 业余无线电	
超极高频 (SEHF)	300 GHz~3 THz	1 mm~100 μm	亚毫米波（微波）	卫星广播与通信 数据传输	波导
光波	3 THz~300 THz	100 μm~1 μm	光波	光通信 数据传输	光纤

表 0 – 2　微波波段的划分

波段代号	L	S	C	X	Ku	k	ka	Q~W
简称	22 cm 波段	10 cm 波段	5 cm 波段	3 cm 波段	2 cm 波段	1.25 cm 波段	0.8 cm 波段	0.4 cm 波段
波长范围 /cm	75~15	15~7.5	7.5~3.65	3.65~2.42	2.42~1.66	1.66~1.13	1.13~0.75	0.75~0.375
频率范围 /MHz	400~2000	2000~4000	4000~8200	8200~12 400	12 400~18 000	18 000~26 500	26 500~40 000	40 000~80 000

第一篇

高频电路实验与分析

　　电台能将声音、图像、文字与符号通过一定的方式发送出去。收音机、电视机、移动电话等广播与通信设备能接收电台发射的信号，把它还原成声音、图像、文字或符号。信号的发送与接收涉及到无线电技术中的信息传输与信息处理，高频电路讨论的正是用于信息传输和信息处理方面的基本电路。

　　高频电路包含的基本电路多种多样。不同通信系统传输的信息、选择的信道以及为完成通信设计制作的设备，相互之间有着很大的差异，但基本方法与采用的基本电路却是相通的。本篇通过对直接检波接收机、简单高放式接收机、超外差式接收机、调频接收机、发射机电路等实用电路由浅入深、由简到繁的实验与分析，使读者对高频电路中所涉及到的基本电路形成一个整体的定性的认识。

第一章　直接检波接收机：*LC* 选频与检波电路

本章通过安装一台最原始的直接检波接收机，并通过对接收机中选频与检波电路的实验与分析开始高频电路的学习。

本章中，技能方面涉及的主要内容有简单电路的安装与调试，有源音箱、示波器、高频信号发生器、扫频仪等高频实验室常规仪器的使用；理论方面涉及的主要内容有调幅信号的定性分析，检波二极管的作用及检波的物理过程，选频电路的作用与特点，直接检波接收机的工作原理等。

1.1　直接检波接收机电路

在绪论中，我们已经对通信系统的组成有了一个大概的了解。大家都知道，接收设备是完成通信工作的重要一环。绪论给出了接收机的结构方框图。其实，早期的接收机电路远没有这么复杂。

将一个由可变电容与磁性天线构成的谐振回路、一个二极管、一个电容器与一个耳机按图 1-1 连接起来就可以接收从电台发射出来的广播信号。在这个电路中，没有任何放大环节，因此不需要电源；人们称之为直接检波接收机。我们可以通过下面的实验来认识这种简单的接收机。

 实验一　直接检波接收机的安装与试听

一、实验步骤

步骤 1：电路连接

首先在一块面包板或万能板上按图 1-1 将电路连接起来，为了获得较大的音量，可以用一个有源音箱来代替耳机。

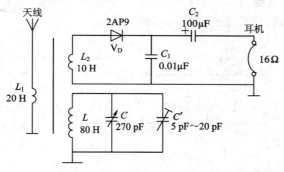

图 1-1　直接检波接收机

步骤 2：天、地线连接

如果实验室有良好的室外天线与地线，按图 1 - 1 所示将天线与地线连接好（如果没有室外天线，实验从步骤 4 继续进行）。

步骤 3：收听电台广播

电路安装完毕后，如果检查无误，就可以接收电台播音了。缓慢调节可变电容的旋钮，可以收听到一个本地中波电台的广播。如果收听不到声音，可能是天线、地线不良或电台信号太弱，实验可以继续往下进行，用高频信号发生器代替电台，直接接收高频信号发生器的调幅信号。

步骤 4：接收高频信号发生器的信号

将高频信号发生器的信号频率置于 1 MHz，调制频率置于 1 kHz，调制度置于 60%。输出端中心头通过一 0.01 μF 电容接到接收机天线，高频信号发生器的"地"与接收机的"地"相连接。改变高频信号发生器输出信号的大小，并仔细调节接收机可变电容旋钮，便可以从扬声器中听到清晰的 1 kHz 的单音。改变高频信号发生器的调制频率，声音的音调跟着变化。

实验中可以体会到，只有当可变电容置于某一位置附近时，才能接收到高频信号发生器的信号。扬声器发出的声音的音调与高频信号发生器的调制频率有关。

二、实验分析

通过以上实验，我们安装了一台最简单、最原始的接收机，并试听了收音效果。一个由天线线圈与可变电容组成的可变频率的调谐回路，一个二极管，一个耳机，再连接上天线、地线，就能接收空中的无线广播信号，说明这一简单电路已包含了接收机的主要功能。如此简单的接收机是如何工作的呢？调谐回路、二极管、耳机在这里的主要作用是什么？这正是本章首先要解决的问题。下面我们首先认识一下由二极管 V_D 与电容 C_1 组成的检波电路。

1.2　调幅信号与检波电路

从低频电路中我们知道，送到有源音箱去放大并推动喇叭发声的应是音频电信号。如果把图 1 - 1 中的二极管 V_D 与电容 C_1 构成的电路看成如图 1 - 2 所示的一个四端网络，则其输出应是音频信号。其输入是什么信号呢？二极管 V_D 与电容 C_1 在电路中起了什么作用？我们可以通过下面的实验来获得这方面的知识。

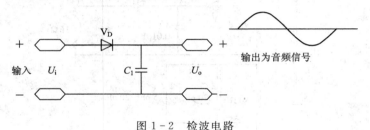

图 1 - 2　检波电路

实验二　调幅波的观察与检波电路的认识

一、实验步骤

步骤 1：观察输入信号波形

在实验一步骤4的基础上，即在准确地接收到高频信号发生器的信号以后，用示波器依次观测图1-1中高频信号发生器的输出、可变电容定片与二极管 V_D 正端的信号波形。示波器的扫描周期置于 2 ms/div 左右。一般情况下，我们说用示波器观测某一点的波形，是观测该点对地的波形。因此，示波器的中心端直接与该点相接，示波器的"地"与电路的"地"相接。如果操作正确，示波器展示的波形如图1-3所示。但不同测试点的信号幅度不同。

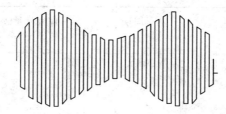

图1-3　调幅波

步骤 2：测量输入信号的有关参数

在示波器上测量如图1-3所示波形的正弦包络线的周期，记下读数。注意该读数与高频信号发生器调制信号的频率数有什么关系。

如果测试正确，用示波器测得的包络线的周期约为 1 ms，恰为高频信号发生器调制信号的周期。

步骤 3：观测加至有源音箱的信号波形

用示波器观测图1-1中二极管负端的波形并测量其周期，记下读数。

操作时，小心调节高频信号发生器的频率与输出幅度，可使观测到的波形如图1-4(a)所示，为一正弦波。该波形与图1-3所示波形的包络线的形状完全相同，其周期与包络线的周期读数一致。

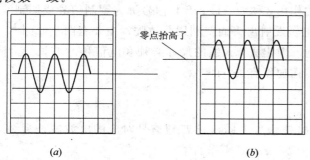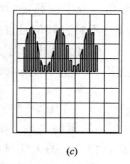

(a)　　　　　　　　　　(b)　　　　　　　　　　(c)

图1-4　检波输出波形
(a) 用示波器交流挡观测到的波形；(b) 用示波器直流挡观测到的波形；
(c) 移去滤波电容后观测到的波形；

步骤 4：观测信号中的直流成分

在步骤 3 观测的基础上，将示波器输入选择置于 DC 位置，可以观测到波形的形状没有变化，但波形整体发生了如图 1-4(b) 所示沿竖直方向向上的位移。这说明观测的信号中，包含直流成分。

步骤 5：试验电容 C 的作用

将电容 C 从电路中取出，再一次用示波器观测图 1-1 中二极管负端的波形。体会一下与步骤 3 观测到的波形有什么不同。

这时我们看到，示波器展示的波形如图 1-4(c) 所示，波形不再是正弦波。

将该实验的相关数据填入表 1-1。

表 1-1　实验二的数据

	波形	周期 /ms	直流分量 /mV	取下电容 C 后输出电压 U_o 的波形
输入信号电压 U_i				
输出信号电压 U_o				

二、实验分析

对上面的实验，可以作如下分析：

（1）如果将高频信号发生器看成一个电台，则从电台发射出来被天线接收到的信号不是音频信号，而是如步骤 1 所观测到的带有包络线的高频信号。

（2）步骤 2 与 3 说明，加至有源音箱放大的音频信号与包络线的周期完全一致，电台是将音频信号加载在高频信号上通过空间发送出来的。音频信号改变了高频信号的幅度，使高频信号的幅度按照音频信号的变化规律改变。这种信号称为调幅信号，或称为调幅波。高频信号起了运载音频信号的作用，称为载波。音频信号称为调制信号或调制波。

为什么不将音频信号直接从电台发射出去而要利用载波呢？主要有两个原因。

其一，要将无线电信号有效地发射出去，天线的尺寸必须和电信号的波长 λ 为同一数量级。波长与信号频率及电波的传播速度有关，即

$$\lambda = \frac{v}{f} \tag{1.1}$$

按照式 (1.1) 所示的关系，可计算出频率为 1 kHz 的音频信号对应的电波波长为 300 km，要制造出这样巨大的天线显然是不现实的。

其二，即使能制造出这样大的天线，不同电台发射的音频信号处于同一频段，在信道中会互相重叠、干扰，接收设备无法选择要接收的信号。

（3）步骤 3~5 说明，调幅信号通过二极管 V_D 之后，音频信号被分离出来，这种过程

称为解调或检波。图 1-1 中，二极管 V_D 与电容 C 构成的检波电路的作用就是将音频信号从调幅波中解调出来。其物理过程可以通过图 1-5 来说明。为使分析问题简单，假设二极管特性曲线是通过原点的一根直线（如图 1-5(b) 所示），当二极管两端作用的是正向电压时，二极管就导通，在导通期间，二极管可用它的正向内阻来代替；当二极管两端作用的是反向电压时，二极管就截止，在截止期间把二极管当做断路来处理。

设检波电路输入端加上一个调幅波电压 U_i，由于二极管只能单向导电，所以只是在输入信号的正半周二极管才能导通。在二极管导通时，输入电压通过二极管的正向电阻给电容 C 充电，由于正向电阻很小，充电速率很快，C 两端电压在很短时间内就接近调幅电压的峰值，例如图 1-5(c) 中的 A 点。很明显，C 两端的电压又与输入电压相加后加到二极管的两端。因而，二极管导通与否，须视这两个电压相加的结果。例如在 A 点（时间为 t_1），电容两端的电压 U_o 与输入电压 U_i 相等，二极管两端的电压为零，二极管截止。在 t_1 以后，由于 U_i 的下降，使 $U_o > U_i$，二极管两端的电压为反向电压，二极管继续截止。由于 C 两端有负载电阻 R_L 并联，C 两端的电压要通过 R_L 放电，一般 $R_L C$ 的乘积（即放电时间常数）比输入信号的周期要大得多，因此在输入信号的一个周期里放电较少，电压降低较慢（图中 AB 段为放电过程），到时间 t_2 时，输入电压又上升到与 U_o 相等（B 点），二极管仍处于截止状态。但在 t_2 以后，U_i 上升到超过 U_o，二极管两端得到正向电压，再次导通。在 t_2 至 t_3 时间内二极管一直保持正向导通，C 被充电，U_o 又以较快的速率上升到接近输入电压的峰值。在 t_3 以后，二极管再次截止，C 又通过 R_L 放电。如此周而复始地进行，在 C 两端就得到图中所示的锯齿形输出波形，此波形的形状与信号电压的包络基本相同。很明显，小锯齿波的重复频率就是输入信号载波的频率。检波后的这种波形包含着原载波的基波信号与各次谐波信号、由包络线决定的音频信号、直流信号等多种成分。载波信号作为运载调制信号的工具，已完成了它的使命，只需将音频信号取出来就可以了。直流成分正比于加至二极管检波的载波信号的大小，在某些场合它可以用于反馈控制。

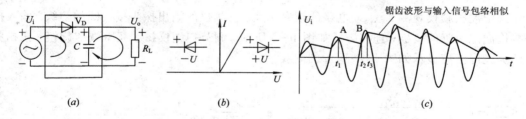

图 1-5　检波原理

（a）检波电路的充放电回路；（b）检波二极管的理想伏安曲线；（c）电容充放电过程

对调幅波的解调，除二极管包络检波电路外，还可以用其他一些电路来实现。关于具体电路及其工作原理，将在第二篇中详细讨论。

因为二极管存在一个死区电压，对于锗二极管来说，一般要求加至检波器的载波信号大于 0.5 V，所以，这种检波器称为大信号包络检波器。

（4）步骤 3 与步骤 4 还说明，接上电容 C 后，检波输出中的高频成分没有了。电容 C 与电阻 R 在这里构成了一个低通滤波器，它滤去了检波后残存的高频信号。

在第二篇的学习中我们还会进一步了解到，R、C 的参数对检波失真会产生影响，应选择合适的值。

通过上面的实验与分析我们知道，原始信息如语言、音乐、图像等非电物理量经换能器转换成电信号后，发送设备用它们去调制一个载波信号，然后经过天线发送出来。接收设备则通过一定的方式，将原始信息的电信号解调出来，再经过换能器还原成原始信号。

1.3　LC 选频电路

人们为了不同的目的需要传送许许多多的信息，为使信息之间彼此互不干扰，每个发送设备都必须至少占有一个属于自己的通道，而接收设备如何从众多的信息通道中识别或选择出自己所需要的通道呢？为此，我们有必要认识一下图 1-1 中由 L、C 构成的谐振电路。

 LC 谐振电路的认识

一、实验步骤

步骤 1：接收信号并测试频率

这一步就是接收高频信号发生器的信号，并测试接收机接收的最高频率与最低频率。将可变电容旋至容量最小位置，改变高频信号发生器的输出频率，使接收机正常发声，记下此时高频信号发生器的输出频率（记做 f_1）。将可变电容旋至容量最大位置，改变高频信号发生器的输出频率，使接收机正常发声，记下此时高频信号发生器的输出频率（记做 f_2）。在操作中体会一下声音是如何由小到大，由不清晰到清晰的。

正常情况下，f_1 为 520 kHz 左右，f_2 为 1610 kHz 左右，恰好可以接收我国中波频道 535 kHz～1605 kHz 范围内的信号。

步骤 2：测量 LC 回路的频率特性

用中波扫频仪观测 L_2、C_1 电路的频率特性。扫频仪的输出探头接线圈的初级，输入探头接检波二极管的负极，连接方式如图 1-6 所示。调节扫频仪扫频频率调节旋钮，在扫频仪的荧光屏上应显示如图 1-7 所示的曲线。

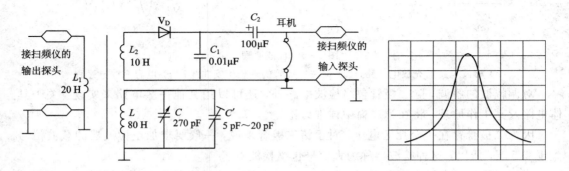

图 1-6　扫频仪与接收机的连接方式　　　　　图 1-7　扫频仪显示的频率特性曲线

步骤 3：调频测试

观察回路谐振频率与 L、C 的关系，调节频率范围。改变可变电容旋钮的位置或线圈在磁棒上的位置，观察曲线的变化。在操作中体会一下电容或线圈在磁棒上的位置变化时，曲线遵循什么规律沿水平方向移动（注意，扫频仪屏幕的左端为频率的低端，右端为频率的高端）。保持线圈的位置不动，记下可变电容在容量最小位置与容量最大位置时对应的中心频率 f_{01} 与 f_{02}，并与步骤 1 记下的频率 f_1、f_2 作比较。调节线圈在磁棒中的位置，使 $f_{01} = 535$ kHz；调节可变电容上的微调电容，使 $f_{02} = 1605$ kHz。

我们可以看到：当可变电容的容量增大或线圈向磁棒中间移动时，谐振曲线向屏幕的左边即频率低的方向移动；反之则向频率高的一端移动。由于 f_{01}、f_{02} 与 f_1、f_2 是用不同的方法测量到的接收机的频率范围，所以读数应十分接近。接收机接收的最高频率与最低频率可以在小的范围内调节。

二、实验分析

（1）*LC* 谐振回路是高频电路里最常用、最基本的选频网络。根据电路分析基础知识，*LC* 谐振电路的谐振频率由 *L* 与 *C* 的值所决定，其表达式为

$$f_0 = \frac{1}{2\pi\sqrt{LC}} \tag{1.2}$$

由此式可以看出，改变网络中参数 *L* 与 *C* 的值，即可改变其谐振频率。为此，*LC* 电路能从各种输入频率分量中选择出有用信号而抑制掉无用信号和噪声。步骤 1 直观地表明了 *LC* 电路对频率的选择作用。在一般接收电路中，人们正是通过调节网络中电容的大小来选择输入信号的。电容在最小与最大位置对应的频率 f_1 与 f_2，实际上就是网络所能选择的最低频率与最高频率。也可以说，*LC* 输入回路决定了图 1-1 所示接收机所能接收的频率范围。

（2）在扫频仪上展示的图 1-7 所示的曲线，称为谐振回路的频率特性曲线。它形象地反映了所测回路的电压与外加信号频率之间的幅频特性。曲线峰值对应的频率称为谐振频率或中心频率，当外加信号沿正、负方向偏离这个频率时，回路电压都降低了。随着外加频率的偏离，回路电压下降得越快，说明回路的选择性越好。也就是说，曲线越尖锐，回路的选择性越好。对于接收机来说，是否选频回路的曲线越尖锐就越好呢？并非如此。在以后的学习中我们会知道，一个幅度被调制的载波信号不再是单一频率的信号，而是以载波频率为中心的一个频带，其频谱宽度为

$$\mathrm{BW_{am}} = 2f_{\max} \tag{1.3}$$

式中：$f_{\max}$ 为调制信号的最高频率。对于不同频段、不同用途的通信系统来说，频带宽度有严格的规定。如我国调幅广播电台所允许占用的频带宽度为 9 kHz。为使接收机能不失真地还原发送端的信号，就要求接收机对整个频带的信号都能很好地接收。这样，就要求选频电路有一定的通频带。如果定义谐振曲线峰值处为 0 dB，则曲线高度大于等于 -3 dB 时所包含的频率范围为回路的通频带，用 $\mathrm{BW_{am}} = 2f_{\max}\,\mathrm{BW_{0.7}}$ 表示，如图 1-8 所示。

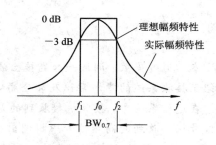

图 1-8　理想谐振曲线

在图 1-8 中，$\mathrm{BW_{0.7}} = f_2 - f_1$。为使回路有一定的选择性，又保证一定的通频带，理想的谐

振曲线应为一个矩形。

我们知道，回路的谐振曲线是由回路自身的因素决定的，回路的 Q 值越高，则曲线越尖锐，选择性越好，但通频带则变窄。单一的谐振回路很难两者兼顾。

（3）从步骤 3 中我们看到，改变线圈在磁棒上的位置，就改变了回路的谐振频率。磁棒是由铁氧体材料制作的，它作为线圈的磁性介质对线圈的电感量有影响。线圈越接近磁棒的中心位置，电感量越大。磁棒具有较强的导磁能力，它能聚集空间无线电波中的磁力线，在线圈中感应出较大的信号电压。

1.4　直接检波接收机的基本工作原理

到此为止，我们对直接检波接收机已有了一个大概的认识，可以用如图 1-9 所示的方框图来简述其工作原理。

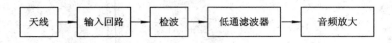

图 1-9　直接检波接收机方框图

天线接收到各个电台发射到空中的高频无线电载波信号，由 L_2、C_1 构成的输入回路从许许多多的信号中选择出欲接收的电台的信号。二极管 V_D 则对被调制的载波信号进行检波，解调出调制信号。由电容 C 与有源音箱的输入电阻构成的低通滤波器滤去了检波后残留的高频信号。经低通滤波器取出的音频信号被有源音箱放大后推动扬声器发声。当今各种复杂的无线接收系统，如电视机、移动电话等，其内部电路都应包含如图 1-9 所示的基本方框，但具体的内部电路可能不同。

可以说，这是一种极原始也极简陋的接收机，但它构成了一个完整的接收系统。由于没有放大环节，它不能接收微弱电台的信号，不架设长长的天线和良好的地线，根本没有办法收音。由于只有一个选频电路，它对相邻电台的抗干扰能力也很差，或可同时听到两个电台的广播，或可变电容旋转了很大的角度，仍能收到同一电台的播音。

要改善图 1-1 所示直接检波接收机的性能指标，可以从哪些方面想办法呢？我们将在后面学习到这些内容。

本 章 小 结

本章通过安装、调试一台直接检波接收机及对检波电路、LC 选频电路的实验，定性地介绍了接收系统的基本常识及部分高频单元电路。要点如下：

在通信系统中，接收机接收到的是经低频信号调制的高频信号。接收机的任务是将低频信号从接收到的高频信号中解调出来。

LC 选频电路具有选频特性，它可以从天线感应到的各种信号中取出欲接收信道的高频信号。

由二极管组成的检波电路可以对被调制的高频信号解调，经低通滤波器滤波后取出低频信号。

习　题　一

1. 如果将图 1-1 中二极管的极性颠倒一下，电路还能不能工作？

2. 如果将检波二极管换成硅二极管，电路的工作会不会受影响？

3. 如果用整流二极管代替检波二极管，电路的工作会不会受影响？

4. 与检波二极管连接的线圈的圈数，为什么比与可变电容相接的线圈的圈数少？

5. 如果在观测调幅波的实验中减少扫描的周期，在荧光屏上可以观测到什么波形？

6. 在观测可变电容定片上的调幅波时，如果调节可变电容的旋钮，观测到的波形幅度会发生什么变化？

7. 为什么调幅信号包络的周期与检波后低频信号的周期相等？

8. 加至检波二极管前面的调幅信号幅度要求在 0.5 V 以上，太低了为什么不行？

9. 为什么调节频率范围时，低端调节线圈在磁棒中的位置，高端调节可变电容上的微调电容？

10. 如果接收机接收到的最低频率无论怎样调节都高于中波的最低频率 535 kHz，是什么原因？可以采取什么措施？

第二章　简单高放式接收机：高放电路

本章通过安装一台简单的直接高放式接收机，并通过对接收机中的选频放大电路的实验与定性分析，使学生提高对通信接收系统及高频电子技术的认识。

本章中，技能方面涉及的主要内容有常用仪器仪表的使用与进一步熟练，放大电路直流工作点的调试，高放式接收机选频回路的统调；理论方面涉及的主要内容有放大电路直流工作点对高频放大电路的影响，选频放大电路的基本原理，简单高放式接收机的工作原理。

2.1　简单直接高放式接收机电路

从前面的分析知道，要使包络检波器从载波信号中解调出调制信号，须为检波二极管提供 0.5 V 以上的信号电压。对于本地电台，虽可通过架设长天线来满足要求，但毕竟十分不便。对远地电台来说因信号太弱，长天线将信号感应出来的同时也感应了噪声，因此接收机的信噪比很低，根本无法正常接收。为了改善直接检波接收机灵敏度太低的缺陷，人们自然想到在检波之前，把天线接收到的信号预先放大。放大电路的方式可以是多种多样的，图 2-1 为一种简单的直接高放式接收机电路。从电路中可以看到，在天线线圈与检波二极管 V_D 之间，增加了一个由三极管 V_T 组成的放大电路，由于放大电路放大的是直接来自信道的高频信号并直接送检波电路检波，所以称为直接高放式接收机。我们通过实验与分析来认识这种接收机的性能、特点与工作原理。

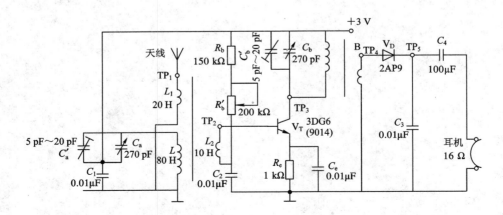

图 2-1　直接高放式接收机电路

实验四(1)　简单高放式收音机的安装与调试

一、实验步骤

步骤1：电路焊接与装配

在印刷电路板或万能板上按图2-1将电路连接起来。扬声器用有源音箱代替。

步骤2：调整晶体管 V_T 的静态工作点

用万用表或示波器直流挡测量三极管发射极对地电位 U_e，调节可变电阻 R_b' 的阻值，使 $U_e = 0.5\ V$，此时，晶体管集电极电流 $I_c \approx \dfrac{U_e}{R_e} = 0.5\ mA$。

步骤3：收音试听

调节可变电容，收听本地中波电台的广播。如收不到电台，给收音机加一根几米长的天线，如仍然收不到电台，实验从步骤4继续进行。

步骤4：接收高频信号发生器的信号

将高频信号发生器的信号频率置于 $1\ MHz$，调制频率置于 $1\ kHz$，调制度置于 30%。输出端中心头通过一 $0.01\ \mu F$ 电容接到收音机天线，高频信号发生器的"地"与收音机的"地"相连接。改变高频信号发生器输出信号的大小，并仔细调节收音机可变电容旋钮，使收音机接收到高频信号发生器输出的信号。

步骤5：调整频率接收范围

扫频仪的输出端接至收音机的天线，输入端接至检波二极管的负极。改变扫频仪的输出大小、调节灵敏度旋钮到适当位置，再调节扫频仪的中心频率，可在扫频仪屏幕上观测到收音机的频率特性曲线。将可变电容 C 旋至最大容量处，调整集电极回路线圈的磁芯，使谐振频率为 $520\ kHz$；然后将可变电容旋至最小容量处，调整集电极谐振回路的微调电容，使谐振频率为 $1610\ kHz$。

步骤6：统调

改变可变电容 C 的大小，使谐振频率为 $600\ kHz$，调节天线回路线圈在磁棒上的位置，使曲线幅度最高；改变可变电容 C 的大小，使谐振频率为 $1400\ kHz$，调节天线回路的微调电容，使曲线幅度最高。

二、实验分析

(1) 与直接检波接收机相比，图2-1电路多了由晶体管 V_T 组成的放大环节及构成晶体管集电极负载的选频电路。因此，其接收微弱电台的能力及对有用信号的选择能力都要高出直接检波接收机。

(2) 步骤5是为了使收音机能接收到 MW 波段的所有信号。通过调节第二个谐振回路的电感与微调电容，使可变电容的容量从最大变至最小时，其谐振频率恰在 $535\ kHz \sim 1605\ kHz$ 的中波范围内。

（3）天线回路与集电极两个回路的可变电容是同轴的，它们的容量同时变大或变小，这种可变电容称为双联。两个 LC 回路都有选频作用，它们共同决定了电路的频率特性。步骤 6 统调的目的是使两个回路在整个中波范围内的谐振频率趋于一致，这样可以提高电路的灵敏度与选择性。

2.2　高频小功率放大电路

从图 2-1 中可以看到，由晶体三极管与选频器组成的放大电路插在检波电路与输入电路之间，其作用是将天线接收到的信道信号放大后再送往检波电路。这种电路的输入信号比较小，基本工作在线性区，称为高频小功率放大电路。我们通过下面的实验来认识高频小功率放大电路的特点与基本原理。

实验四（2）　　高频小功率放大电路的认识

一、实验步骤

步骤 1：用扫频仪观测电路的放大作用

将扫频仪的输出信号从天线线圈加入，扫频仪的输入探头接至检波二极管的正极，调节相关旋钮，使屏幕上显示频率特性曲线。调节可变电容，使谐振曲线的峰值为 1000 kHz，记下曲线的高度同时读出扫频仪输出的大小；保持状态不变，将扫频仪的输入探头移至晶体管基极处，可以看出，曲线的高度明显下降。增加扫频仪的输出量，使曲线高度与上一次测量的高度基本一致，再一次读出扫频仪输出的大小。

我们可以看到，两次测量中，扫频仪的输出量第一次明显低于第二次，由此可以体会电路的放大作用。

步骤 2：信号寻迹

使收音机正常接收高频信号发生器发出的 1000 kHz、调幅度为 30％ 的高频信号，用示波器依次观测 $TP_1 \sim TP_5$ 各测试点的信号波形。读出 TP_2 与 TP_4 两点波形的幅值。

可以看到：$TP_1 \sim TP_4$ 的波形均为调幅波；天线线圈初级（TP_1）与晶体管基极（TP_2）的信号幅度差不多，集电极（TP_3）的信号幅度明显高于基极；二极管正极（TP_4）信号的幅度低于集电极但高于基极；从二极管负极（TP_5）检测到的信号已被解调为音频信号。

通过检测我们可以体会到信号的流向与变化：高频调幅信号从天线经输入线圈耦合到晶体管的基极；从基极输入的信号经晶体管放大后从集电极输出；从集电极输出的信号经高频变压器耦合到检波二极管的正极；加至二极管正极的调幅信号经二极管检波后变为音频信号。

将该实验的相关数据填入表 2-1。

表 2-1　实验四(2)的数据

测试点	TP$_1$	TP$_2$	TP$_3$	TP$_4$	TP$_5$
电压 峰—峰值					
电压 波形					

步骤3：试验静态工作点对接收效果的影响

使收音机正常接收高频信号发生器的信号，示波器观测检波后的输出信号。如果有双踪示波器，将示波器第二个输入置直流(DC)位置，观测三极管发射极的直流电压(如果没有双踪示波器，则用万用表测量)。调节可变电阻 R'_b，观测在可变电阻 R'_b 由大到小、由小到大的调节过程中三极管发射极的直流电压、输出波形及声音如何变化，体会晶体管静态工作点的变化对输出波形及收听效果的影响。

从实验中我们可以看到，随着 R'_b 的变化，发射极的直流电压即三极管的直流工作点在变化，示波器显示的输出波形的幅度与波形的形状也都在变化，与之对应的是音量的大小与音质的变化。静态工作点 I_{CQ}($I_{CQ} \approx U_e/R_e$)在一个小范围内变化时，输出波形为正弦波，超出这一范围，波形出现失真甚至完全没有输出。

二、实验分析

(1) 图 2-1 中由三极管 V_T 与 LC 回路组成的放大电路如图 2-2(a)所示。在实验步骤 1 与 2 中，我们观测到电路对高频信号的放大作用。步骤 1 中扫频仪两次输出旋钮读数的差值可看做电路增益的 dB 数。步骤 2 中两次幅度读数的比值可看做电路的电压放大倍数。

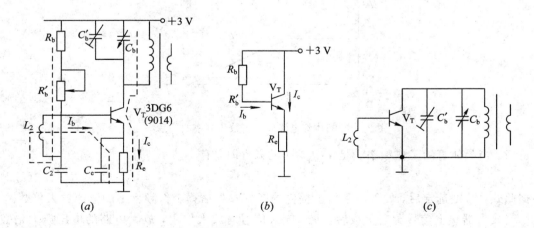

图 2-2　选频放大电路
(a) 实际电路；(b) 直流等效电路；(c) 交流等效电路

(2) 电路中，R'_b 与 R_b 串联作为晶体管 V_T 的基极偏置电阻，为晶体管建立起静态直流工作点。基极直流电流与集电极直流电流的路径如图 2-2(a)中虚线所示，直流等效电路如图 2-2(b)所示。静态工作点对放大器的影响与低频电路的基本相同。

（3）C_2 与 C_e 的作用是为高频信号提供一个交流通道，天线线圈次级感应到的信号通过三极管 be 结、电容 C_e、C_2 构成回路，其交流等效电路如图 2-2(c) 所示。

（4）对电路的放大作用可以这样来认识：电路由晶体管放大器与 LC 选频器组合而成。两者决定了电路的放大特性与选频特性。对作为放大器的晶体管来说，在高频电路中，必须考虑其极间电容对电路的影响。因此其微变等效的物理模型与低频电路有一定的区别。晶体管的高频等效电路如图 2-3 所示，其中 $g_m \dot{U}_{b'e}$ 为受控电流源，它模拟晶体管的放大作用。当有效基区到发射极之间加上交流电压 $\dot{U}_{b'e}$ 时，集电极电路就相当于有一电流源存在。g_m 称为晶体管的跨导，它反映晶体管的放大能力。

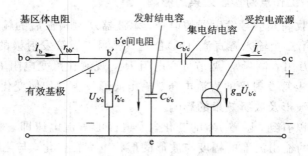

图 2-3 晶体管的高频等效电路

微变等效电路为一线性电路，对这个电路进行分析可以得到如下结论：

（1）晶体管的共射电流放大倍数 $\dot{\beta}(\dot{\beta} = \dot{I}_c / \dot{I}_b)$ 与频率有关。$|\beta|$ 与频率的关系如图 2-4 所示。图中，$|\beta|$ 下降 3 dB 对应的频率称为截止频率 f_β，$|\beta| = 1$ 时对应的频率称为特征频率 f_T，且有如下近似关系：

$$f_T = \beta_0 f_\beta \tag{2.1}$$

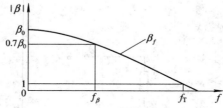

图 2-4 晶体管电流放大倍数与频率的关系

（2）当晶体管的工作频率满足 $f/f_\beta \gg 1$ 的条件时，有

$$f_T = f|\beta| \tag{2.2}$$

根据此式，管型选定后，便可由手册上提供的频率参数估算工作频率上的电流放大倍数。

当放大器接上信号源与负载后，便对输入信号有放大作用，放大电路的电压放大倍数与负载的阻抗有关。在一定范围内，负载阻抗越高，其电压放大倍数越高。

对选频器来说，LC 选频回路作为晶体管的交流负载。其阻抗的频率特性如图 1-7 所示。LC 回路的频率特性决定了放大电路的幅频特性，这正是电路既能放大，又能选频的原因。

一般来说，放大高频小信号都由放大器加选频器组成。放大器可以是本实验中涉及到的三极管，也可以是其他有源放大器件。对三极管放大器件来说，可以采用共射电路，也可以采用其他组态。选频器可以是实验中的 LC 回路，也可以是对频率有选择的其他器件。

2.3　直接高放式接收机的基本工作原理

通过上述两个实验，我们对直接高放式接收机有了一个初步的认识，可以用图2-5所示的方框图来定性地阐述其工作原理。

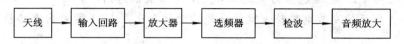

图2-5　直接高放式接收机方框图

输入回路对天线感应到的信号进行选频，为提高回路的选频特性，通过降压变压器尽量减少放大器输入阻抗对输入回路的影响。

与直接检波接收机比较，直接高放式接收机增加了放大器与选频器构成的选频放大电路。被调制的信道信号从三极管放大器的基极输入，经三极管放大后从集电极输出。

放大电路通过放大器对信号放大的同时又通过选频器对信号进行第二次选频。经再次选频出来的信号由变压器耦合至次级，送检波二极管检波解调出音频信号。

由于放大电路的作用，直接高放式接收机的灵敏度与选择性都要高于直接检波接收机。如果要进一步提高灵敏度与选择性，就必须增加放大电路的级数。然而，要想在整个信道内做成同步调谐的多级放大电路是很困难的，由此产生了下一章将要讨论的超外差式接收机电路。

本 章 小 结

欲提高接收机的灵敏度必须在检波电路之前将已调高频信号放大；欲提高接收机的选择性，必须增加选频回路。放大高频小信号的电路一般采用选频放大电路。选频放大电路由放大器与选频器共同组成，因此放大电路的电压放大倍数与频率有关，当外加信号的频率与选频器的谐振频率一致时，电压放大倍数最大。选频器在选择频率的同时，还可以实现放大器与负载之间的阻抗匹配。

本章在直接检波接收机的基础上，增加了一级高频选频放大电路，调试了电路的静态工作点，试验了电路的交流特性，分析了电路的工作原理。

本章实验电路采用晶体三极管作为放大器。用于高频放大的三极管的等效电路与低频电路的三极管有所不同，三极管的极间电容会对电路产生一定的影响，频率越高，影响越大。

与低频电路一样，三极管的静态工作点对放大电路有很大的影响，在电路设计与调试中，必须准确设置放大器的静态工作点。

实验电路中天线回路的谐振频率与放大器选频电路的谐振频率在调谐时应保持一致。由于增加了选频回路，电路的选择性得到提高。如果再增加放大电路的级数，要保证所用的选频回路同步调谐将是很困难的。

实验中最易出现的问题是高频自激。高频自激是指电路满足振荡条件产生等幅振荡，它使电路无法正常工作。产生自激的原因有很多，元器件布置不合理、地线连接不合理、退耦不良等是最主要的原因。如何消除自激是高频技术实际操作中要面对的重要问题。

习　题　二

1. 图 2-1 中，R_b' 接在 L_1 次级的下端，可不可以接在上端？接上端与接下端有什么不同？

2. 图 2-1 中，L_1 次级感应的交流信号是如何形成回路的？

3. 图 2-1 所示的高放电路接收机的选择性为什么比图 1-1 所示的直接检波接收机的选择性高？

4. 如果不给三极管加直流偏置，电路能不能正常工作？

5. 电路中，当集电极电流为 1 mA 时，三极管 V_T 基极对地的电位是多少？如果测得其电位为零，电路可能出现故障的部位及器件有哪些？

6. 电路中，三极管 V_T 集电极对地的电位是多少？如果测得其电位为零，电路可能出现故障的部位及器件有哪些？

7. 如果三极管 c、b、e 的电位依次为 3 V、3 V、0 V，电路可能出现故障的部位及器件有哪些？

8. 三极管的高频等效电路与低频等效电路有什么不同？

9. 为什么要使天线回路与三极管集电极回路谐振在同一个频率上？实验中是如何保证两个回路的谐振频率同步调谐的？

10. 假如集电极选频回路用一个固定电容代替可变电容，电路能否正常工作？

11. 假如用一个固定电阻代替集电极选频回路，电路性能会有什么变化？

12. 要能接收 MW 波段(535 kHz～1605 kHz)的全部信号，可变电容最大容量与最小容量之比为多少？

13. 如果接收机的接收频率低端调到 535 kHz，高端最高只能调到 1400 kHz，则产生这种情况的可能有哪些？

第三章　超外差式接收机：变频与 AGC 电路

　　本章通过安装与调试一台超外差式接收机及对电路的测试与分析，来定性地认识超外差式接收机及所涉及的高频电路的基本原理，同时熟悉接收机的一般调试方法。

　　本章中，技能方面涉及的主要内容有整机电路的装配，静态工作点的调试与检测，中频调试、频率范围调试、统调；理论方面涉及的主要内容有混频与变频电路的基本原理，AGC 电路的作用与工作原理，超外差式接收机的工作原理等。

3.1　超外差式接收机电路

　　前一章我们讨论了直接高放式接收机，这种接收机的特点是：从天线接收到的高频信号在检波以前一直不改变它原来的载波频率，输入回路及放大电路的选频回路都调谐在欲接收的电台频率上（即将接收到的高频信号直接放大）。这种接收机虽然比直接检波接收机完善得多，但当输入信号太弱需要采用多级高频放大电路时，由于每一级高频放大电路都有一个由 LC 组成的谐振回路，所有 LC 谐振回路需要同步调谐，很不方便，并容易产生自激，不能满足高性能接收机的需要。本章涉及的超外差式接收机可以克服上述问题，它在灵敏度、选择性等基本指标方面都比直接高放式接收机要好。

　　下面以一个典型的分立超外差式接收机为例，介绍超外差式接收机检测与调试的基本方法，讨论整机及所涉及的高频电路的工作原理。

　　图 3-1 所示是一种典型的超外差式调幅接收机电路，我们将通过三个实验来分析电路的工作原理，从而对超外差式接收机有一个整体的认识。

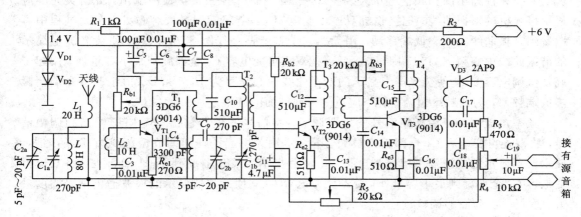

图 3-1　超外差式调幅接收机电路

实验五　超外差式接收机的安装与调试

一、实验步骤

步骤 1：安装

在一块印刷电路板或万能板上按图 3-1 将电路安装好。如果有条件，装配工作可以在生产流水线上完成。安装完毕后，将 T_1 的初级短路。

步骤 2：调整晶体管的静态工作点

用万用表或示波器直流挡测量晶体管 V_{T1} 的发射极电位（发射极对"地"的电压），调整电阻 R_{b1} 使 $U_{e1}=0.12\ V\sim0.2\ V$；测量 V_{T2} 发射极电位，调节电阻 R_5，使 $U_{e2}=0.2\ V\sim0.4\ V$；测量 V_{T3} 发射极电位，调节电阻 R_{b3}，使 $U_{e3}=0.4\ V\sim0.6\ V$。根据欧姆定律，可以直接算出 V_{T1}、V_{T2}、V_{T3} 的集电极电流。

步骤 3：调中频频率

将扫频仪输出的扫频信号通过芯线接到接收机天线上，地线接到天线连的动片上。将输入探头接到接收机检波器的输出端。把接收机的双连可变电容 C_1（即图中 C_{1a}、C_{1b}）全部旋到最大容量处。用无感起子调节中频变压器的磁芯，由最后一级中周 T_4 开始，逐级往前反复调整。直到使荧光屏上显示的中频谐振曲线谐振在 465 kHz，且幅度最高。

若无扫频仪也可用高频信号发生器。把信号发生器的载波频率置于 465 kHz，调制频率置于 1 kHz，调制度置于 30%。信号从接收机天线端输入。将接收机振荡线圈 T_1 的振荡连短路，双连可变电容 C_1 旋到最大容量处。调节信号发生器的输出幅度，如电路正常，此时应从示波器上观测到检波波形。由后级中频变压器 T_4 开始，用无感起子逐级调节各中频变压的磁芯，使示波器显示的检波输出信号幅度最大。

测试完毕后，断开 T_1 初级的短接线。

步骤 4：调整频率覆盖

将扫频仪输出的扫频信号从天线注入，扫频仪输入探头接至检波输出。此时荧光屏应显示接收机的谐振曲线。把接收机双连可变电容 C_1 全部旋到最大容量处，在此过程中可以看到谐振曲线向频率低端移动。用无感起子调节振荡线圈 T_1 的磁芯，使荧光屏上显示的谐振曲线中心频率为 525 kHz。然后再把双连可变电容 C_1 全部旋到最小容量处，用起子旋动微调电容 C_{2b}，使荧光屏上显示的谐振曲线中心频率为 1605 kHz。由于调节高端会影响低端频率，为使频率覆盖准确，应重复一遍前面的调整过程。

频率覆盖同样可用高频信号发生器调节。将信号发生器输出 535 kHz 的高频调幅信号，将双连可变电容 C_1 全部旋到最大容量处，用无感起子仔细调节振荡线圈 T_1 的磁芯，使示波器显示的检波输出信号幅度最大；然后把信号发生器旋到 1605 kHz 处，将双连可变电容 C_1 全部旋到最小容量处，旋动微调电容 C_{2b}，使示波器显示的检波输出信号幅度最大。重复一次前面的调整过程。

步骤 5：统调

旋动 C_1，使扫频仪荧光屏上显示中心频率为 600 kHz 的谐振曲线，调整天线回路线圈在磁棒上的位置，使谐振曲线的幅度最大；然后再把双连可变电容 C_1 旋到最小容量处，使荧光屏上显示中心频率为 1400 kHz 的谐振曲线，旋动微调电容 C_{2a}，使谐振曲线的幅度最大。重复高、低端的调整过程，体会一下输入回路对接收灵敏度的影响。

如果没有扫频仪，可用高频信号发生器调节，使信号发生器输出 600 kHz 的高频调幅信号。旋动 C_1 使接收机收到此信号，然后调整天线回路线圈在磁棒上的位置，使示波器显示的检波输出信号幅度最大；接着把信号发生器调到 1400 kHz 处，调谐可变电容 C_1 使接收机收到此信号，然后调整天线回路微调电容 C_{2a}，使示波器显示的检波输出信号幅度最大。重复一遍前面的调试过程。

二、实验分析

通过实验五，我们安装、调试了一台简单的超外差式接收机，并能用它来收听中波广播。与前两章中安装的直接检波接收机和直接高放式接收机在收音效果上作一个粗略地比较，可以发现性能上的不少差别。

既然有了直接高放式接收机，为什么还要采用超外差式接收机呢？超外差式接收机与直接高放式接收机在电路结构上有什么不同？比较两者的电路图，不难发现，它们的差别在于超外差式接收机在天线输入回路与检波器之间插入了变频电路和中频放大电路。对信号起主要放大作用的中频放大电路无论从天线输入的信号频率如何变化，其选频回路的谐振频率总保持在 465 kHz 不变，因此中频放大电路放大的是中心频率为 465 kHz 的信号，这样就解决了放大电路级数增加调谐困难的问题。

在调试中，先调中频，再通过调节由 T_2 组成的振荡回路来确定接收机接收的频率范围，最后通过调节天线回路来提高接收机的灵敏度，这是超外差式接收机的一般调试方法。在实验中注意到接收机的频率范围是由 T_2 组成的振荡回路而不是由天线回路决定的。为了理解其中的机理，我们首先来认识变频电路和中频放大电路。

3.2　变频电路和中频放大电路

在图 3-1 中，前面说的变频电路主要由晶体管 V_{T1} 和振荡线圈 T_1 构成；中频放大电路主要由晶体管 V_{T2}、V_{T3} 和中频变压器 T_2、T_3、T_4 构成。那么这两种电路的功能分别是什么呢？为什么要采用变频与中频放大电路？

实验六　变频与中频放大电路的认识

一、实验步骤

步骤 1：观测并记录输入波形

将高频信号发生器的信号频率置于 1500 kHz，调制信号频率置于 1 kHz，调制度置于 30%，用示波器观察该调幅信号，并记录下该信号波形及调制信号周期和载波频率 f_0。

如果操作正确并且无其他信号干扰，步骤 1 中示波器显示的波形如图 3-2(a) 所示。它与我们在第一章所观测到的调幅波的形状基本相同。显然，测得载波频率 f_0 应为 1500 kHz，调制信号周期为 1 ms。

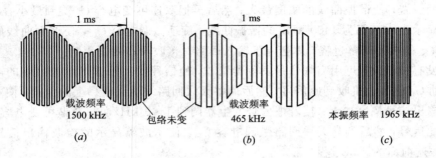

图 3-2　变频电路各点的波形

步骤 2：观测变频输出波形

不改变上述调幅信号，将高频信号发生器输出的信号从接收机天线注入。旋转 C_1，使接收机接收到的信号声音最大。此时用示波器观察 T_2 次级（变频器输出）波形，测量所示波形的正弦包络线的周期，注意该周期读数与高频信号发生器调制信号周期有什么关系，并用数字频率计或示波器测量该点载波信号频率 f_2，记录测试数据及波形。

步骤 2 中示波器显示的波形如图 3-2(b)所示，该波形与图 3-2(a)所示波形的正弦包络线变化规律一致，且周期也是 1 ms，表明调制信号没有改变，但载波频率 f_2 不再是 1500 kHz，而变为 465 kHz。

步骤 3：观测本振波形

关掉高频信号发生器（或短路可变电容 C_1 的信号连接），保持图 3-1 中 C_1 的旋转角度不变，用示波器观察 V_{T1} 发射极波形，并测量该信号频率 f_1，记录测试结果。注意该信号频率与高频信号发生器的信号频率及实验步骤 2 中所测得的载波信号频率有什么关系？

步骤 3 中示波器显示的波形如图 3-2(c)所示，为等幅正弦波，其频率为 1965 kHz。不难发现，步骤 1、2、3 所测的三个频率满足下面的关系：

$$1965 - 1500 = 465 \text{ kHz}$$

即

$$f_1 - f_0 = f_2 \tag{3.1}$$

这是否是一种巧合呢？

步骤 4：重复观测

将高频信号发生器信号频率变为 1000 kHz，其余参数不变，调节 C_1，使接收机正常发声，重复以上三个实验步骤，并记录实验数据。

我们发现，实验数据仍然满足式(3.1)。这说明式(3.1)不是某次实验的巧合，而是一个规律。

步骤 5：观测电路的放大作用

用示波器观察中频变压器 T_2 和 T_4 次级波形，对两点波形进行比较。

可以观测到，T_2 次级波形与 T_4 次级波形形状完全相同，但后者的幅度明显高于前者，由此可以体会到电路的放大作用。

将该实验的相关数据填入表 3-1 中。

表 3-1　实验六的数据

测试点		TP_{3-1}	T_2 次级	V_{T1} 发射极	TP_{3-4}
波形图					
载波频率	输入信号 频率 1500 kHz	f_0	f_2	f_1	f_2
	输入信号 频率 1000 kHz	f_0	f_2	f_1	f_2
包络周期					

二、实验分析

对上述实验，分析如下：

(1) 通过实验步骤 1～4，可以得到这样的结论：变频电路顾名思义就是实现频率的变换。即把接收到的已调幅高频信号变为另一个频率的信号（一般都比高频已调信号低），也不改变其包络形状，即不改变其调制信号。这一改频后的已调信号叫中频已调信号，简称中频信号。不管输入高频信号频率如何，经变频后一律成为一个频率固定的中频信号。不同性质的接收机的中频可能不同，我国规定调幅（AM）广播接收机的中频为 465 kHz，调频（FM）广播接收机的中频为 10.7 MHz，电视接收机的中频为 38 MHz。

以上实验还可以看到，为了产生变频作用，还需要外加另一个正弦信号，这个信号叫本机振荡信号。在图 3-1 中这个信号是由振荡线圈 T_1 和变频管 V_{T1} 产生的。本振交流等效电路如图 3-3 所示。对本振信号来说，L_2、C_3、C_4、T_2 可视作短路，因此，V_{T1} 基极交流接地，与中周相接的 T_1 次级下端交流接地。从图中可以看出，这是一个互感耦合反馈式 LC 正弦振荡电路。

本振信号与从天线接收到的高频信号是如何完成频率变换的呢？

变频的工作过程如图 3-4 所示。

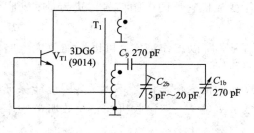

图 3-3　本振交流等效电路

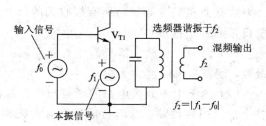

图 3-4　混频过程

本机振荡电路产生 f_1 的等幅振荡信号，加到变频管的发射极和地之间，输入回路接收到的由电台发送的调制信号 f_0 加到变频管 V_{T1} 的基极和地之间，两信号在基极与发射极回路中串联叠加。由于半导体三极管是非线性元件，外来电台信号和本振信号加到非线器件时会发生频率变换，产生 f_1、f_0、f_0 与 f_1 的和频、f_0 与 f_1 的差频及它们的 N 次谐波信号。使中频变压器谐振在 f_0 与 f_1 的差频上，这样就从众多信号中取出 f_0 与 f_1 的差频信号 f_2。由于 f_0 是已调信号，f_0 与 f_1 的差频即 f_2 也是调制信号，其调制规律即包络的形状与 f_0 完全相同。在电路中，中频 f_2 的频率是固定不变的（等于 465 kHz），后面的中频放大电路只能放大频率为 f_2 的中频信号，因此，只有当 f_0 的频率等于 f_1 与 f_2 之差时，才能被有效放大。在本振频率确定以后，接收机只能接收与本振信号相差 465 kHz 的输入信号。由于 C_{1a} 与 C_{1b} 同轴，可以通过微调，使天线回路与本振频率与中频的差频 f_0 谐振，使输入回路获得最大的信号输出，以提高整机的灵敏度。统调的目的与作用正在于此。由此也就可以理解为什么在整机调试时先调中频，再调频率覆盖，最后统调。

在本电路中，V_{T1} 既产生本振信号又实现频率变换，称为自激式变频电路，简称变频电路。如果非线形器件本身仅实现频率变换，本振信号由另外电路产生，则分别称为本振电路、混频电路。有关混频的工作原理将在第二篇有关章节详细讨论。

（2）通过实验步骤 5 对中频放大器输入与输出信号波形的比较，不难发现，除了输出信号比输入信号幅度增大许多以外，其余并无什么差别。由此可见，中频放大器的功能就是对变频输出的中频信号加以放大，其工作原理与上一章所介绍的高频小信号放大器的基本相同。其中，中频变压器为选频回路，选择出具有一定带宽的 465 kHz 中频信号，晶体管是放大器件。与前一章高频小信号放大器不同的是，中频放大器的工作频率在工作中总保持不变。

（3）现在我们可以回答为什么要采用超外差式接收机这个问题了。前一章我们讨论的直接高放式接收机的特点是：从天线接收到的高频信号，在检波以前一直不改变它原来的高频频率（即高频信号直接放大），这种接收机虽然比直接检波接收机完善得多，但是仍然有很大的缺点：一是在接收波段频率高端和频率低端的放大倍数不一样，整个波段灵敏度不均匀，特别是多波段接收机这个矛盾更突出；二是当收听远距离电台时，要求提高灵敏度，必须增加高频放大级数，由此带来高频放大级之间同步调谐的困难；三是即使所有调谐回路都能做到同步调谐，但由于放大的频率较高（短波为 1.6 MHz～26.1 MHz，中波为 535 kHz～1605 kHz），各级间难免存在耦合，这样会很容易形成自激振荡，破坏正常接收。因此直接高放式接收机的灵敏度和选择性都不能做得很高。

为了克服这些缺点，现在的接收机几乎都不采用直接高放式，而代之以超外差式。超外差式接收机的变频级将所有接收到的信号一律变成比它低的中频信号再进行放大，它给整机带来如下优点：

（1）因为中频放大器只需放大固定频率的信号，所以工作稳定，可以增加放大电路的级数，使整机灵敏度大大提高。

（2）由于中频放大电路的增益与从天线接收到的输入信号的频率无关，因此能保证在整个信道内各种频率的电台信号都有大致相同的放大能力，使接收机在整个收听的频率范围内有比较均匀的灵敏度。

（3）由于变频器始终输出固定的中频信号，因而可以采用多个固定的调谐回路（中频变压器），通过不同的耦合方式或调谐方式，使整机在保证一定通频带的前提下选择性显著提高（其原理将在第六章中进行介绍）。

（4）对于只接收一个频点的接收机（譬如传呼机）来说，超外差式接收机可以通过频率变换降低载波的频率，消除因频率太高带来的工作不稳定、自激等弊端。

3.3　自动增益控制电路

各个电台采用不同的工作频率，具有不同的发射功率，离接收地点的位移有远有近，因此接收机收到的不同电台的信号强弱差别很大。即使是同一电台，由于电波传播时受到各种因素的影响，信号强弱也会随时发生变化。我们希望无论接收到的信号强或弱，接收机的输出信号都应保持在一定的范围内，这样才不致因输入信号太弱而无法正常接收，也不致因输入信号太强而使接收机产生堵塞。现在我们认识一下由 R_5、C_{11} 构成的自动增益控制（AGC）电路。

实验七　认识 AGC 电路

一、实验步骤

步骤 1：观测输入信号的大小对 V_{T2} 静态工作点的影响及对扬声器音量与音质的影响

使接收机正常接收高频信号发生器发出的频率为 1 MHz、调制信号频率为 1 kHz、调制度为 30％的调幅信号。从扬声器中听到清晰的 1 kHz 的单音。用示波器或万用表测量图 3-1 中一中放管（V_{T2}）发射极对地的直流电位。保持接收机的状态不变，改变高频信号发生器输出信号的大小，观测读数的变化，同时感受扬声器音量与音质的变化。

如果操作正确，我们可以观测到，V_{T2} 发射极的电位在一定范围内随输入信号的增大而变小。同时可以感受到扬声器声音的变化：开始时扬声器音量随输入信号的增加而线性增加；到一定程度时在一个较宽的范围内音量基本不随输入信号而改变；再增大输入信号时，音质变坏。

步骤 2：观测检波二极管的极性对 V_{T2} 静态工作点的影响及对扬声器音量与音质的影响

将检波二极管 V_{D3} 反接（极性颠倒），重复上面的实验内容。

如果操作正确，我们可以观测到，与步骤 1 相反，V_{T2} 发射极的电位在一定范围内随输入信号的增大而变大。同时可以感觉到扬声器声音的变化：开始时扬声器音量随输入信号的增加而增加；再稍微增大输入信号，音质严重变坏甚至出现啸叫；步骤 1 中音量在很大范围内基本不随输入信号变化的过程不复存在。

步骤 3：无反馈控制的情况

将 R_5 右端断开后与整机地相接，重复上面的实验内容。

我们可以观测到，V_{T2} 发射极的电位不再随输入信号而改变。同时可以感觉到扬声器声音的变化：扬声器的音量随输入信号的增加而增加；音量不随输入信号变化的过程不复存在；增大输入信号时，音质严重变坏时对应的输入信号的值比步骤 1 要小，比步骤 2 要大；再增大输入信号，会完全听不到音频声，此时用示波器观测检波输入信号，我们看到的是等幅波而非调幅波。检波电路将无法解调出音频信号，这种情况称为阻塞。

二、实验分析

对上述实验，分析如下：

（1）步骤 1 中，增加输入信号，V_{T2} 的静态电流变化，加至检波二极管的高频信号幅度基本不变（扬声器音量大小基本不变），这反映出，输入为小信号时，电路的增益大，输入为大信号时，电路的增益小。电路的这种控制功能，称为自动增益控制，用 AGC 表示。

（2）在步骤 1 和 2 中，V_{T2} 静态工作点随输入信号的变化可以这样来认识：在第一章中，我们已经知道，高频信号经检波后，有一直流信号输出，其大小正比于高频信号的幅值。正是检波输出的直流信号，影响了 V_{T2} 的静态电流。分析图 3-1，V_{T2} 基极偏置的直流等效电路如图 3-5 所示。

（3）从图 3-5 中可以看出，V_{T2} 的基极电流由 E_1 与 E_2 共同提供，E_1 是经稳压后的电源电压，它与输入的高频信号无关；E_2 是对高频信号检波后输出的直流电压，它正比于加至检波电路的高频信号的幅值，其极性与检波二极管接入电路的极性有关。当二极管正向检波时，极性为正；当二极管反向检波时，极性为负。由此可知，当二极管正向检波时，输入信号越大，V_{T2} 的基极电流越大；当二极管反向检波时，输入信号越大，V_{T2} 的基极电流越小。三极管共射电流放大倍数 β 并不是一成不变的，它与集电极电流 I_c 的关系如图 3-6 所示。可以看出，I_{cq} 变化时，β 会出现一个峰值。当三极管的静态电流设置在峰值左端时，我们采用反向检波方式，信号越强，I_{cq} 越小，三极管的 β 值越小，电路增益下降。这种控制方式称为反向 AGC。当三极管的静态电流设置在峰值右端时，我们采用正向检波方式，信号越强，I_{cq} 越大，三极管的 β 值越小，电路增益下降。这种控制方式称为正向 AGC。该实验的接收机采用的是反向 AGC，步骤 2 将检波二极管反向，造成信号越强，V_{T2} 的 I_{cq} 越大，增益反而变大，因此产生啸叫或波形失真。

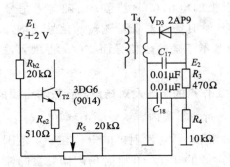

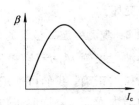

图 3-5　检波输出对 V_{T2} 静态工作点的影响　　　图 3-6　晶体管放大倍数与电流的关系

（4）步骤 3 中将 R_5 右端接地，即断开了反馈环路，取消了 AGC。此时电路不能根据输入信号的大小自动调节增益，故当输入信号稍微增大时，就产生限幅，使音质变坏。严重时，在信号的所有正、负半周内，晶体管都进入饱和、截止区，使电路输出等幅波而非调幅波，无法解调出音频信号，出现所谓的阻塞现象。

（5）比较步骤 1 和 3 的实验结果，可得到这样一个结论：加了 AGC 电路后，输入信号的大小在一个很大的范围内变化时，接收机都能正常接收信号，若没有 AGC 电路，接收机能正常接收的输入信号的动态范围将大大减小。

（6）AGC 电路构成了如图 3-7 所示的自动增益控制电路。它的基本原理是利用检波后信号中的直流分量来控制一级或两级中放管的偏置电流，从而改变中放级的增益。由于信号中直流分量的大小与信号的强弱有关，信号强时，直流分量也大，故负反馈愈强，使中放增益减小，反之亦然。因此，自动增益控制电路可以保证小信号时，电路有足够的增益，它以牺牲强信号时的增益为代价，换取输入信号动态范围的扩大。

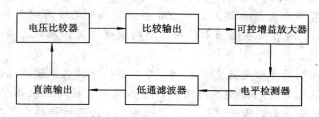

图 3-7　自动增益控制电路的组成

　　以上介绍的只是一种最简单的 AGC 电路，有关 AGC 电路的理论分析及电路将在第二篇有关章节中讨论。

3.4　超外差式接收机的基本工作原理

　　通过上述三个实验，我们对超外差式接收机已经有了一些初步的认识。图 3-8 画出了典型超外差式接收机方框图。下面我们将结合实验用的接收机来介绍一下超外差式接收机的工作原理。

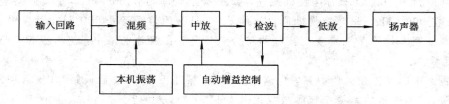

图 3-8　典型超外差式接收机方框图

　　图 3-1 中，经天线调谐回路感应出来的信号由次级线圈 L_2 加到变频管 V_{T1} 的基极和发射极之间。V_{T1} 与振荡线圈组成互感反馈高频振荡器，产生比外来电台信号高 465 kHz 的高频等幅本机振荡信号，也加到变频管的基极和发射极之间。由于半导体三极管是非线性元件，外来电台信号和本振信号加到非线性器件时会发生混频，产生我们所需的差频 465 kHz 的中频信号。此中频信号由 V_{T1} 集电极输出，经中频变压器 T_2 选择出载波频率为 465 kHz 的中频信号，送入 V_{T2} 进行第一级中频放大，经中频变压器 T_3 选频后，再送入 V_{T3} 进行第二级中频放大后，经 T_4 再次选频。放大后的中频信号送到二极管 V_{D3} 进行检波，解调出调制信号。解调后的信号经 C_{17}、R_3 和 C_{18} 滤除中频分量，音频信号由可变电阻 R_4 经 C_{19} 输出至低放，另一路经 R_5 送入 V_{T2} 基极，作自动增益控制用。

　　以上我们介绍的虽然只是一种简单的完全由分离元件组成的超外差式接收机，但它包括了超外差式接收系统的各个基本组成部分。这些基本组成部分是构成各种复杂的接收系统的基础。

本 章 小 结

本章安装与调试了一台分立超外差式接收机。超外差式接收机与直接高放式接收机的根本区别是实现了频率搬移，即将原来调制在不同电台的音频信号转载到统一的中频上。实现这一功能的电路称为变频电路。变频电路包含本振与混频两部分。接收信号与本振信号输入至混频电路后，通过接在混频电路输出端的中频谐振回路取出两者的差频（中频）信号，然后进行中频放大。

调试超外差接收机的步骤是先调整中频，再调整频率覆盖，最后统调。

为了保证接收机能有效地接收不同强弱的输入信号，接收机采用了 AGC 电路。AGC电路能保证在强信号输入时，降低整机电路的增益，防止强信号阻塞，而在弱信号输入时，又能保证有足够的增益。AGC 电路是一种反馈控制电路，实现反馈控制的方式很多，本章涉及的是一种通过调节放大器的工作电流来实现增益控制的。它采集检波输出的直流信号作为控制信号，去改变中频放大电路放大器的工作电流，进而控制电路的增益，以保证输出信号基本不变。

习 题 三

1. 与直接高放式接收机比较，超外差式接收机有哪些优点？

2. 经变频以后的已调信号，其调制信号有没有改变？

3. 为什么调频率覆盖时，调的是振荡回路而不是天线输入回路？

4. 对中频为 465 kHz 的接收机来说，如果本振频率为 1465 kHz，输入回路因没有跟踪好谐振在 990 kHz，此时接收机能接收的是 1 MHz 的信号还是 990 kHz 的信号？

5. 本振频率是不是一定要比接收的信号频率高？在实验电路中，使本振频率低于输入信号的频率（低本振）行不行？

6. 调试中，为什么先调中频，再调频率覆盖（振荡回路），最后调跟踪（输入回路）？

7. 图 3-3 所示的本振交流等效电路是如何等效过来的？

8. 如果本振频率为 1465 kHz，输入信号的频率为 1000 kHz，中周的谐振频率为 930 kHz，电路能不能接收 1000 kHz 的输入信号？为什么？

9. 如果中频为 465 kHz，本振频率为 1465 kHz，接收机能不能接收批频率为 1930 kHz 的输入信号？为什么？

10. 接收机为什么要设置 AGC 电路？

11. 如果把检波二极管极性颠倒一下，AGC 还起作用吗？

12. 什么是正向 AGC？什么是反向 AGC？

13. 中放电路的电压放大倍数与输入信号幅度的关系曲线如题 13 图所示，哪种情况最理想？

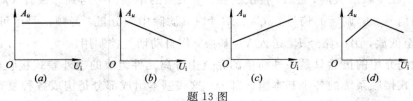

题 13 图

第四章　调频接收机：鉴频与 AFC 电路

在前面三章中，我们从直接检波接收机开始，最后制作了一台由分离元件组成的调幅广播接收机，基本理解了调幅接收机的工作原理。本章通过对调频广播接收机单元电路的实验与分析，来定性地了解调频的概念、调频接收机的电路结构及特点、鉴频电路、自动频率控制(AFC)电路等基本内容。

本章中，技能方面涉及的主要内容有调频、调幅波的观测与比较，鉴频电路的安装与调试，鉴频曲线的测绘；理论方面涉及的主要内容有调频的基本概念，比例鉴频电路原理、限幅的概念及比例鉴频电路的限幅原理，自动频率控制(AFC)的概念及电路的基本原理。

4.1　调频波的认识

实验八　调幅波与调频波的比较

一、实验步骤

步骤 1：观测调幅波

使高频信号发生器产生中心频率为 1 MHz、调制信号频率为 1 kHz、调制度为 30％ 的调幅波。示波器扫描周期置于 2 ms/div，用示波器观察该调幅波。我们可以在示波器上观测到已十分熟悉的调幅波形。

步骤 2：观测载波

去掉高频信号发生器的调制，然后将示波器扫描周期逐步减少到 2 μs/div。可以在示波器上观测到载波的波形，其形状是我们熟悉的正弦波。

步骤 3：观测调频波

将高频信号发生器的调制方式置于调频，示波器显示的波形如图 4-1 所示。改变高频信号发生器上调制度的大小，可以感受到波形重叠部分宽度的变化。

图 4-1　普通示波器观测到的调频波

二、实验分析

(1) 在第一章中我们对调幅波有了一定的了解，调幅波是用调制波去控制和改变载波的幅度。用调制波去控制和改变载波的频率，亦即使载波的瞬时频率随要传送的信号强度变化，这种已调波称为调频波。

　　（2）实验步骤 3 中我们看到了给载波加上频率调制后，原来的单一正弦波变成了图 4-1 所示的波形，它说明被调波包含着一个频带而非单一的频率，加大调制度，频带变宽。如果实验室有存储示波器，我们可以看到如图 4-2 所示的调频波的实际波形。

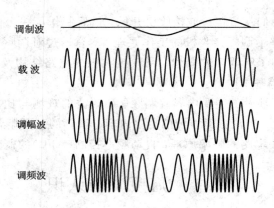

图 4-2　调频波与调幅波的区别

　　图 4-2 画出了经单一频率调制的调幅波与调频波的波形，由此可以清楚地看出两者的区别：调幅波的频率和相位与载波的相同，是恒定的，调制信息包含在包络内；调频波则是等幅疏密波，疏密程度正比于调制信号的幅度，相邻最疏波或最密波的时间间隔或疏密相间的周期恰等于调制信号的周期，信息包含在载波频率的瞬时变化中。

4.2　调频接收机的电路结构与特点

　　与调幅波一样，调频信号也可用于各种通信系统中，我们通过对调频广播接收机的认识，来学习有关调频接收的基本知识与基本电路。

　　图 4-3 为普通调频广播接收机方框图。由于采用不同的调制方式，调幅接收机与调频接收机的主要区别在于解调方式的不同。下面通过调频与调幅接收机的对照，分析调频广播接收机的特点。

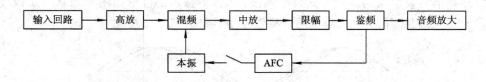

图 4-3　普通调频广播接收机方框图

　　（1）调频接收机在混频级前必须有高放电路。

　　调幅接收机中，从天线感应到的信号可直接与本振信号混频，但调频接收机必须先将天线感应到信号放大后再去混频。这是因为调频广播接收机工作在甚高频段，机内噪声对整机灵敏度影响比中、短波大。在超外差式接收机中，变频电路是机内噪声的主要来源。因此调频接收机增设高频放大电路，可以提高到达变频级之前的高频已调信号与高频噪声信号之比，明显提高整机灵敏度。

（2）调频广播接收机的载波频率与中间频率高于调幅接收机。

已调载波信号不再是单一的频率，无论调幅波还是调频波，都具有一定的带宽。在第二篇的学习中我们就会知道，调制频率、调制度相同的调频波的带宽远远高于调幅波的带宽。我国立体声调频广播的带宽大约可达到 200 kHz，这就要求载波的频率不能太低。例如，假设载频为 1000 kHz，如果信号带宽为 200 kHz，则这个载频信号的最低频率为 900 kHz，最高频率为 1100 kHz，两者相对差值达 20%，电路、元件、天线等很难保证对它们一视同仁。但若载频为 100 MHz，对 200 kHz 的带宽，信号的最低频率为 99.9 MHz，最高频率为 100.1 MHz，两者相对差值仅为 2‰，处理起来就要方便得多。因此现行的调频广播都使用超短波。我国的调频广播波段规定为 88 MHz～108 MHz，中频规定为 10.7 MHz。

（3）调频接收机采用中频限幅放大，可不设 AGC 电路。

在接收机中，当输入高频信号强度达到一定值时，随着输入信号的增强，中放电路各级从后向前依次进入限幅状态，对调幅接收机来说，这是不允许的，因此调幅接收机设置了 AGC 电路。而调频接收机却恰恰需要将高频信号限幅。调频波的幅度不传送任何信息，它的幅度之所以要经过中放电路的足够放大，一方面是使后面的鉴频电路能正常解调，另一方面正是为了对已调波进行良好的限幅。对已调波进行限幅的好处是：切除掉叠加在振幅上的各种干扰，即消除寄生调幅的影响。因此，调频接收机的抗干扰性和信噪比均比调幅接收机有显著的提高。

（4）解调方式不同。

调频接收机的解调电路是将已调波的瞬时频率变化变成电压的变化，称为鉴频。其解调原理和电路与调幅检波器的不同。

（5）调频接收机一般设置自动频率控制（AFC）电路。

调频广播接收机的本振频率高达 100 MHz 以上，比调幅接收机高得多，对于这样高的频率，当接收机受外来机械冲击、震动、温度变化等因素影响时，频率的变化也很大。本振频率一变，接收机出现偏调，使接收机音质变差。为了防止这类情况的发生，调频接收机一般都设置专门电路，自动稳定本振频率。

4.3　鉴频电路与 AFC 电路

调频接收机中的高放、中放、变频电路，其作用和原理与调幅接收机的没有本质区别。为此，我们只讨论与调幅接收有着根本区别的鉴频电路与 AFC 电路。

调频接收与调幅接收的根本区别在于处理的信号不同，前者处理的是调频信号，而后者处理的是调幅信号。在接收机里主要表现为二者的解调方式不同，因而所用的解调电路也不同，前者用鉴频器解调，后者用检波器解调。

实验九　鉴频电路的认识

一、实验步骤

步骤1：观测鉴频输出波形

在给出的实验板(实验板电路如图4-4所示)上，输入端加入中心频率为10.7 MHz、调制频率为1 kHz、调制度为30%的调频信号，输入信号幅度约30 mV～60 mV。用示波器测量鉴频输出端的输出波形。调节 T_2 的磁芯，使输出的音频信号幅度大，上下半波对称，并测出信号周期；随后将高频信号发生器的调制频率转换为400 Hz，再一次测量出鉴频输出信号的周期。注意一下两次测量的数据与调制信号的周期是否一致，然后依次沿正、负两个方向改变高频信号发生器输出的中心频率与调制度，观测输出波形的变化，体会一下变化的规律。

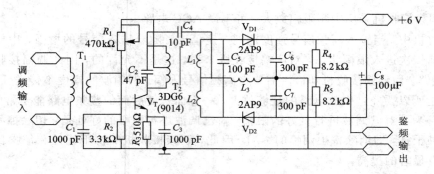

图4-4　鉴频电路

如果实验板工作正常，两次测量到的音频信号的周期数分别为1 ms与2.5 ms，恰与1 kHz、400 Hz的调制信号频率相对应，说明电路将实验八中观测到的已调高频信号中的调制信号解调出来了。调节磁芯，输出信号的幅度与失真度会发生变化，改变输入信号的中心频率，也会使输出波形失真。

步骤2：测绘鉴频曲线

将示波器置DC位置，时基线置屏幕中间。将输入探头接实验板输出端，将高频信号发生器输出的50 mV、频率为6 MHz的等幅信号与实验板输入端相接，同时用数字万用表DC挡监测电容器 C_8 两端的电压 U_{CD}。接通实验板电源，调节 T_2 的磁芯使示波器的输出为零。保持高频信号发生器的输出幅度不变，改变输出信号的频率。按表4-1给出的频率点，测量鉴频输出的电压幅度与 C_8 两端的电压幅度，将其值填入表中，并在直角坐标系上绘出鉴频输出电压与频率的关系曲线。

表4-1　鉴频输出与频率的关系

频率/MHz	10.56	10.58	10.60	10.62	10.64	10.67	10.70	10.73	10.75	10.78	10.80	10.82	10.84
幅度/mV													
U_{CD}													

步骤 3：用扫频仪测量与校正鉴频特性曲线

将扫频仪置短波波段，扫频仪的输出探头接实验板的输入端（T₁ 的初级），扫频仪输入探头接实验板的鉴频输出端。调节扫频仪的相关旋钮，使荧光屏上显示如图 4-5 所示的曲线。

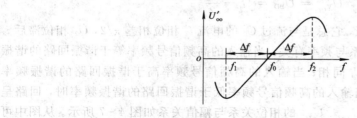

图 4-5 鉴频特性曲线

比较一下扫频仪显示的曲线与步骤 2 所示的曲线是否一致。调节 T₂ 的磁芯，观测曲线在频率轴的位置、幅度、形状的变化。最后将曲线调至过水平位置时恰为 10.7 MHz，曲线上下对称。

二、实验分析

1. 鉴频原理

在步骤 1 中，我们观察到电路对调频波的解调或称鉴频作用。鉴频是调频的逆变换，鉴频电路的任务是从调频波中检出原调制信号。由于调频波的瞬时频率随调制信号大小而变化，所以鉴频器就须将已调波的频率变化变换成电压或电流幅度的变化。直接进行这样的变换是不易实现的，通常分两步完成：第一步先将等幅调幅波变换成幅度随频率变化的调频波，即调幅调频波，这时其幅度变化的规律与调制信号的变化规律相同；第二步是利用振幅检波电路检出幅度的变化，从而得到原调制信号。下面针对图 4-4 简单介绍鉴频电路的工作原理。

1）调频波变成调频调幅波

图 4-4 中，高频扼流圈 L_3 右端接地，左端通过 C_4 与初级 LC 回路相接。由于 C_4 的耦合作用以及旁通作用，L_3 同初级 LC 回路是并联的，它两端的电压与初级回路同相，设为 U_i。设次级电压为 U_2，则次级线圈 L_1、L_2 上的电压对中心抽头来说，分别为 $\pm U_2/2$。为此，可将图 4-4 改画成图 4-6 的形式。

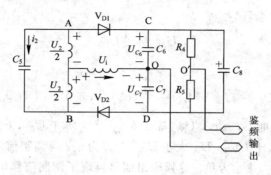

图 4-6 图 4-4 的等效电路

对高频信号来说，C_6、C_7 可视作短路，为此，加在 V_{D1} 与 V_{D2} 上的检波电压分别为 A、

C 之间与 B、D 之间的电压

$$\dot{U}_{V_{D1}} = \dot{U}_{AC} = \dot{U}_i + \frac{\dot{U}_2}{2}$$

$$\dot{U}_{V_{D2}} = \dot{U}_{BD} = \dot{U}_i - \frac{\dot{U}_2}{2}$$

注意到，$\dot{U}_2$ 是 C_5 上的电压，它总是与流过 C_5 的电流 i_2 相位相差 $\pi/2$，$\dot{U}_2$ 相位滞后 i_2 相位 90°，而 i_2 与 $\dot{U}_i$ 的相位关系与频率有关。当输入的高频信号频率等于谐振回路的谐振频率时，回路呈纯阻抗，i_2 与 $\dot{U}_i$ 同相；当输入的高频信号频率高于谐振回路的谐振频率时，回路呈感抗，i_2 滞后 $\dot{U}_i$；当输入的高频信号频率低于谐振回路的谐振频率时，回路呈容抗，i_2 超前 $\dot{U}_i$。i_2、$\dot{U}_2$、$\dot{U}_i$、$\dot{U}_{V_{D1}}$、$\dot{U}_{V_{D2}}$ 的相位关系与幅值关系如图 4-7 所示。从图中可以看出，当高频信号等于谐振频率时，$\dot{U}_2$ 与 $\dot{U}_i$ 的夹角为 90°，$\dot{U}_{V_{D2}}$ 的幅值等于 $\dot{U}_{V_{D1}}$ 的幅值；当高频信号频率大于谐振频率时，$\dot{U}_2$ 与 $\dot{U}_i$ 的夹角减小，$\dot{U}_{V_{D1}}$ 的幅值增大，$\dot{U}_{V_{D2}}$ 的幅值减小；当高频信号频率小于谐振频率时，$\dot{U}_2$ 与 $\dot{U}_i$ 的夹角增大，$\dot{U}_{V_{D1}}$ 的幅值减小，$\dot{U}_{V_{D2}}$ 的幅值增大。虽然 $\dot{U}_2$ 与 $\dot{U}_i$ 的幅值不变，但 $\dot{U}_{V_{D1}}$ 与 $\dot{U}_{V_{D2}}$ 的幅值却随频率的变化而变化。幅值的变化规律与调制信号的完全一致。

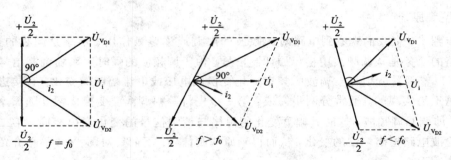

图 4-7　i_2、$\dot{U}_2$、$\dot{U}_i$、$\dot{U}_{V_{D1}}$、$\dot{U}_{V_{D2}}$ 的相位关系与幅值关系

2）幅度检波

V_{D1}、V_{D2} 对 $\dot{U}_{V_{D1}}$、$\dot{U}_{V_{D2}}$ 检波，检波电流在 C_6、C_7 上形成的电压为 U_{C_6} 与 U_{C_7}，电压极性如图 4-6 所示，所以 C、D 两点电压为

$$U_{CD} = U_{C_6} + U_{C_7}$$

由于 $R_4 = R_5$，所以

$$U_{R_4} = \frac{1}{2}U_{CD}$$

由此，鉴频输出电压为

$$U_{oO'} = U_{C_6} - U_{R_4} = U_{C_6} - \frac{1}{2}(U_{C_6} + U_{C_7}) = \frac{1}{2}(U_{C_6} - U_{C_7})$$

当调制信号过零点时，$f = f_0$，$\dot{U}_{V_{D1}}$ 等于 $\dot{U}_{V_{D2}}$，U_{C_6} 等于 U_{C_7}，$U_{oO'}$ 等于零；当调制信号为正时，$f > f_0$，$\dot{U}_{V_{D1}}$ 大于 $\dot{U}_{V_{D2}}$，U_{C_6} 大于 U_{C_7}，$U_{oO'}$ 为正；当调制信号为负时，$f < f_0$，$\dot{U}_{V_{D1}}$ 小于 $\dot{U}_{V_{D2}}$，U_{C_6} 小于 U_{C_7}，U_{oO} 为负。鉴频输出信号再现了调制信号，调制信号被解调出来。

2. 鉴频 S 曲线

步骤 2 中，测绘出来的曲线与步骤 3 中显示的曲线十分相似，该曲线反映了鉴频输出与频率的关系，由于其形状像字母 S，故称为 S 曲线。S 曲线以鉴频器谐振回路的中心频率 f_0 为对称点，在 f_0 处，输出电压为零。在 f_1—f_2 之间，输出电压与频率近似线性关系，它反映了频率与输出幅度之间的变化规律。当频率小于 f_1、大于 f_2 时，输出电压的幅度反而下降，主要原因是这时谐振回路严重失谐，超出了回路的通频带，$\dot{U}_1$ 与 $\dot{U}_2$ 都变小了。f_1 与 f_2 对应的点就是中放电路通频带的边界点。因此，鉴频曲线不仅与鉴频谐振回路的频率特性有关，它还与整个中放电路的频率特性有关。S 曲线可以左低右高，也可以右低左高，具体由线圈的抽头或二极管的极性决定。

3. 电路的限幅作用

步骤 2 中，测得电容 C_8 上有一直流电压，当改变输入信号的频率时，该电压的值基本不变。由于 C_8 足够大，在输入电压幅度突然变化时，C_8 两端的电压幅度也能维持不变，因此它能抑制掉调频波中的调幅干扰，使电路具有限幅作用。为了说明电路的限幅原理，我们把图 4-4 简化为图 4-8。图中，$U_0 = U_{CD} = U_{C_6} + U_{C_7}$，它是 V_{D1}、V_{D2} 对 U_2 整流的结果，它的大小取决于 U_2 的平均值。由于 C_8 滤去了 U_0 中的所有高低频成分，所以可以把 U_0 看成是不随 U_2 振幅瞬时变化的稳定的直流电压。当 U_2 因为外界的干扰而幅度突变时，V_{D1}、V_{D2} 立即导通，C_8 将突变脉冲吸收掉，如果不考虑二极管的结电压，A、B 两端的信号幅度不可能高于 U_0。所以，干扰信号不会对鉴频输出信号产生影响。

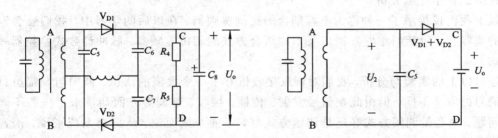

图 4-8　限幅等效电路

4. 自动频率控制（AFC）

在实验步骤 1 中我们看到，当输入信号的频率不是 10.7 MHz 时，或者说输入信号的频率与调谐回路的频率不一致时，输出波形会失真，这是我们所不希望的。当然，我们可以调试好电路，使变频输出的中频信号恰为 10.7 MHz，同时保证鉴频谐振回路的谐振频率也为 10.7 MHz，以避免失真。然而，一台调试好了的接收机可能因为种种原因而破坏了原来的状态，最常见的情况是因为震动、温度变化等原因而引起的本振频率偏移。本振频率一变，接收机必然偏调，混频出来的中频不再是 10.7 MHz，使接收机音质变差。为避免这种情况的发生，在调频接收机中，一般都设置了自动频率控制（AFC）电路。自动频率控制是利用偏调时鉴频输出的直流电压作为控制信号通过闭环控制完成的。我们可以通过图 4-9 来分析 AFC 电路。

图 4-9 中，V_{D3} 为变容二极管，变容二极管的结电容与加在它两端的反向电压有关，反压越高，电容量越小。V_{D3} 通过 C_2 并联在本振电路的谐振回路中，它的大小影响着本振频率。

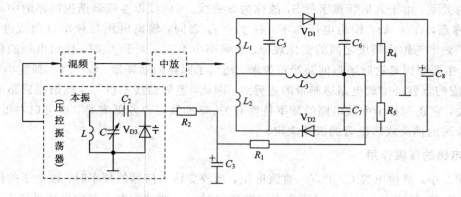

图 4-9　AFC 电路

当接收机的本振频率因为某种原因而漂移时，变频级输出的中频信号频率必然随之偏离原始状态时的频率。假设频率偏低，并假设鉴频电路的曲线为左高右低，则鉴频器输出相应的正向直流分量，此直流电压通过 R_1、R_2 作用于变容二极管，使它的电容量减小，于是本振频率变高，中频信号频率也随之变高，恢复到原始频率。这种自动返回的过程是通过本振—混频—中放—鉴频—本振构成的频率调节负反馈来实现的。有关 AFC 电路的理论将在第二篇中详细分析。

以上我们仅接触了一种称为电容耦合的比例鉴频器。在以后的学习中，我们还会涉及其他的鉴频器，包括斜率鉴频器以及不同耦合方式的相位鉴频器、脉冲计数式鉴频器等多种形式。

通过以上的实验与分析，我们对调频接收机有了一个大概的认识。调频与调幅虽只是加载信号的方式不同，但由此在信号发射、传播、接收、解调等方面却带来了一些不同的技术问题。究竟是调幅方式好还是调频方式好，不能一概而论。从广播系统来说，语音广播，我国早期采用调幅方式，近几年则大量采用调频方式；在电视系统中，图像传播采用调幅方式，伴音采用调频方式。无论调幅还是调频，接收机电路的基本形式没有本质的区别，几乎都采用超外差式。随着集成电路的发展，目前已将包括调幅、调频接收乃至功放的电路全部集成在一块 IC 上，组成单片接收机电路。市面上的多波段收音机大都采用这些电路。

下一章，我们将讨论调制信号是如何去改变载波的幅度或频率，已调波又是如何被发送出去的，并由此涉及到发射机的具体电路。

本 章 小 结

本章在前三章调幅接收机的基础上，介绍了调频接收机及其基本电路。调频接收机接收的是调频信号，调频信号是一种以载波频率为中心，频率按照调制信号变化规律在一段频率范围内变化的等幅高频信号。对同样的调制信号来说，调频信号的频带宽度要高于调幅信号。从调频波解调出调制信号称为鉴频，鉴频电路首先将等幅调频波变成幅度按调制信号规律变化的调频调幅波，然后再进行幅度检波。鉴频的方法与电路有多种形式，本章介绍的比例鉴频电路是其中的一种。鉴频电路的频率特性可以用 S 曲线来描述。用扫频仪观测电路的 S 曲线。调频接收机电路的基本形式与调幅接收机无大的差异，多采用超外差式。稳定本振频率对调频接收机来说要比调幅接收机重要得多，因此调频接收机多采用频率自动控制（AFC）电路，与 AGC 电路一样，AFC 电路采用的是高频电路中广泛应用的反馈控制技术。由于调制信号是记录在载波的频率变化上的，与载波的幅度无关，可以采用限幅的方式来抑制信道中的调幅干扰，因此，调频接收机多具有限幅电路。因为同样的原因，调幅接收机一般不再设置 AGC 电路。

习 题 四

1. 给图 4-4 所示的鉴频电路的输入端加上 10.7 MHz 的调幅信号，输出结果如何？

2. 为什么调频接收机要对信号限幅？经限幅后输出的波形是否变成了方波？

3. 图 4-4 中，C_6、C_7 上均为交流信号，为什么 C_8 上是直流信号？

4. 图 4-4 中，C_8 两端直流电压的幅度与什么有关？如果输入是未经调频的等幅波，C_8 上的直流电压是否为零？

5. 比例鉴频器的两个二极管有一只接反了，会有什么结果？

6. 比例鉴频器的两个二极管有一只开路了，还能不能解调出调制信号？电路还有没有限幅作用？

7. 影响 S 曲线形状的因素有哪些？

8. 将扫频仪的输入探头接至图 4-4 中晶体管的集电极，用来测量电路的幅频特性，扫频仪是否显示 S 曲线？为什么？

9. 图 4-9 中，为什么不将鉴频输出直接与变容二极管相接，而在中间要插入 R_1、R_2？

10. 图 4-9 中，电容 C_3 的作用是什么？不接它可不可以？

11. 图 4-9 中，电容 C_2 的作用是什么？可不可以将它直接短路？

12. 如果将变容二极管的极性在电路中反过来，AFC 还能起作用吗？

第五章　发射机电路

本章通过几个实验及对实验的分析来定性地认识发射机的整体电路及组成发射机的调制电路，高频功率放大电路。

本章中，技能方面涉及的主要内容有高频信号的发射与接收、发射机的整体认识，调频、调幅电路的安装与测试，高频功放电路的安装与调试；理论方面涉及的主要内容有无线电发射机的组成，发射机的背景知识，调频、调幅电路的工作原理，高频功放电路的基本原理等。

在 5.1 节中，读者可观察到发射机各部分的信号处理过程并测试一些常用指标，对发射机有一个整体的认识。在后面各节中，读者将调试调制和功放等单元电路，以加深对发射机内部电路的认识，并训练一些基本的调试技能。

5.1　发射机的整体认识

在前面几章中，我们观察、调试了与无线电接收机有关的单元或整机电路。接收机所接收的信号是由无线电发射机发送到自由空间或电缆上的。发射机的功能就是发送符合要求的无线电信号。一台完整的发射机至少要包括如图 5-1 所示的三部分：基带信号处理电路、调制电路和高频功率放大电路。

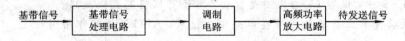

图 5-1　无线电发射机的组成

基带信号处理电路将基带信号（如话音信号）处理成具有特定带宽和幅度的信号，再经调制电路对高频载波信号进行调制，产生我们熟悉的调幅或调频信号。发射机再将高频信号放大到具有足够的功率以满足传输距离的要求。

我们首先通过实验从整体上认识发射机。实验中的发射机是一台具有外调制功能的高频信号发生器。

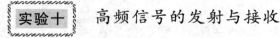

实验十　高频信号的发射与接收

一、实验步骤

步骤 1：发射与接收等幅信号

（1）接通高频信号发生器电源。将信号发生器调节到 88 MHz～108 MHz 之间的某一频率，输出电平调节到 120 dBμ 或 20 dBm，不加调制信号。

（2）如图 5-2 所示，将带射频输入接头的 75 Ω 拉杆天线接至高频信号发生器的射频（RF）输出端，天线长度拉至最长。

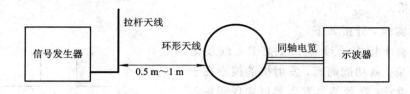

图 5-2　示波器与发射机的耦合

（3）将环形天线用同轴电缆接至示波器的 Y 通道输入端。调整示波器的扫描时间（20 ns/div）和输入灵敏度，使示波器显示高频信号，读出信号频率。调节信号发生器的输出电平，观察示波器显示的信号幅度有何变化。

（4）改变环形天线与拉杆天线之间的距离，观察示波器显示的信号幅度有何变化。

（5）固定环形天线与拉杆天线之间的距离，改变拉杆天线的长度，观察示波器显示的信号幅度有何变化，最后将拉杆天线长度拉至最长。

上述实验中，示波器显示的波形频率与高频信号发生器的频率一致，其幅度随高频信号发生器的旋钮改变，说明我们接收到的是从高频信号发生器（发射机）辐射的信号。示波器显示的幅度与拉杆天线同环形天线的距离、拉杆天线的长度有关。

步骤 2：发射与接收内调制高频信号

（1）将高频信号发生器的调制方式设为调频，调制信号来源为内调制，调制信号为 1 kHz 正弦波，频偏设为 30 kHz。

（2）将数字调谐收音机的接收波段设置为 FM，调谐至没有电台的某一频率处。在该频率值附近调节高频信号发生器的输出频率，直到从收音机听到 1 kHz 的单音。

（3）将内调制频率在 1 kHz 与 400 Hz 之间切换，观测听到的声音音调的变化。

（4）将高频信号发生器的调制方式设为调幅，调制指数为 30%，其他设置不变。切换调制方式，试听收音效果。

实验中可以发现，当收音机的频率与高频信号发生器的频率一致时，收音机能正常发声。改变调制频率，声音的音调跟着变化。当高频信号发生器至 AM（调幅）位置时，调频接收机无法正常接收调幅信号。

步骤 3：发射与接收外调制信号

（1）将音频放大电路或磁带录音机的线路输出接至高频信号发生器的外调制输入端。高频信号发生器的调制信号来源改为外调制，对着音频放大电路的话筒讲话或让磁带录音机放音。调节音量和信号发生器的调制指数使频偏为 30 kHz。注意收音机的扬声器是否发出话音或磁带录音机播放的节目。

（2）便携式收音机缓慢离开信号发生器，注意收音机的扬声器发出的声音音质有何变化。在有效的通信距离内，收音机的扬声器应能发出清晰的声音。若听到明显的噪声，则表示收音机与信号发生器之间已到了极限通信距离。

步骤 4：测量信号频谱

若有频谱分析仪，可将其接到高频信号发生器的射频输出端。频谱分析仪的频率分辨率设为 10 kHz/div。对着音频放大电路的话筒讲话或让磁带录音机放音，观察频谱形状随音频音量如何变化。频谱分析仪的频率分辨率设为 30 MHz/div，观察谱线位置及条数。

二、实验分析

对上述实验，分析如下：

（1）实验十旨在给读者一个关于无线发射机的总体印象。就功能而言，发射机的核心在于调制电路。通常，高频信号发生器可实现调幅和调频，因此，本实验中用它作发射机。本实验的重点在于观察调制功能。实验证明，发射机输出信号确实携带了待传输的音频（基带）信息。实验所应用的调频和调幅方式分别将基带信号的幅度变化变换成高频载波信号的频率和振幅变化，如图 5-3 所示。本实验展示了基带信号调制到高频载波后即可通过天线发送到空间。接收机不需通过导体与发射机连接即可实现信号的无线传输。

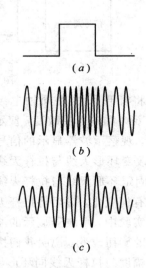

图 5-3　调频信号与调幅信号
(a) 基带信号；(b) 调频信号；(c) 调幅信号

（2）实验步骤 1 用示波器接环形天线使我们可直接看到接收到的高频载波信号。实验中示波器显示的信号幅度随天线间的距离变化：距离越长，接收信号越小。实验中我们还观测到示波器显示的信号幅度随天线长度而改变。这说明天线的长度影响天线的辐射能力。根据天线理论，鞭状天线（本实验中应用的拉杆天线是一种鞭状天线）长度为辐射信号波长 λ 的 1/4 时，其阻抗为一个反映辐射能力的纯电阻。当天线长度小于 $\lambda/4$ 时，天线阻抗等效于一个电阻与一个电容串联。天线长度（相对于 $\lambda/4$）越短，等效电阻越小，等效容抗越大，天线的辐射能力越弱。在移动通信常用的高频与甚高频（3 MHz～300 MHz）波段，$\lambda/4$ 为 0.25 m～25 m。本实验的调频部分中 $\lambda/4$ 约为 0.75 m。很多情况下，移动台的天线很难做到 $\lambda/4$ 的长度。此时必须在天线回路中串入一个感抗以抵消天线的容抗。实际工程中，串入电感的值往往由实验确定。

（3）实验步骤 2 与 3 说明在高频载波中确实携带了待传输的基带信息。实验步骤 2 中收音机的扬声器将发出的声音频率随高频信号发生器的调制频率变化而变化。实验步骤 3 中收音机的扬声器发出话音或磁带录音机播放的节目。调制信号都是基带信号，而环形天线接收到的信号只是高频信号，因此基带信号是包含在高频信号中的，这就证明信号发生器实现了调制功能。

（4）实验步骤 3 还试验了无线通信距离。天线辐射的功率决定了通信距离。辐射功率越大，通信距离越远。

（5）实验步骤 4 观察发射信号的功率谱，即发射功率在各频率上的分布。实用发射机中很多指标的测量都需要通过测量功率谱实现。

5.2　无线发射机的一些背景知识

无线发射机的功能是将基带信号调制成高频信号，再放大到具有足够的功率，发送到自由空间或同轴电缆上。实现调制、放大功率都是比较容易做到的，但是实际应用系统对发射机发送的信号有许多的技术指标要求，要全面达到这些指标要求就不容易了。这里我们以调频无线通信发射机为例对一些基本的高频技术指标以及达到这些指标的方法作一简单介绍，以使读者能带着这些问题去分析本章后面的几个实验。

无线通信发射机主要的技术指标包括载波输出功率、载频偏差、频偏、寄生调幅、辐射带宽、邻道干扰、杂散辐射等。

1. 载波输出功率

载波输出功率定义为发射机在无调制状态下传递到 50 Ω 标准输出负载的平均功率。这种规定是为测试而设的。当天线阻抗为 50 Ω 纯电阻时，发射机在正常工作状态下（负载为天线且信号被调制）所能输出的功率可以近似看做载波输出功率。载波输出功率由功放电路的结构与元件参数所决定。

2. 载频偏差

载频偏差是指实测发射机在无调制状态下输出信号频率与其标称值之差。载频偏差应尽量小，以免发射信号功率谱落入相邻频道。我国标准规定，频率偏差不得超过表 5-1 所列数值。其中用 ppm 表示的数据为相对值，$1 \text{ ppm} = 10^{-6}$。

表 5-1　频率偏差额定值

频道间隔/kHz	频　率　偏　差							
	50 MHz		50 MHz～100 MHz		100 MHz～300 MHz		300 MHz～500 MHz	
	kHz	ppm	kHz	ppm	kHz	ppm	kHz	ppm
20，25，30	±0.6	±20	±1.35	±20	±1.6	±10	±2.25	±5
12.5	/	/	±1.0	±12	±1.3	±8	±1.55	±3

为得到较小的频率偏差，一般采用高稳定度的晶体振荡电路作频率源，再用频率合成器得到所需要的工作频率。频率偏差决定于晶体的稳定度以及振荡电路的性能。在要求较高的应用场合，要采用温度补偿式晶体振荡电路作频率源。

3. 频偏

频偏是指已调射频信号与载频的最大差值。频偏是影响已调信号带宽的重要因素之一。频偏额定值见表 5-2。

表 5-2　最大允许频偏额定值

频道间隔/kHz	25	20	12.5
最大允许频偏/kHz	±5	±4	±2.5

4. 寄生调幅

寄生调幅是指调频发射机已调射频信号上呈现的寄生幅度调制。它是发射机在标准测试音调制下工作时，输出信号的调幅系数，通常用百分比表示。发射机寄生调幅不应超过 3％，寄生调幅太大会影响功放的效率。

5. 辐射带宽

辐射带宽是指已调信号占有总能量 99％ 的频带宽度（如图 5 - 4 所示），这是发射机的一个非常重要的指标。在给定信道间隔的条件下，为使通信效果较好，应尽量让发射信号频偏较大一些。这样，信号带宽就会变宽。但信号带宽太宽可能会使落入相邻频道的干扰增大。因此，有关标准限定发射机的辐射带宽，如对 25 kHz 的信道间隔，规定辐射带宽不能超过 20 kHz。

6. 邻道干扰

邻道干扰是指发射机工作时辐射信号落入相邻频道内的功率（如图 5 - 4 所示）。

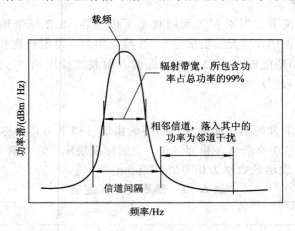

图 5 - 4　辐射带宽与邻道干扰

我国有关标准规定，邻道干扰应低于载波功率 70 dB 或不超过 10 μW。

邻道干扰和辐射带宽是两个密切相关的指标，也是较关键且难调试的两个指标，在数字通信系统中尤其如此。大部分新的数字调制体制就是为降低邻道干扰和辐射带宽而提出来的。一般而言，辐射带宽太宽，邻道干扰就会比较大。在调频体制中，这两个指标都取决于频偏和基带信号带宽。为了在用足辐射带宽指标的条件下尽量降低邻道干扰，应使基带信号带宽尽量窄些。

7. 杂散辐射

杂散辐射是发射机的另一个较关键且难调试的指标。它是发射机工作时，在允许占用的带宽以外的一些离散频率点上的辐射，但不包括邻道干扰。它主要包括谐波成分、噪声和寄生成分，如图 5 - 5 所示。

杂散辐射和邻道干扰都会对其他频道的通信造成干扰，但产生原因完全不同，因此减小这两种干扰的思路也完全不同。前者是由于射频滤波不良、PCB 板布线不当或射频电路结构与元

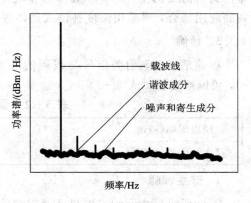

图 5 - 5　杂散辐射

件参数设计不当造成的，减小这种干扰应从射频电路着手。后者产生的原因是频偏太大或基带信号带宽太宽，减小这种干扰需要降低频偏或基带信号带宽。

　　发射机的杂散辐射指标应视发射机功率等级和使用条件不同而定。通常当载波功率大于等于 25 W 时，杂散辐射应低于载波功率 60 dB～70 dB 或不超过 2.5 μW。

5.3　调　频　电　路

　　通过前两节的实验与讨论，大家对调频发射机有了一个初步的总体认识。本节我们深入到发射机内部，实验并分析其中一个单元电路——调频电路。希望读者通过本节实验能得到以下几个方面的体验：压控晶体振荡电路的原理、组成及调试方法；调频波的功率谱与带宽；调频电路基本的技术指标要求及其实现方法。

 实验十一　调频电路的安装与检测

一、实验步骤

步骤 1：电路安装

　　按图 5－6 所示的电原理图在 PCB 板或万能板上将电路焊接好。元件引脚要尽量剪短。振荡电路核心部分 T_1、V_{D1}、C_3、C_4、C_5、C_6、V_{T1} 应尽量靠近。各接地点应尽量靠近。各测试点 TP_1、TP_2、TP_3、TP_4 处应焊出引线同时留出一定空间以便夹仪器探头。

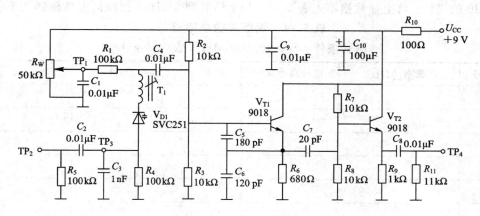

图 5－6　调频电路实验电原理图

步骤 2：振荡电路调试

　　(1) 直流稳压电源调至 9 V(用万用表测量)，断电后接到电路板电源输入端＋9 V。

　　(2) 给电路加电。调整电位器 R_W 使 TP_1 处的电压为＋5 V。

　　(3) 将示波器和频率计的探头接至 TP_4。调节中周 T_1 的磁芯使 TP_3 上出现振荡波形(用示波器观察)且频率计上读数约为 10 MHz。

　　(4) 逐步调节电位器 R_W 使 TP_1 处的电压由 0 V 增至最大值。观察示波器上的波形与频率计上的读数有何变化。按表 5－3 所给各电压值记录所对应的频率计读数。

表 5 - 3　压控振荡电路的电压—频率关系

TP$_1$ 电压/V	2.0	2.4	2.8	3.2	3.6	4.0	4.4	4.8	5.2	5.6	5.0	5.4
频率/MHz												

实验中用示波器在 TP$_4$ 处能够观测到正弦波,振荡的频率与 TP$_1$ 处的电压密切相关,如果实验正确,从表 5 - 3 中可以看出,TP$_1$ 处的电压越高,振荡频率也越高。

步骤 3:调频观测

(1)调节电位器 R_W 使 TP$_1$ 处的电压为 5.0 V。将示波器通道 1 的探头接至 TP$_4$,通道 2 的探头接至 TP$_3$,同步触发信号取自通道 2,扫描时间为 5 μs/div。将音频信号发生器的输出信号频率调至 100 kHz,并接至 TP$_2$。调节音频信号发生器的输出电压幅度(0～4U_{P-P}),观察示波器波形有何变化。

(2)将音频信号发生器的输出信号频率调至 1 kHz,将标准解调表的 RF 输入端接至 TP$_4$。解调表内部滤波器接通。将解调器输出接至示波器显示波形同时接至失真仪测量失真。调节音频信号发生器的输出电压幅度(0～4U_{P-P}),观察失真仪上读数的变化,记录失真达 2%时解调表的读数。

(3)调节音频信号发生器的输出电压幅度,使解调表的读数(频偏)为 5 kHz。将频谱分析仪接至 TP$_4$。将频谱分析仪显示的中心频率调节到 10.000 MHz,频率分辨率调到 1 kHz/div。调节频谱分析仪,使所有谱线在垂直方向都能在屏幕上显示出来。记录下较强谱线的功率谱读数和频率。较强谱线指的是那些谱线高度和最强的谱线相比,高度相差小于 20 dB 的谱线。将上述数据填入表 5 - 4。频率精确到 1 kHz,谱线高度精确到 0.1 dB。

表 5 - 4　调频波的功率谱

(测试条件:$f_0 = 10.000$ MHz,$\Delta f = 5$ kHz)

序号	频率/MHz	谱线高度/dB	序号	频率/MHz	谱线高度/dB
1			11		
2			12		
3			13		
4			14		
5			15		
6			16		
7			17		
8			18		
9			19		
10			20		

可以定义包含上述较强谱线的频率范围称为该调频波的射频带宽。

(4)将音频信号发生器的输出信号频率调至 5 kHz。逐步调节音频信号发生器的输出电压幅度,使解调表的读数(频偏)由 5 kHz 增至 50 kHz。观察频谱分析仪上谱线的变化。

记录如下各频偏所对应的射频带宽：5 kHz、10 kHz、15 kHz、20 kHz、25 kHz、30 kHz、35 kHz、40 kHz、45 kHz、50 kHz。将记录数据绘成曲线于图 5-7 左边。

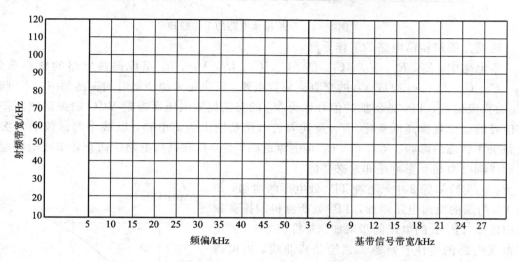

图 5-7 射频带宽与频偏、基带信号带宽的关系

（5）调节音频信号发生器的输出电压幅度，使解调表的读数（频偏）固定为 25 kHz。调节音频信号发生器的输出信号频率，观察频谱分析仪上谱线的变化。记录如下各音频信号频率所对应的射频带宽：3 kHz、6 kHz、9 kHz、12 kHz、15 kHz、18 kHz、21 kHz、24 kHz、27 kHz。将记录数据绘成曲线于图 5-7 右边。由于实验中的基带信号是正弦信号，所以基带信号带宽就是它的频率。

（6）断开直流稳压电源。将 L_1 两端短路（用短路线焊好）。用 10 MHz 的晶体代替 C_4。重复实验步骤 2 中的（4）与步骤 3 中的（2），观察实验结果与电路改动前有什么区别。

二、实验分析

对上述实验，分析如下：

（1）图 5-6 所示电路是一个压控振荡电路（VCO）。在高频到特高频（3 MHz～500 MHz）范围内，这种电路结构是 VCO 的主要结构形式之一。若将电路中的变容二极管换成一个固定电容，则本电路就是一个固定频率振荡电路，称为考比兹（CoLpitts）振荡电路。这种振荡电路的特点是容易起振，同时由于采用了共集电极组态，振荡频率可得到较高，频率稳定度也较好。

我们已经知道，一个 LC 振荡电路一旦满足振荡条件，其振荡频率是

$$f_0 = \frac{1}{2\pi\sqrt{LC}} \tag{5.1}$$

式中：L、C 分别为谐振回路的总电感、电容。本电路中 L 就是 T_1 的电感，而 C 则为 V_{D1}、C_3、C_4、C_5、C_6 串联后的等效电容。本电路中，C_3、C_4、C_5、C_6 的数值较大，V_{D1} 的值约为 30 pF，故等效电容主要由 V_{D1} 决定。由式（5.1），若 L 一定，则频率的变化主要由 V_{D1} 决定。V_{D1} 称为变容二极管或简称变容管。其电容量随加到其两端的反向电压变化而变化。因此，VCO 的振荡频率受 V_{D1} 两端的反向电压控制。控制关系如图 5-8 所示。

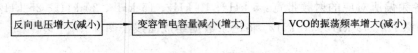

图 5 - 8　压控振荡电路的工作原理

这就是压控振荡电路的工作原理。

本电路中，R_2、R_3、V_{D1}、C_3、C_4、C_5、C_6、L_1、V_{T1}、R_6 组成振荡电路的核心部分，R_W、C_2、C_3、R_1、R_5 组成 V_{D1} 的交直流偏置电路，它决定未加调制时的振荡频率。R_W 调节 V_{D1} 的直流偏置，TP_2 处所加的信号作为 V_{D1} 的交流偏置电压而控制 VCO 的振荡频率按交流信号的变化规律高低变化。V_{T2} 及其周边电路是输出隔离电路，以减小测试仪器对振荡电路工作状态的影响。R_{10}、C_9、C_{10} 是电源退耦电路，这在高频电路中防止各单元电路通过电源线耦合而相互影响是非常必要的。

（2）实验步骤 2 中，随着 TP_1 处电压的增加，加在 V_{D1} 两端的反向电压增加，TP_4 处所测得的振荡频率应跟随 TP_1 处的电压同步增加。若将表 5 - 3 的压控振荡电路的电压—频率关系绘制成曲线，则可得到如图 5 - 9 所示的控制特性。图中，纵坐标 f 为 TP_4 处所测得的振荡频率，横坐标 U_i 为加在 V_{D1} 两端的反向电压。

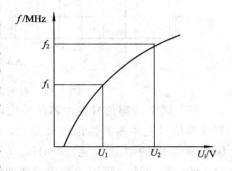

图 5 - 9　VCO 的控制特性

实际调频系统对控制特性的技术指标要求主要是线性与动态范围。线性是指控制特性应为一条直线。动态范围是指控制特性中线性较好的部分的振荡频率范围。在控制特性的频率范围内，单位控制电压变化所产生的频率变化被称为 VCO 的调制灵敏度 K_F。在图 5 - 9 中，动态范围是 $f_2 \sim f_1$，调制灵敏度为

$$K_F = \frac{f_2 - f_1}{U_2 - U_1} \tag{5.2}$$

读者可根据式（5.2）计算本实验电路的调制灵敏度。

（3）实验步骤 3 仍观察 VCO 的控制特性。但此时输入控制电压与输出振荡频率都是交流变化的。实际应用系统中，调制信号通常都是交流信号。若调试正常，读者可在示波器上观察到第四章中观测过的调频波形。实际波形如图 5 - 10 所示。图 5 - 10(a) 中，中心线电压 U_Q 为 V_{D1} 上的静态偏置电压，即 TP_1 处测得的电压；U_M 为 V_{D1} 上的交流电压振幅，可在 TP_3 处测得。

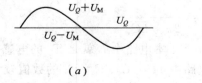
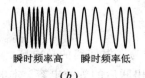

图 5 - 10　调频波形

(a) 通道 2——基带信号；(b) 通道 1——已调信号

已调信号瞬时频偏的交流部分叫瞬时频偏 $\Delta f(T)$。图中振荡频率范围可如下估算：已

调信号频率高端对应调制电压的高电平 $U_Q + U_M$，具体频率值 f_H 可在步骤 2 中测得的控制特性上查到；已调信号频率低端对应调制信号的低电平 $U_Q - U_M$，具体频率值 f_L 也可在测得的控制特性上查到。则已调信号频率范围为 $f_L \sim f_H$，频偏信号的峰-峰值为 $f_H - f_L$。

　　（4）若调制信号幅度较小，则已调信号瞬时频偏随调制信号变化而成正比地变化，即

$$\Delta f(t) = K_F U_i(t) \tag{5.3}$$

式中：K_F 为调制灵敏度；$U_i(t)$ 为调制信号电压。若 $U_i(t)$ 幅度过大，则 $\Delta f(t)$ 中除了随 $U_i(t)$ 成正比变化的部分外，还存在不成正比的部分。这一部分被称为非线性失真。失真仪测量结果是非线性失真部分有效值与被测信号有效值之比。在实际应用中都要求调制器失真较小。具体的指标要求视实际系统中失真指标分配而定。作为调制器，失真超过 2% 一般是不可接受的。

　　（5）如 5.2 节所述，实际应用系统对输出射频信号的辐射带宽与邻道干扰有严格的要求。如我国规定无线通信的频道间隔为 25 kHz，调频广播为 150 kHz。在 25 kHz 带宽的通信系统中，要求信号带宽不超过 20 kHz，落入相邻频道的信号功率要小于输出功率 70 dB。因此在实际无线系统的开发、调试中，为保证带宽不超过规定而同时又用足规定的指标（带宽较宽，抗干扰能力较强），必须要计算、测试已调信号的频谱。调频信号的频带主要由基带信号频带和已调信号频偏决定，如下式：

$$B \approx 2(\Delta f_M + F_M) \tag{5.4}$$

式中：B 为已调信号的带宽；Δf_M 为瞬时频偏最大值；F_M 为调制信号的最高频率。

　　实验步骤 4 还测量了已调信号的频谱和带宽。对基带信号为正弦波的调频信号进行频谱的理论分析得到这种调频信号的频谱如图 5 - 11 所示。此时，频谱由有些离散的谱线组成。谱线间隔为基带信号的频率，各谱线的高度取决于频偏的大小。若基带信号频率（带宽）不变而幅度增加（已调信号频偏增加），则图 5 - 11 中两侧的谱线高度增加，从而造成已调信号带宽增加。若基带信号幅度不变（已调信号频偏不变）而频率增加，则谱线高度不变而间隔加大，也会造成已调信号带宽增加。

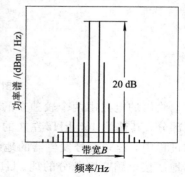

图 5 - 11　调频波的功率谱

　　鉴于调频体制的广泛应用，以及调频信号频谱理论分析的困难，再次强调上述实验分析是值得的。读者若能详细记录上述实验步骤中观察到的谱线形状与变化规律，将在以后原理部分的学习中大受裨益。

　　（6）如 5.2 节所述，实际系统对调频电路的频率稳定度有严格要求，未加调制信号时，振荡频率应保持稳定。本实验电路（见图 5 - 6）所能达到的频率稳定度是很低的。按实验步骤 3 中的（6）用晶体代替 LC 回路后，频率稳定度会有所提高。但读者将发现，电路的调制灵敏度及频偏动态范围将大幅度减小。因此，实际应用系统中，为彻底解决频率稳定度与频偏动态范围的矛盾，常采用锁相调频的方案。有关内容见第十章。

5.4　调幅电路

　　调幅电路实现幅度调制，即将基带信号的瞬时幅度变化调制成高频信号的瞬时振幅变

化。本节实验中，读者将观察调幅波的特性并调试调制电路。

　　调幅电路的安装与测试

一、实验步骤

步骤 1：电路安装

按图 5-12 所示原理图在 PCB 板或万能板上将电路焊接好。

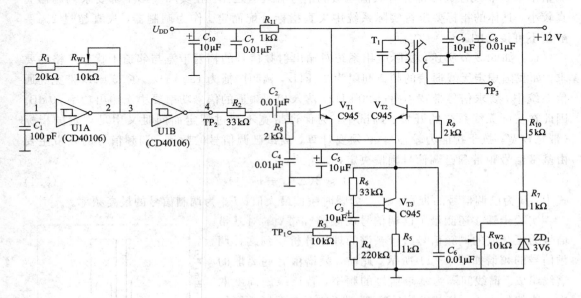

图 5-12　调幅电路实验电原理图

给出的电路由两个较独立的功能单元组成：R_3、R_4、C_3、V_{T3}、R_5、R_6、R_7、ZD_1 为音频部分；其他为 465 kHz 左右的高频部分。各单元部分应尽量紧凑，接地线应尽量短。测试过程中，音频信号发生器的地线接电路音频部分的地。示波器、频率计和直流稳压电源的地线接电路高频部分的地。U1(CD40106)的 7 脚接地，14 脚接 U_{DD}。图中电容器 C_1 的给出值是参考值，调试时可能要变动。

步骤 2：调试振荡电路

（1）将直流稳压电源调至 12 V，接至 U_{DD} 处，给电路加电。将示波器与频率计的输入探头接至 TP_2。如果电路连接正确，器件完好，此时可观察到方波波形。调整 R_{W1} 使频率计的读数为 465 kHz。

若调整 R_{W1} 不能使振荡频率达到 465 kHz，则应根据振荡频率和 C_1 的现值更换 C_1。C_1 的新值由下式决定：

$$C_1 \text{ 的新值} = \frac{C_1 \text{ 的现值} \times \text{振荡频率的现值(kHz)}}{465 \text{ (kHz)}} \qquad (5.5)$$

（2）将示波器通道 2 接至 TP_3。调节中周 T_1 的磁芯，使示波器显示的信号幅度最大。

步骤 3：调幅观测

（1）将示波器通道 1 和音频信号发生器接至 TP_1。示波器的同步触发信号取自通道 1，扫描时间为 200 μs/div。依次调节音频信号发生器的输出信号幅度（0～4U_{P-P}）和频率（500 Hz～5 kHz），分别观察信号幅度与频率变化时示波器显示波形的变化。

（2）将频谱分析仪接至 TP_3，频率分辨率调到 1 kHz/div。调节频谱分析仪的插入衰减，使谱线不超出屏幕的显示范围。依次调节音频信号发生器的输出信号幅度（0～4U_{P-P}）和频率（500 Hz～5 kHz），观察频谱分析仪屏幕上谱线的变化。

二、实验分析

对上述实验，分析如下：

（1）在信号分析中，把高频振荡信号波形每一周期的峰值连成的一条光滑曲线叫包络，而把高频振荡信号本身叫载波，如图 5-13 所示。由包络的意义可知，调幅信号是以其包络代表基带信号的，可表示为

$$s(t) = A[1 + m_f(t)]\cos(2\pi f_0 t) \qquad (5.6)$$

式中：m_f 为调制指数，表示调幅信号的调制深度；f_0 为载波频率；A 为调制信号的平均振幅。调制指数 m_f 定义为

$$m_f = \frac{包络幅度}{调幅信号的平均振幅} \qquad (5.7)$$

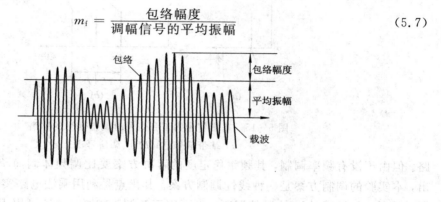

图 5-13　调幅信号

（2）调幅电路的实现是比较简单的。本实验电路中，由施密特触发器 U1（CD40106）和 C_1、R_1、R_{W1} 组成一个 465 kHz 的载波振荡电路。振荡电路输出信号的幅度是恒定不变的。晶体管 V_{T1}、V_{T2}、V_{T3} 构成一个乘法器实现调制功能。本电路中，包络的形状取决于晶体管 V_{T3} 的集电极电流 i_{CT_3}。i_{CT_3} 正比于加在 V_{T3} 基极上的电压 U_{BT_3}。U_{BT_3} 由两部分组成：第一部分是齐纳管 ZD_1 上提供的直流偏置；第二部分是音频信号发生器提供的交流电压。因此，i_{CT_3} 也包括直流和交流两部分。直流部分决定了调幅信号的平均振幅；交流部分决定了调幅信号的包络变化。调节音频信号发生器的输出信号幅度也就调节了调幅信号的调制指数 m_f。

调幅信号的频谱取决于基带信号的频谱、载波频率 f_0 以及调制指数 m_f，如图 5-14 和图 5-15 所示。后者为本实验的情形。可见，幅度调制实现了频谱搬移的功能。实验步骤 3 中的（1），若音频信号发生器的输出信号幅度不变而频率改变，则频谱分析仪上显示为边带谱线高度不变而位置移动；若音频信号发生器的输出信号频率不变而幅度改变，则频谱分析仪上显示为边带谱线位置不变而高度变化。

需要说明的是，本实验中载波振荡电路采用 CD40106 完全是为了电路调试简单，其频率稳定度完全达不到广播电视与通信系统中的要求，实际应用中一般要采用晶体振荡电

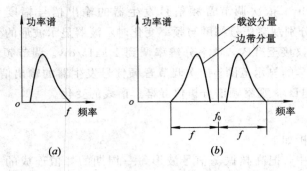

图 5-14　基带信号为一般信号时调幅信号的频谱
（a）基带信号谱；（b）已调信号谱

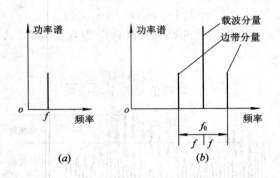

图 5-15　基带信号为正弦信号时调幅信号的频谱
（a）基带信号谱；（b）已调信号谱

路。但由于没有频率调制，其频率稳定度的解决方案要比调频体制简单一些。同时还要指出，本实验的调制方案是一种线性调制方案。其优点是利用乘法电路实现调制，概念清晰，调试简单。可用于 AM 体制的调制，也可用于解调。稍加改进还可用于具有幅度调制的其他调制体制，如双边带（DSB）、单边带（SSB）、残留边带（USB）和正交调幅（QAM）等。但这种调制方案用于发射机时需要使用效率很低的线性功放。因此在简单 AM 体制的发射机中常在功放级直接调幅，称为高电平调幅。有关原理见下一节。

5.5　高频功率放大电路

　　高频功率放大电路是无线发射机中最关键、最难调试的单元电路之一。发射机的杂散辐射主要取决于它，它也是决定发射机可靠性的关键因素之一。本实验中，读者将调试一个小功率的高频功率放大电路，并简单测试一些基本技术指标。

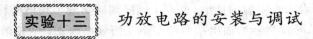

实验十三　功放电路的安装与调试

一、实验步骤

步骤 1：电路连接

将功放电路零件按图 5-16 所示电路原理图在万用板上连接好。本实验电路可分为如下几个单元电路：

振荡单元　　　　R_1、R_2、R_3、R_4、C_1、C_2、C_3、C_4、C_{V1}、L_1、V_{T1}

驱动放大单元　　R_5、R_6、R_7、R_{W1}、C_5、C_6、C_7、C_{V2}、V_{T2}、L_2

功放单元　　　　R_8、R_9、R_{10}、R_{11}、C_8、C_9、C_{10}、R_{W2}、L_3、S_1、V_{T3}

负载回路　　　　C_{11}、C_{12}、C_{13}、C_{V3}、L_4、R_L

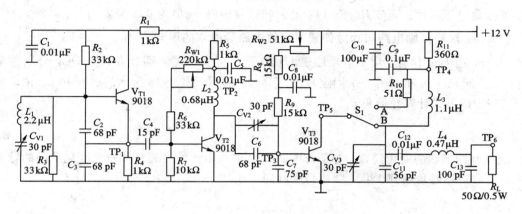

图 5-16　功放电路原理图

图中，各测试点的信号如下：

TP$_1$——振荡电路输出；

TP$_2$——驱动管集电极直流电压采样点；

TP$_3$——功放管基极电压采样点；

TP$_4$——功放管集电极直流电压采样点；

TP$_5$——功放管集电极电压采样点；

TP$_6$——功放输出。

　　连接时要注意保持各单元电路元件位置分布的紧凑。各测试点 TP$_1$～TP$_5$ 周围要留出一定空间，以便于夹放测试探头和夹具。它们可安排在单元电路之间。各单元电路内接地元件要尽量集中，以使地线尽量短。电源地线接在功放单元部分地线区。整个电路的地线要尽量粗，如图 5-17 所示。

振荡单元接地区　　　　驱动放大单元接地区　　功放单元、电源接地区　　　　负载回路接地区

图 5-17　实验电路地线安排

　　C_{11} 的取值需在实验中调整确定，图中示出的是参考值。实验中 C_{11} 可由 2 至 3 个较小的电容并联而成，实验前先将 C_{11} 取为 43 pF，在实验调整中逐步增加到适当值。在电路板上应为它们留出足够的空间。

步骤 2：振荡与激励电路调试

（1）将直流稳压电源调至 12 V。电路板连好电源线，给电路板供电。

（2）检查 V_{T1} 发射极 TP$_1$ 对地的直流电压是否为 3 V～4 V。若该电压低于 3 V，则适

当减小 R_1；若大于 4 V，则适当加大 R_1。调节 C_{V1}，用示波器（探头衰减 10 倍，下同）观察 TP$_1$ 处是否有振荡。若无振荡，应检查振荡单元各元件焊点，确保无虚焊、短路。

（3）调节 R_{W1} 使 TP$_2$ 对地的直流电压为 6 V。用示波器观察 TP$_3$ 处是否有振荡信号。若无信号，应检查驱动单元各元件焊点，确保无虚焊、短路。

（4）用频率计测量 TP$_3$ 处振荡信号的频率。调节 C_{V1} 使频率为 30 MHz。调节 C_{V2} 使 TP$_3$ 处振荡电压最大。调节 R_{W1} 使 TP$_3$ 处射频信号的峰-峰值为 0.5 V 左右。

步骤 3：观测激励电路与功放偏置对功放电路导通角的影响

（1）S$_1$ 置于 A 位置。用示波器通道 1 观察 TP$_5$ 处的信号，耦合方式为 DC。分别调整 R_{W1} 和 R_{W2}（调节一个时，另一个固定），使 TP$_5$ 处出现如图 5-18 所示的脉冲电压。记录参数 T 和 τ。按下式计算导通角 θ：

$$\theta = \frac{360° \times \tau}{T}$$

观察脉冲形状的变化规律。看是否可调出 120°～180° 的导通角和较大变化范围的脉冲高度。最后将导通角调到 120°，脉冲高度调到 1.3 V。

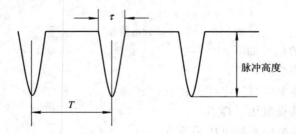

图 5-18　S$_1$ 置于 A 位置时 TP$_5$ 处的电压

（2）S$_1$ 置于 B 位置。用示波器通道 1 和通道 2 分别测 TP$_5$ 和 TP$_6$ 处的信号，示波器输入方式均为 DC。调节 C_{V2}、C_{V3} 使示波器显示的两个振幅最大，并记录下振幅值。

步骤 4：调试与测量阻抗变换电路

（1）在 C_{11} 上并联一个 5 pF 的小电容，调节 C_{V3} 使示波器显示的振幅最大，并记录下最大振幅。重复本步骤，直到增加 C_{11} 不能再增加 TP$_5$ 和 TP$_6$ 处的记录振幅。最后再增加一个 5 pF 的小电容将 C_{11} 固定下来。

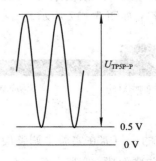

（2）S$_1$ 置于 A 位置。调节 R_{W1}、R_{W2} 使 TP$_5$ 处脉冲高度增加 0.2 V，但保持导通角为 120°。切换 S$_1$ 到 B 位置。观察 TP$_5$ 和 TP$_6$ 处的振幅是否增加，并记录下振幅。重复本步骤，直到记录振幅增加不显著。此时 TP$_5$ 处的最低电压小于 0.5 V，如图 5-19 所示。再增加一次脉冲高度，此时测量并记录 TP$_5$、TP$_6$ 处振荡信号的峰-峰值电压 U_{TP5P-P}、U_{TP6P-P} 及 TP$_4$ 处与 R_{11} 两端的直流电压 U_{TP4}、$U_{R_{11}}$。将结果填入表 5-5。

图 5-19　S$_1$ 置于 B 位置时 TP$_5$ 处的电压

表 5 − 5　功率放大电路实验数据

导通角	U_{TP5P-P} /V	U_{TP6P-P} /V	U_{TP4} /V	$U_{R_{11}}$ /V	P_s/mW	P_{co}/mW	P_o/mW	η_c(%)	η_o(%)
120°									
150°									
180°									

（3）S_1 置于 A 位置。调节 R_{w1}、R_{w2} 使 TP₅ 处的脉冲导通角为 150°，脉冲高度调到 1.3 V。在导通角为 150° 的条件下重复上述步骤。再在导通角为 180° 的条件下重复上述步骤。

（4）S_1 置于 A 位置。调节 R_{w1}、R_{w2}、C_{V3} 使 TP₅ 处的信号为较纯净的正弦波，峰-峰值为 1 V。注意调节 R_{w1}、R_{w2} 时保持 TP₄ 处的直流电压最大。切换 S_1 到 B 位置，记录此时 TP₅ 处的信号峰-峰值 U_{TP5P-P} = ＿＿＿＿（V）。

二、实验分析

对上述实验，分析如下：

（1）本实验电路包含射频振荡电路、驱动放大电路和功率放大电路等部分。振荡电路产生射频信号；驱动放大电路将振荡信号放大，并可通过调整 R_{w1} 调整其偏置电流，从而调整其输出电压幅度。驱动放大电路也称为激励放大电路，其输出电压激励功率放大电路，称为激励电压。R_{w2} 用于调整功放管 V_{T3} 的偏置电压。从图 5 − 16 所示的实验电路中独立出来的功放电路如图 5 − 20 所示。这是高频谐振功率放大电路的一种实用形式。实际应用中 R_{11} 要用电感代替，以使电源电压完全加到功放管。这里它的作用是限制功放管集电极的直流电流，以免读者初次因调试而损坏功放管。它使电源供给功放电路的功率（不包括 R_{11} 上消耗的功率）限制在 100 mW 以下。由于实际功放要求电源电压全部加到功放管集电极，因此本实验中功率放大电路的电源电压是 TP₄ 处的直流电压。R_L 为实际负载阻抗，C_{V3}、C_{11}、L_4、C_{13} 为阻抗变换和谐振网络，它的作用是将 R_L 变换为集电极所需要的特定数值的谐振阻抗，本电路设计值为 203 Ω 左右。

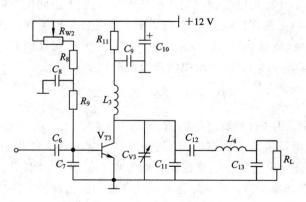

图 5 − 20　基本功率放大电路

（2）实验步骤 2 用于调试振荡电路和驱动放大电路。步骤 3 用于观察功放管集电极电流随激励电压和功放管偏置电压的变化规律。在高频功率放大电路中，功放管集电极电流是脉冲电流，脉冲宽度（导通角）是决定放大电路效率的因素，而脉冲高度决定输出功率的大小。读者应在本步骤中体会如何调试出需要的导通角和脉冲高度。总的变化规律是激励电压或偏置电压越大，导通角越大、脉冲高度越高。图 5-16 中的 S_1、R_{10} 是为测试功放管集电极电流和交流阻抗而设的。当 S_1 置于位置 A 时为测集电极电流状态。由于集电极电流是脉冲电流，它在谐振阻抗上只能产生正弦电压，因此只能用电阻 R_{10} 将脉冲电流变换成脉冲电压以便在示波器上观察。R_{10} 上的脉冲电压高度 $U_{c\,max}$ 与功放管集电极上的脉冲电流高度 $I_{c\,max}$ 的关系是

$$U_{c\,max} = R_{10} \times I_{c\,max}$$

（3）步骤 4 中的（1）主要是调试阻抗变换电路，使之对射频信号谐振。由于本实验所使用的电感电容数值可能与标称值相差较大，因此实验中 C_{11} 由一个较大的电容和一些较小的电容并联组成，配合 C_{V3} 的调整可使该处的总电容调整范围加大。谐振时，TP_5、TP_6 处的电压幅度最大。

步骤 4 中的（2）和（3）用于测试在特定导通角的条件下增加集电极脉冲电流振幅对集电极输出电压 U_{TP5P-P}、输出功率 P_o 以及效率 η_o 的影响。实验正常时，它们之间的关系如图 5-21 所示。实验中各电压可直接测得，功率和效率需要计算得到。

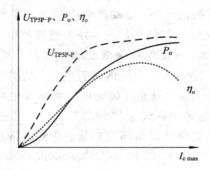

图 5-21　集电极输出电压 U_{TP5P-P}、输出功率 P_o 以及效率 η_o 与 $I_{c\,max}$ 之间的关系

步骤 4 中的（4）用于测量阻抗变换网络的阻抗，以便测试阻抗变换网络的功能。得到的集电极负载阻抗可用于计算集电极输出功率。当开关 S_1 置于不同位置时，集电极负载不同但电流相同并且为单一正弦波。S_1 置于 A 位置时，集电极负载为 R_{10}，R_{10} 上的交流电压峰-峰值为 1 V，故集电极（负载）电流峰-峰值为 1 V/R_{10}。当 S_1 切换到 B 位置时，负载电流不变，电压峰-峰值为 U_{TP5P-P}(V)，故此时集电极负载阻抗为

$$R_C = R_{10} \times \frac{U_{TP5P-P}(V)}{1(V)}$$

此处，U_{TP5P-P} 专指步骤 4 中的（4）所测得的值。

功率放大电路将电源供给的功率 P_s 转化为高频信号功率。转化中一部分要被放大电路消耗掉，余下的部分输出给阻抗变换回路，称为集电极输出功率 P_{co}。P_{co} 中一部分传输给实际负载（称为负载功率 P_o），另一部分被阻抗变换回路消耗掉。各功率、效率按如下方法计算：

$$P_s = 电源供给电流（R_{11} 上的电流）\times U_{TP4}$$

$$电源供给电流 = \frac{U_{R_{11}}}{R_{11}}$$

$$集电极输出功率\ P_{co} = \frac{U_{TP5P-P}^2}{8R_C}$$

$$负载得到的功率\ P_o = \frac{U_{TP6P-P}^2}{8R_L}$$

$$集电极效率\ \eta_c = \frac{P_{co}}{P_s}$$

$$放大电路总效率\ \eta_o = \frac{P_o}{P_s}$$

根据上述关系计算出各功率与效率，并填入表 5-5。调试正常时，本电路的集电极效率可超过 85%，这是较高的水平。但由于本电路中阻抗变换回路中电感的损耗较大，因此，放大电路的总效率是较低的。实际功率放大电路中常用空心线圈实现该电感，其损耗很低。

本 章 小 结

　　本章对发射机的整体电路及组成发射机的调制电路、高频功率放大电路进行了技能方面的训练及理论方面的定性分析。

　　无线电发射机由基带信号处理电路、调制电路、高频功放电路组成。基带信号处理电路的作用是对欲传送的调制信号处理成具有特定带宽和幅度的信号，以对高频载波信号进行调制。调制电路包含振荡与调制两部分，振荡电路产生高频等幅载波信号，调制电路则是将基带信号加载到载波信号中去，产生已调波。高频功放电路的作用是将已调波进行功率放大，以满足信号远距离传输的需要。

　　无线通信发射机的性能由其技术指标决定，主要技术指标包括载波输出功率、载频偏差、频偏、寄生调幅、辐射带宽、邻道干扰、杂散辐射等。

　　调频电路是调频发射机的主要电路，其基本构成是压控振荡器。改变压控振荡器中变容二极管的反向电压可以改变其容抗，从而改变振荡电路的频率。当交变音频信号加在变容二极管两端时，振荡器的频率随所加音频信号的规律而变化，这就是调频。射频带宽、频偏、频率稳定度是调频电路的重要技术指标。

　　调幅电路是调幅发射机的主要电路。调幅电路包括载波振荡电路与幅度调制电路。实现调幅的方式有多种，本章介绍的是用乘法器构成的调幅电路，音频信号与载波信号经乘法器作用产生调幅波。调制指数、频率稳定度是调幅电路的重要技术指标。

　　功放电路是发射机的关键部分。功放电路将电源供给的功率转换为辐射功率。提高效率是功放电路的关键。阻抗匹配网络用来实现放大器与天线间的阻抗匹配。匹配网络的调试是保证功放电路正常工作的关键技术。

习 题 五

　　1. 频率分别为 100 MHz、20 MHz 的信号，λ/4 分别为多少？

　　2. 在 150 MHz 频段，若要求发射机发射信号频率误差不超过 500 Hz，相对偏差不能超过多少 ppm？

　　3. 若要求 VCO 的振荡频率随控制电压线性变化，变容管的电容量应随控制电压如何变化?

4. 图 5-6 中，若 T_1 电感为 $2.2\ \mu H$，变容管的电容量变化范围为 $15\ pF \sim 25\ pF$，振荡回路总电容为变容管的电容，C_5、C_6 串联。计算 VCO 的振荡频率范围。

5. 图 5-6 中，R_4、C_3 的作用分别是什么?

6. 请说明图 5-12 所示的调幅电路中，R_{W2} 是如何调节调制指数的。若测得 V_{T3} 发射极的直流电压为 $2\ V$，该处正弦交流电压峰-峰值为 $1.5U_{P-P}$，计算输出调幅信号的调制指数。

7. 图 5-16 所示的功放实验电路中的 R_8、R_9 能否省略? 若 R_{11} 用电感代替，实验中可能会出现什么问题?

8. 观察功放实验电路中各处的射频信号时，示波器的探头衰减为什么要设为 10 倍?

9. 观察功放实验电路中 TP_5 和 TP_6 处的射频信号时，示波器的探头对何处的影响较大?

第二篇

高频电路的基本理论及其应用

通过第一篇的学习，我们对无线电接收与发射系统及其内部电路有了定性的了解。本篇通过建立高频电路涉及的各种基本电路的数理模型来加深对电路的认识，同时介绍实现各种电路功能的器件及器件在系统或设备中的应用。

第六章　高频小信号放大电路分析基础

6.1　概　述

从第一篇的实验与分析中我们已经知道，高频小信号放大电路是构成无线电设备的主要电路，它的作用是放大信道中的高频小信号。这里突出一个"小"字，是强调放大这种信号的放大器工作在线性范围内，在第二章中讨论的高放式接收机中的高放电路，第三章讨论的超外差式接收机中的中放电路都是由分立元件构成的典型的高频窄带小信号放大电路。窄带放大电路中，被放大信号的频带宽度小于或远小于其中心频率。譬如在调幅接收机的中放电路中，带宽为 9 kHz，中心频率为 465 kHz，相对带宽 $\Delta f/f_0$ 约为百分之几。因此，高频小信号放大电路的基本类型是选频放大电路。选频放大电路以选频器作为线性放大器的负载，或作为放大器与负载之间的匹配器。电路主要由放大器与选频器两部分构成。其构成方式如图 6-1 所示。

(a)　　　　　　　　　　　　　　　　　(b)

图 6-1　放大电路的组成

(a) 多级调谐方式；(b) 集中调谐方式

这里的放大器，定义为由放大器件构成的不含信号源与负载的基本线性放大电路。它与低频电路中的放大器并没有本质的区别。其用于放大的有源器件可以是第一篇实验中广泛接触的半导体三极管，也可以是场效应管、电子管或者是集成运放。这里的选频器中，用于调谐的选频器件可以是 LC 谐振回路，也可以是晶体滤波器、陶瓷滤波器、LC 集中滤波器、声表面滤波器等。

不同的通信设备，对高频小信号放大电路的要求可能不同。在分析时，主要用如下参数来衡量电路的技术指标。

1. 中心频率

中心频率是选频放大电路的工作频率，它的范围很宽。在高频电路中，常把几百千赫兹视作低端工作频率，几百兆赫兹视作高端工作频率。中心频率是由通信系统的要求确定的。随着技术的发展，可利用的信道频率越来越高，例如电视的特高频（UHF）频段频率为几百兆赫兹；雷达与卫星通信采用超高频（SHF）、极高频（EHF）、超极高频（SEHF）频段，频率从几个吉兆赫兹到几个太兆赫兹；光纤通信的工作频率已达几十太兆赫兹。工作频率是设计放大电路时确定放大器件与选频器件频率参数的主要依据。

2. 增益、噪声系数、灵敏度

1）增益

增益是根据输出信号必须达到的幅度及输入信号的大小确定的技术指标，通常用中心频率处的电压放大倍数的 dB 数来表示。用于各种通用接收机的中放电路的电压增益一般为 80 dB～100 dB，相当于电压放大倍数为 10 000～100 000 倍。

2）噪声系数

放大电路在工作时，由于种种原因产生的载流子的不规则运动，将会在电路内部形成噪声。电路在放大信号的同时也放大了噪声，它使信号的质量受到影响。噪声对信号的影响程度通常用信号功率 P_s 与噪声功率 P_n 之比（即信噪比）来说明。信噪比越大，信号所受噪声干扰程度越小，信号质量越好。

衡量放大电路的噪声对信号质量的影响程度通常用输入信号的信噪比与输出信号的信噪比的比值来表征，该比值定义为噪声系数。如果噪声系数等于 1，说明放大电路对信号质量没有影响，这是理想情况，但通常噪声系数都大于 1。

3）灵敏度

随着增益增加，噪声系数增加，输出信号的信噪比减少，信号质量变差。当信噪比小于一定值时，再增加增益已失去意义。为此，在通信设备中，常用保证输出信号质量即保证输出信号信噪比时的增益来衡量整机的增益，用灵敏度指标来衡量。表示灵敏度的方法有多种，在保证输出信号信噪比及额定功率输出的情况下可以用输入信号的电压值表示，也可以用接收天线处的信号场强来表示，还可以确定某一电平值为 0 dB，用输入电平的 dB 数来表示。譬如，某调频接收机信噪比 6 dB 时的灵敏度指标不大于 20 dBμV。其意义为：以 1 μV 为 0 dB，在保证输出信噪比为 6 dB 并达到额定输出时，加在等效天线上的输入电压应小于 10 μV。

灵敏度既与放大电路的增益有关，又与电路的噪声系数有关。它是设计放大电路时确定放大器件及电路结构的主要依据。

3. 通频带与选择性

选频放大电路的增益与频率响应特性必须与信号带宽相适应，频响曲线上，电压增益下降 3 dB 时对应的频带宽度称为放大电路的通频带。选择性是指对通频带以外干扰信号的衰减能力。在通信设备中，一般用信道中心频率对干扰频率的电压抑制比来表述选择性的好坏，用 dB 数表示。譬如中波广播，其相邻信道的频率间隔为 9 kHz，测量选择性时，以 1 MHz 作为中心频率，偏调 9 kHz 即 1009 kHz 与 991 kHz 作为干扰频率。测量中，先将接收机调谐在 1 MHz，使接收机达到某一额定输出值，并读出输入信号的电平值；在保证接收机状态不变的情况下，将输入信号的频率偏调±9 kHz，改变输入电平的大小，使输出达到额定值，输入电平增加的 dB 数，即为整机的选择性。

民用中波（MW）波段接收机的通频带为 9 kHz，选择性一般大于 20 dB，高档接收机的选择性在 40 dB 以上。通频带与选择性是设计选频放大电路时确定选频器件的主要依据。

为使电路根据需要在不同工作频率下达到一定的增益、选择性与通频带，高放电路所采用的放大器、选频器，以及放大器与选频器和负载的连接方式可以是多种多样的，由此组成了高频小信号放大的不同电路。本章先从单一的选频器与放大器入手，在熟悉了各自的基本特性以后，接着分析由两者结合起来的各种放大电路的工作原理与性能指标。

6.2 选 频 器

选频器是构成高频放大电路的一个要素。其作用是满足电路对通频带与选择性的要求，同时实现放大器与负载之间的阻抗匹配。对选频器本身而言，按其功能可分为低通滤波器、带通滤波器、高通滤波器、带阻滤波器等；按其工作原理可分为谐振式滤波器与固体滤波器。

各种 LC 回路是应用最广的谐振式选频器件，在高频电路中主要用于选择信号、阻抗变换或同时作为负载，在调谐放大电路中得到广泛的应用。它还可作为匹配网络，实现有源网络与各种无源网络之间的匹配。直接检波接收机检波前由可变电容与磁棒天线组成的的输入回路、超外差式接收机的中周是我们已经十分熟悉的 LC 选频网络。

陶瓷滤波器、声表面滤波器、晶体滤波器等是近几十年来利用固体滤波技术发展起来的新器件，常被用做集中滤波器，在选频放大电路集成化及改善电路特性方面起着重要的作用，目前已在各类通信设备中得到广泛的应用。

6.2.1 LC 回路的选频特性

LC 回路就是由电感元件与电容元件连接形成的回路，其谐振特性决定了回路的选频作用。在高放电路中，LC 回路往往是以并联的方式出现在电路中，所以主要讨论并联谐振回路。

图 6-2(a) 是电感 L、电容 C 和外加信号源组成的并联谐振回路，图 6-2(b) 是其等效电路。图中：I_s 是信号源；r 是电感 L 的损耗电阻；$g_{e0} = \dfrac{1}{R_{e0}} = \dfrac{r}{r^2 + (\omega_0 L)^2}$ 为回路的谐振电导，R_{e0} 为谐振电阻。对于并联谐振电路，电路分析课程中已做过比较详细的讨论，其结论可以直接引用。下面从单位谐振曲线入手，来分析确定回路性能的几个重要参数：选择性、通频带与矩形系数。

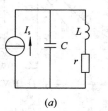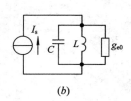

图 6-2　并联谐振回路
(a) 实际电路；(b) 等效电路

1. 单位谐振曲线

并联谐振时，回路呈现纯电阻(导)，且谐振阻抗最大(导纳最小)，回路电压 U_0 也最大。在任意频率下的回路电压 U 与 U_0 之比定义为单位谐振函数 $N(f)$，$N(f)$ 也称之为抑制比，它反映了回路对偏离谐振频率信号的抑制作用。显然，$N(f) \leqslant 1$。某一频率下其数值越小，说明回路对该频率的抑制能力越强。可以证明

$$N(f) = \frac{1}{\sqrt{1 + Q_0^2 \left[\dfrac{f}{f_0} - \dfrac{f_0}{f} \right]^2}} \tag{6.1}$$

式中：

$$Q_0 = \frac{R_{e0}}{\omega_0 L} = \frac{\omega_0 C}{g_{e0}} \qquad (6.2)$$

为回路的空载 Q 值；

$$f_0 = \frac{\omega_0}{2\pi} = \frac{1}{2\pi \sqrt{LC}}$$

为谐振频率。

定义 $\xi = \dfrac{f}{f_0} - \dfrac{f_0}{f}$ 为回路的相对失谐，当 $\dfrac{f}{f_0} - \dfrac{f_0}{f}$ 很小，即 f 与 f_0 相差不大时

$$\xi = \frac{f}{f_0} - \frac{f_0}{f} = \frac{(f+f_0)(f-f_0)}{f_0 f} \approx \frac{2\Delta f}{f_0}$$

所以

$$N(f) = \frac{1}{\sqrt{1 + Q_0^2 \left(\dfrac{2\Delta f}{f_0}\right)^2}} = \frac{1}{\sqrt{1 + Q_0^2 \xi^2}} \qquad (6.3)$$

由式(6.3)绘出的曲线称为单位谐振曲线，不同 Q 值的单位谐振曲线如图 6-3 所示。从曲线中可以看出并联谐振回路的幅频特性。

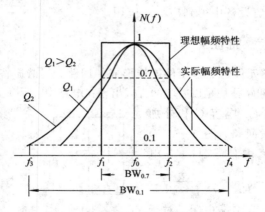

图 6-3　LC 回路的单位谐振曲线

2. 回路的选择性

从图 6-3 中可以看出回路对偏离谐振频率的信号有抑制作用，这正反映了回路的选频特性。显然，曲线越尖锐，即回路的 Q 值越高，回路的选择性越好。回路的选择性决定了采用该回路作为选频网络的高频放大电路的选择性。

3. 回路的通频带

接收机放大的高频信号不是一个单一的频率，而是包含了一定带宽的频谱。如果选频回路的曲线太尖锐，它将不能保证频带内所有的信号均匀通过回路。为了衡量回路对不同频率信号的通过能力，定义单位谐振曲线上 $N(f) \geqslant \dfrac{1}{\sqrt{2}}$ 所包围的频率范围为回路的通频带。图 6-3 中，Q_2 对应曲线的通频带为

$$\mathrm{BW}_{0.7} = f_2 - f_1$$

令式(6.3)等于 $\dfrac{1}{\sqrt{2}}$，注意到式中 $2\Delta f = \mathrm{BW}_{0.7}$，可得

$$\mathrm{BW}_{0.7} = \frac{f_0}{Q_0} \tag{6.4}$$

可以看到，通频带与决定回路选择性的 Q 值成反比。对选频回路来说，通频带与选择性是互相矛盾的两个性能指标。

4. 理想谐振曲线与矩形系数

回路的选择性是指回路对干扰信号的抑制能力，在有用信号之外(通频带之外)，希望谐振曲线越陡越好；回路的通频带是由回路选频特性决定的，能反映信号均匀通过的一个技术参数。在实际电路中，它应与回路所传输的信号有效频谱宽度相适应，在有效频谱宽度内越平坦越好。理想情况下，回路的幅频特性应该是单位谐振曲线在信号通带内完全平坦，其值为 1；在信号通带外完全衰减，其值为零。其形状如图 6-3 所示，为一宽度等于信号频谱的宽度，高度为 1 的矩形。

为了表示电路的实际幅频特性曲线接近理想幅频特性曲线的程度，可以简单地用矩形系数来衡量。矩形系数定义为单位谐振曲线 $N(f)$ 的值下降到 0.1 时的带宽与通频带的比值

$$K_{0.1} = \frac{\mathrm{BW}_{0.1}}{\mathrm{BW}_{0.7}} \tag{6.5}$$

理想情况下，$K_{0.1}=1$，而实际电路中，$K_{0.1}$ 总是大于 1，显然，其值越小越好。对前面讨论的并联谐振回路来说，令 $N(f)=0.1$ 即可求出 $\mathrm{BW}_{0.1}$，继而求得矩形系数 $K_{0.1}\approx 9.95$ 为一定值。由此看出，一个单独的 LC 谐振回路，其矩形系数与回路 Q 值及谐振频率无关，幅频特性与理想情况相距甚远。在选频放大电路中，为增加电路的放大倍数，改善 LC 单调谐回路的幅频特性，可以采用多级同频调谐、多级参差调谐、双调谐等多种方式，这将在6.4 节中介绍。

6.2.2　LC 回路的阻抗变换

在第一篇涉及到的选频放大电路中，插入在放大器与负载之间的选频器，是通过中间抽头与放大器相接，通过耦合线圈与负载相接。其实际电路与交流等效电路如图 6-4(a)、(b)所示。

如果将负载与放大器直接与 LC 并联，其等效电路如图 6-4(c)所示。直接与 LC 回路并联同通过抽头与 LC 回路并联两者的区别在于：

(1) 图 6-4(c)(直接并联)的回路有载 Q 值

$$Q_{\mathrm{e}} = \frac{R_{\Sigma}}{\omega_0 L} = \frac{1}{\omega_0 L g_{\Sigma}}$$

$$R_{\Sigma} = R_{\mathrm{s}} \mathbin{/\mkern-5mu/} R_{\mathrm{L}} \mathbin{/\mkern-5mu/} R_{\mathrm{e0}} = \frac{1}{g_{\Sigma}}$$

由于并联后 R_{Σ} 减小，使回路有载 Q 值降低，回路的选择性变差。相应地，回路的通频带：$\mathrm{BW}_{0.7}=f_0/Q_{\mathrm{e}}$ 变宽。

而对于图 6-4(b)(通过抽头并联)，将负载 R_{L} 等效到回路两端变成 R'_{L}，将信号源内阻 R_{s} 等效到回路两端变成 R'_{s}。下面以负载电阻等效为例来讨论，所谓等效即功率不变，因此

$$\frac{U_2^2}{R_L} = \frac{U^2}{R_L'}, \quad \left(\frac{U_2}{U}\right)^2 = \frac{R_L}{R_L'}$$

变压器电压比等于匝数比，即

$$\frac{U_2}{U} = \frac{N_2}{N} = n_2$$

所以

$$R_L' = \frac{R_L}{n_2^2}$$

如果取 $n_2 < 1$，则 $R_L' > R_L$，由此可见，通过抽头并联这种方法，使实际负载等效到回路两端等效负载会变大，对回路有载 Q 值的影响减小，对回路的选择性和通频带的影响也小。同理，信号源内阻 R_s 经抽头接入后的影响与 R_L 类似，不再赘述。

（2）同理，由于抽头的作用，放大器的输入电容、输出电容和负载电容对 LC 回路的影响，图 6-4(b) 小于图 6-4(c)。

（3）选择合适的抽头位置，即选择不同的插入系数 n（匝数比），使图 6-4(b) 比图 6-4(c) 更容易实现阻抗匹配。

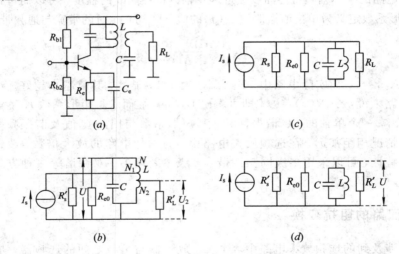

图 6-4 LC 回路的阻抗变换

(a) 实际电路；(b) 交流等效电路；(c) LC 回路与放大器及负载直接并联；
(d) LC 回路与负载等效到信号源两端

因此，在选频放大电路中，LC 回路的作用不仅仅是选择频率。它往往还通过某些方式来实现放大器与负载的阻抗匹配即进行阻抗变换，同时还可以减少外界对 LC 回路的影响，提高放大电路的性能。最常见的阻抗变换电路有自耦变压器和互感变压器变换电路、电容分压和电感分压变换电路。电路形式见表 6-1 中的插图。为了今后分析问题方便，我们将这四种变换电路的负载 R_L 与 LC 回路的谐振阻抗 R_{e0} 都等效代换到放大器的输出端。经这样等效后的电路形式如图 6-4(d) 所示。由于是等效到放大器输出端，等效后 R_s 不变。谐振阻抗 R_{e0} 等效后用 R_{e0}' 表示，负载阻抗 R_L 用 R_L'' 表示。表 6-1 列出了 R_{e0}' 与 R_{e0}、R_L'' 与 R_L 的等效关系，这些关系读者完全可以自己证明。在以后的学习中，我们可以直接套用这些结果。

表 6 – 1　阻抗变换电路的等效关系（等效到信号源两端）

变换电路名称		自耦变压器	互感变压器	电容分压	电感分压
电路形式		（电路图）	（电路图）	（电路图）	（电路图）
等效关系	R'_{e0}	$R_{e0}n_1^2$	$R_{e0}n_1^2$	R_{e0}	R_{e0}
	R'_L	$R_L\left(\dfrac{n_1}{n_2}\right)^2$	$R_L\left(\dfrac{n_1}{n_2}\right)^2$	$\dfrac{R_L}{n_1^2}$	$\dfrac{R_L}{n_1^2}$
回路有载 Q 值 Q_e		$\dfrac{1}{(g_{e0}+n_1^2 g_s+n_2^2 g_L)\omega_0 L}$	$\dfrac{1}{(g_{e0}+n_1^2 g_s+n_2^2 g_L)\omega_0 L}$	$\dfrac{1}{(g_{e0}+g_s+n_2^2 g_L)\omega_0 L}$	$\dfrac{1}{(g_{e0}+g_s+n_2^2 g_L)\omega_0 L}$
n_1 表达式		$\dfrac{N_1}{N}$	$\dfrac{N_1}{N}$	$\dfrac{C_1}{C_1+C_2}$	$\dfrac{L_2}{L_1+L_2}$
n_2 表达式		$\dfrac{N_2}{N}$	$\dfrac{N_2}{N}$	$\dfrac{C_2}{C_1+C_2}$	$\dfrac{L_2}{L_1+L_2}$

注：n_1、n_2 为插入系数，其值总小于或等于 1。其值越小，外部电路对 LC 回路的影响也越小。

例 6.1　某接收机输入回路电路如图 6–5 所示，已知输入电阻 $R_s = 75\ \Omega$，负载电阻为 $300\ \Omega$，$C_1 = C_2 = 7\ \text{pF}$，欲实现阻抗匹配，初次级匝数之比应为多少？

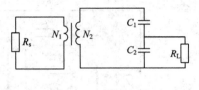

图 6–5　例 6.1 图

解　由图可知，这是变压器电路与电容分压式电路的级联。先求出 R_L 等效到变压器次级两端的电阻，即

$$R_L' = \frac{1}{n_2^2} R_L = \left(\frac{C_1 + C_2}{C_1} \right)^2 R_L = \left(\frac{7+7}{7} \right)^2 R_L = 4 R_L$$

再求出 R_L' 等效到输入端的电阻

$$R_L'' = n_1^2 R_L' = \left(\frac{N_1}{N_2} \right)^2 4 R_L$$

令 $R_L'' = R_s$，求得

$$\frac{N_1}{N_2} = \frac{1}{4}$$

6.2.3　固体滤波器的选频特性

人们将谐振频率无需调整的石英晶体滤波器、陶瓷滤波器、声表面滤波器称为固体滤波器。

石英晶体滤波器是利用石英晶体材料在机电转换过程中的滤波特性制作的选频器件。将晶体切割成一定厚度的片状晶体，如果在外应力作用下发生形变，会在晶片两面产生与应力成正比的电压，称为正压电效应；如果在晶片两面加上电压，则材料两面会发生与外加电压成正比的形变，称为负压电效应。如果形变是周期的，则产生的电压也是周期的，反之亦然。当晶片的几何尺寸确定以后，晶片有一个弹性振动的固有周期，如果所加的电信号的周期与材料的固有周期一致，就会出现谐振现象。它既表现为晶片的机械共振，又在电路上表现为电谐振。在此频率下，晶体产生机械能与电能间最大效能的转换，外电路中则有最大的电流出现。

石英晶体滤波器的幅频特性如图 6–6 所示。从图中可以看出，晶体滤波器有串并联的谐振特性，f_S 为其串联谐振频率，f_P 为其并联谐振频率。

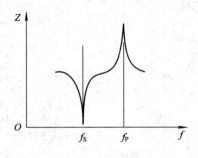

图 6–6　石英晶体滤波器的幅频特性

　　某些陶瓷材料经高压直流电场极化后，可以得到类似于石英晶体中的压电效应，称为压电陶瓷。据此可以制成陶瓷滤波器。简单的陶瓷滤波器是在单片压电陶瓷上形成两个电极，它们只有一个端口，相当于单振荡回路；有的陶瓷滤波器在单片压电陶瓷上形成三个电极，因而有两个端口，相当于耦合回路。性能较好的陶瓷滤波器通常将多个陶瓷谐振器接成梯形网络，形成双端口的带通（或带阻）滤波器。两端陶瓷滤波器的幅频特性与晶体滤波器的幅频特性相似，但曲线形状没有晶体滤波器尖锐。三端陶瓷滤波器的幅频特性如图 6-7 所示，其形状与 LC 双调谐回路十分相似。

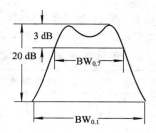

图 6-7　三端陶瓷滤波器的幅频特性

　　声表面滤波器同样利用了材料的压电效应，其原理如图 6-8 所示。图中，在压电材料基片上，左右各制作有一对叉指电极，每对叉指电极的两个极片相距为 d，当在左端的发送电极上加上交变电信号后，会在材料表面激起两个频率相同、相位相反延表面传播的机械波。在材料另一端的接收电极又将合成后的机械波转换为与输入信号相同的电信号输出，如果输入信号产生的机械波波长的 $1/2$ 恰好等于间距 d，则两列波的相位差恰为 2π。根据波的干涉原理，激起的两列机械波在输出端同相相加，振幅最大，产生的对应频率的电信号也就最强。由此通过对机械波波长的选择作用产生对输入信号频率的选择作用。

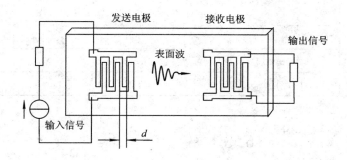

图 6-8　声表面滤波器

　　改变叉指电极的宽窄、数量及间距，可以得到不同的频率特性。叉指为等间距的声表面滤波器称为梳状滤波器，其幅频特性如图 6-9(a) 所示。图 6-9(b) 为用于通信接收机中的宽带声表面滤波器的幅频特性，其带宽接近 5 MHz，相对带宽达到 20%。

　　固体滤波器的技术数据如表 6-2 所示。

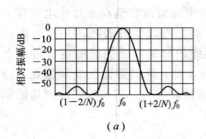
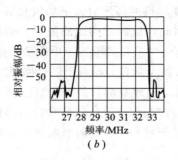

图 6-9　声表面滤波器的幅频特性

(a)等间距的声表面滤波器的幅频特性；(b)宽带声表面滤波器的幅频特性

表 6-2　固体滤波器的技术数据

滤波器名称	晶体滤波器	陶瓷滤波器		声表面滤波器
		两　端	三　端	
符号				
等效电路				
特点	频率稳定、Q值高、相对带宽窄	可靠性高、性能稳定、成本低、工作频率较高		可满足多种频率特性、性能稳定、工作频率高
矩形系数	—	可小于 4		可小于 1.2
最高工作频率	几十兆赫兹	几百兆赫兹		1 千兆赫兹
相对带宽	小于 1%	可达 10%		可达 50%

6.3　放　大　器

　　由晶体管、场效应管、电子管、集成运放等各种有源放大器件组成的线性放大器是组成高频信号放大电路的另一个要素。电路要获得增益，就必须要设置放大器。

　　建立适合分析高频小信号放大器的物理与数学模型，再在该模型的基础上加上信号源、选频网络与负载，组成各种放大电路。通过对放大器的一般模型与各种选频器组成的放大电路的讨论，可以得到分析由各类放大器件组成的高频小信号放大电路的一般方法。本节的主要目的是建立高频放大器的一般模型。

6.3.1　双口网络的 Y 参数方程组

任何如图 6-10(a) 所示的放大器都可以看成如图 6-10(b) 所示的四端网络。在这个网络中，从端口 1 流入的电流应等于从端口 1′ 流出的电流，同理，从端口 2 流入的电流应等于从端口 2′ 流出的电流。这种四端网络又可称为双口网络。

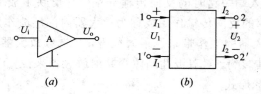

图 6-10　任意放大器与四端网络

(a) 任意放大器；(b) 四端网络

对于双口网络，在其左右两个端口各有一个电流变量与一个电压变量，共有四个端口变量。由于选频放大电路一般都通过并联谐振回路与负载相接，为方便起见，多用导纳来分析。我们定义电压为自变量，电流为因变量，用导纳作为参数写出输入变量与输出变量之间的关系。由此得到双口网络的 Y 参数方程如下：

$$\dot{I}_1 = Y_{11}\dot{U}_1 + Y_{12}\dot{U}_2 \tag{6.6}$$

$$\dot{I}_2 = Y_{21}\dot{U}_1 + Y_{22}\dot{U}_2 \tag{6.7}$$

根据参数方程，可将双口网络等效成图 6-11 所示的电路。

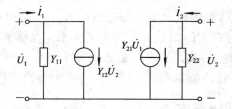

图 6-11　双口网络的等效电路

6.3.2　Y 参数的物理意义

在方程(6.6)与(6.7)中分别令 $\dot{U}_1=0$ 或 $\dot{U}_2=0$ 可以得到

$$Y_{11} = \left.\frac{\dot{I}_1}{\dot{U}_1}\right|_{\dot{U}_2=0} \tag{6.8}$$

$$Y_{12} = \left.\frac{\dot{I}_1}{\dot{U}_2}\right|_{\dot{U}_1=0} \tag{6.9}$$

$$Y_{21} = \left.\frac{\dot{I}_2}{\dot{U}_1}\right|_{\dot{U}_2=0} \tag{6.10}$$

$$Y_{22} = \left.\frac{\dot{I}_2}{\dot{U}_2}\right|_{\dot{U}_1=0} \tag{6.11}$$

显然，四个 Y 参数都有导纳的量纲，其中 Y_{11} 定义为放大器输出短路时的输入导纳，它反映了放大器输入电压对输入电流的控制作用，其倒数就是放大器的输入阻抗。对双极性晶体管共射放大器来说，基极对应输入口的"＋"，集电极对应输出口的"＋"，发射极对应将输入与输出口的"－"连接起来的公共端。Y_{11}可写成Y_{ie}，第一个下标 i 表示输入，第二个下标 e 表示共射。

$$Y_{ie} = g_{ie} + j\omega C_{ie} \tag{6.12}$$

其中：g_{ie}与C_{ie}分别表示晶体管的输入电导与输入电容。

Y_{12}定义为放大器输入端短路时的反向传输导纳，它反映了放大器输出电压对输入电流的影响，即放大器内部的反向传输作用或称为放大器内部反馈作用。Y_{12}越大，内部反馈越强。Y_{12}的存在，给放大器的工作带来了很大危害，是选频放大器自激的根源。因此应尽可能使其减少，以削弱其影响。对双极性晶体管共射放大器来说，Y_{12}可写成Y_{re}，下标 r 表示反向。Y_{re}可写成极坐标形式

$$Y_{re} = | Y_{re} | \angle \varphi_{re} \tag{6.13}$$

影响Y_{re}的主要物理量是晶体管的集电结电容。

Y_{21}定义为放大器输出端短路时的正向传输导纳，它反映了放大器输入电压对输出电流的控制作用，或者说电路的放大作用。Y_{21}越大，放大能力越强。对双极性晶体管共射放大器来说，Y_{21}可写成Y_{fe}，下标 f 表示正向。Y_{fe}通常也写成极坐标形式

$$Y_{fe} = | Y_{fe} | \angle \varphi_{fe} \tag{6.14}$$

Y_{22}定义为放大器输入端短路时的输出导纳，它反映了放大器输出电压对输出电流的影响，其倒数就是放大器的输出阻抗。对双极性晶体管共射放大器来说，Y_{22}可写成Y_{oe}，下标 o 表示输出。

$$Y_{oe} = g_{oe} + j\omega C_{oe} \tag{6.15}$$

其中：g_{oe}与C_{oe}分别表示晶体管的输出电导与输出电容。

根据 Y 参数的定义，可以实际测量放大器的 Y 参数。晶体管手册一般都给出了高频三极管在一定条件下的 Y 参数。因此，Y 参数是放大器中实实在在的物理量，它反映了电路的物理特性。但要注意，Y 参数是频率的函数，它与放大器的工作条件和工作频率有关。

6.3.3　分析放大电路的一般方法

图 6-12 是考虑了放大器的输入端与信号源相连，输出端与负载相连组成的放大电路的 Y 参数等效电路。

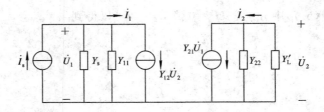

图 6-12　放大电路的 Y 参数等效电路

图中：$\dot{I}_s$ 为信号源的等效电流；Y_s 为信号源的导纳；Y'_L 为等效到放大器两端的负载的导纳。

这个电路包含的放大器、信号源与负载是任意的，因此它具有普遍的意义。由于放大器采用双端网络电路等效，放大电路完全可以看做是一个包含有两个受控电流源的线性电

路，可以用我们熟悉的线性电路来进行分析。由此可以导出电路的放大倍数、输入导纳、输出导纳等基本参数。这是分析各种高频放大电路的一般方法。

1. 电压放大倍数

电压放大倍数 A 是放大电路性能的一个重要指标，它定义为放大器接入负载时，输出电压 $\dot{U}_2$ 与输入电压 $\dot{U}_1$ 之比。

由图 6 - 12 的输出端可以得到

$$\dot{U}_2 = \frac{-Y_{21}\dot{U}_1}{Y_{22} + Y'_L}$$

由此，放大电路的电压放大倍数为

$$\dot{A} = \frac{\dot{U}_2}{\dot{U}_1} = \frac{-Y_{21}}{Y_{22} + Y'_L}$$

显然，电压放大倍数与正向传输导纳成正比，输出导纳 Y_{22} 越小，负载导纳 Y'_L 越小，电压放大倍数越大。当输出为选频回路且发生谐振时的电纳为零时，电压放大倍数的振幅值为

$$A_\circ = \frac{U_{2\circ}}{U_1} = \frac{|Y_{21}|}{g_{22} + g'_L} \tag{6.16}$$

式中：$U_{2\circ}$ 为谐振时的输出电压幅值；U_1 为输入电压幅值；g_{22} 与 g'_L 分别为放大器的输出电导与接入电路且等效到放大器两端的负载电导。

2. 输入导纳

输入导纳 Y_i 是衡量放大电路输入特性的一个重要指标，其倒数即为电路的输入阻抗。当放大器接入负载时，输入电流与输入电压之比即为放大电路的输入导纳。

由图 6 - 12 的输入端可以写出 $\dot{I}_1$ 的表达式，即

$$\dot{I}_1 = Y_{11}\dot{U}_1 + Y_{12}\dot{U}_2$$

两边除以 $\dot{U}_1$ 且考虑到 $\dot{U}_2/\dot{U}_1 = \dot{A}$，可得

$$Y_i = Y_{11} + \dot{A}Y_{12} = Y_{11} - \frac{Y_{12}Y_{21}}{Y_{22} + Y'_L} \tag{6.17}$$

可以看出，放大电路的输入导纳由两项组成：第一项为放大器的输入导纳；第二项为放大器反向传输导纳引入的输入导纳。输入导纳不仅与放大器的 Y 参数有关，还与放大器所接的负载导纳 Y'_L 有关。由于反向导纳的存在，它使输入导纳受负载导纳影响。这是放大电路不稳定的重要原因。

3. 输出导纳

输出导纳 $Y_\circ$ 是衡量放大电路输出特性的一个重要指标，其倒数即为电路的输出阻抗。当放大器接入信号源 $\dot{I}_s$ 与负载 Y_L 后，输出电流 $\dot{I}_2$ 与输出电压 $\dot{U}_2$ 之比即为放大电路的输出导纳。计算放大器输出导纳时，必须考虑信号源的内部导纳，同时令 $\dot{I}_s = 0$。

由图 6 - 12 的输入端可以得到

$$-Y_s\dot{U}_1 = Y_{11}\dot{U}_1 + Y_{12}\dot{U}_2$$

由图 6 - 12 的输出端可以得到

$$\dot{I}_2 = Y_{21}\dot{U}_1 + Y_{22}\dot{U}_2$$

从上两式中消去 $\dot{U}_1$ 可以得到

$$Y_o = \frac{\dot{I}_2}{\dot{U}_2} = Y_{22} - \frac{Y_{12}Y_{21}}{Y_{11}+Y_s} \tag{6.18}$$

可以看出，放大电路的输出导纳也由两项组成：第一项为放大器的输出导纳；第二项为放大器正向传输导纳引入的输出导纳。输出导纳的大小不仅与放大器的 Y 参数有关，还与放大器所接的信号源的内部导纳 Y_s 有关。

6.4　选频放大电路

如前所述，线性放大器加选频器就构成了选频放大电路。选频放大电路的工作频率一般在几十千赫兹到几百兆赫兹，信号幅度在 $1\ \mu V$ 至 $1000\ mV$ 左右的范围内。放大电路必须在增益、频率的选择性、通频带、工作的稳定性几个方面满足设计要求。第一篇介绍的超外差式接收机中的中放电路，采用的是两级单调谐放大电路。近几年在广播通信领域出现的接收系统则多采用由陶瓷滤波器、声表面滤波器作为选频器，宽带集成运放作为放大器的集中调谐放大电路。本节从单调谐放大电路入手，依次讨论参差调谐放大电路、双调谐放大电路、集中选频放大电路，从而对高频小信号放大电路有一个全面的认识。

6.4.1　单调谐放大电路

单调谐放大电路一般是采用 LC 回路作为选频器的放大电路，其特点是各级放大电路的 LC 回路都调谐在同一个频率上。

1. 单级单调谐放大电路

单级单调谐放大电路是分析 LC 选频放大电路的基础。用一个自耦变压器阻抗变换电路构成的 LC 回路代替图 6 - 12 中的 Y_L'，抽头处所接负载用 Y_L 表示，Y_L 上的输出电压用 $\dot{U}_o$ 表示，这样可以得到图 6 - 13 所示的单级单调谐放大电路的等效电路。图中，n_1、n_2 为插入系数。由此不难求出电路的电压放大倍数，并分析出电路的频率特性。

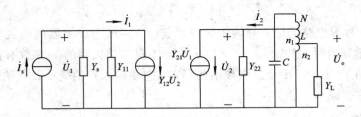

图 6 - 13　单级单调谐放大电路

1）谐振频率处放大电路的电压放大倍数

图 6 - 13 所示放大电路的电压放大倍数的幅值为

$$A_0 = \frac{\dot{U}_{o0}}{U_1} = \frac{U_{20}}{U_1}\frac{n_2}{n_1}$$

根据式（6.16）得

$$A_0 = \frac{|Y_{21}|\frac{n_2}{n_1}}{g_{22}+g_L'} \tag{6.19}$$

式中：g'_L 应包含两项，一项为等效到放大器输出端的负载电导，另一项为等效到放大器输出端的 LC 回路谐振电导，即

$$g'_L = n_2^2 \left(g_{e0} + \frac{1}{n_1^2} g_L \right)$$

代入式（6.19）得

$$A_0 = \frac{|Y_{21}| \dfrac{n_2}{n_1}}{g_{22} + n_2^2 \left(g_{e0} + \dfrac{g_L}{n_1^2} \right)} = \frac{n_1 n_2 |Y_{21}|}{n_1^2 g_{22} + n_2^2 g_L + n_1^2 n_2^2 g_{e0}} \tag{6.20}$$

2）放大电路的频率特性

对于选频放大电路来说，其频率特性是十分重要的，在任意频率下，电路的放大倍数幅值为

$$A = \frac{U_0}{U_i} = \frac{U_o}{U_1} = \frac{U_o}{U_{o0}} \frac{U_{o0}}{U_1}$$

式中：U_o/U_{o0} 为任意频率下的输出电压与谐振时的输出电压幅值之比，其比值即为变换电路的单位谐振函数 $N(f)$。因此

$$A = N(f) A_0 \tag{6.21}$$

$N(f)$ 完全由变换电路的频率特性所决定。在单级单调谐放大电路中，$N(f)$ 就是并联谐振回路的单位谐振函数。它决定了单调谐放大电路的频率特性。

在选频放大电路中，式（6.21）有着普遍的意义。它将选频放大电路中的放大器与选频器的结合完全体现出来，A_0 表征放大器的放大能力，$N(f)$ 表征选频器的选频特性。假如电路中有多个选频电路，多级放大，其电压放大倍数的表达式并不改变，只是 $N(f)$ 与 A_0 由各选频回路与放大器的特性共同决定。

例 6.2　求第三章中第一中放电路（如图 6-14 所示）谐振时的电压放大倍数和通频带。设工作频率为 450 kHz，中周初级圈数 $N = 120$，$N_1 = 20$，次级圈数 $N_2 = 24$，$Q_0 = 100$，电感量 $L = 1$ mH，两级中放电路采用的晶体管的 $|Y_{fe}| = 160$ mS（毫西门子）、$g_{ie} = 5$ mS，$g_{oe} = 1$ mS，Y_{re} 忽略不计。

解　因为 C_1、C_2、C_4 可视作交流短路，可将图 6-14(a) 交流等效为图 6-14(b)。并可进一步作出图 6-14(c) 所示的 Y 参数电路。

先求谐振时的电压放大倍数，根据式（6.20），

$$A_0 = \frac{U_{c0}}{U_b} = \frac{n_1 n_2 |Y_{21}|}{n_1^2 g_{22} + n_2^2 g_L + n_1^2 n_2^2 g_{e0}}$$

本题中

$$|Y_{21}| = |Y_{fe}| = 160 \text{ mS}$$

$$n_1 = \frac{N_1}{N} = \frac{12}{120} = 0.1$$

$$n_2 = \frac{N_2}{N} = \frac{24}{120} = 0.2$$

$$g_{22} = g_{oe} = 1 \text{ mS}$$

$$g_L \approx g_{ie} = 5 \text{ mS}$$

$$g_{e0} = \frac{1}{Q_0 \omega_0 L} = \frac{1}{100 \times 2\pi \times 450 \times 10^3 \times 5 \times 10^{-3}} \approx 0$$

代入式(6.20)得

$$A_0 = \frac{n_1 n_2 \mid Y_{21} \mid}{n_1^2 g_{oe} + n_2^2 g_{ie}} = \frac{0.1 \times 0.2 \times 160}{0.1^2 \times 1 + 0.2^2 \times 5} \approx 15$$

再求通频带，根据式(6.4)知

$$BW_{0.7} = \frac{\omega_0}{2\pi Q_e}$$

从表 6-1 中查得

$$Q_e = \frac{1}{(g_{e0} + n_1^2 g_s + n_2^2 g_L)\omega_0 L}$$

则

$$BW_{0.7} = \frac{\omega_0}{2\pi Q_e} = \frac{\omega_0^2 L (g_{e0} + n_1^2 g_s + n_2^2 g_L)}{2\pi}$$

上式中

$$g_{eo} \approx 0$$

$$n_1^2 g_s = 0.1^2 g_{oe} = 0.1^2 \times 1 \times 10^{-3} = 1 \times 10^{-5}$$

$$n_2^2 g_L = 0.2^2 g_{ie} = 0.2^2 \times 5 \times 10^{-3} = 20 \times 10^{-5}$$

由此解得

$$BW_{0.7} = \frac{450\,000^2 \times 1 \times 10^{-3} \times (1 + 20) \times 10^{-5}}{6.28} \approx 6.8\ \text{kHz}$$

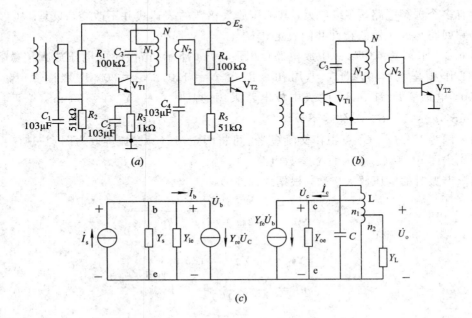

图 6-14　例 6.2 图

(a) 电路形式；(b) 交流等效电路；(c) Y 参数等效电路

2. 多级单调谐放大电路

为使电路的电压放大倍数与频率特性满足实际应用中的需要，常采用多级级联放大电路。如果每级的谐振频率相同，都等于信号的中心频率，则称为多级单调谐放大电路。在第一篇第三章讨论的超外差式接收机中，如果将所有的中周都调谐在 465 kHz 的频率上，V_{T1} 与 V_{T2} 就组成了典型的双级单调谐放大电路。

1）电路的电压放大倍数

假设有 n 级电路，每级电路的电压放大倍数分别为 A_1，A_2，A_3，$\cdots$，A_n，根据式（6.21）并考虑到每级放大电路的单位谐振函数 $N(f)$ 完全一致，则放大电路的电压放大倍数为

$$
\begin{aligned}
A &= A_1 A_2 A_3 \cdots A_n \\
&= A_{10} N_1(f) A_{20} N_2(f) \cdots A_{n0} N_n(f) \\
&= \prod_{i=1}^{n} A_{i0} N_i(f)
\end{aligned}
\tag{6.22}
$$

谐振时

$$
A_0 = \prod_{i=1}^{n} A_{i0}
\tag{6.23}
$$

2）电路的单位谐振函数

从式（6.22）中得到多级单调谐放大电路的单位谐振函数为

$$
N(f) = \left[N_i(f) \right]^n = \frac{1}{\left[1 + \left(\dfrac{2\Delta f Q_e}{f_0} \right)^2 \right]^{\frac{n}{2}}}
\tag{6.24}
$$

令 $N(f) = \dfrac{1}{\sqrt{2}}$，可以得到多级单调谐放大电路的通频带

$$
\mathrm{BW}_{n0.7} = \frac{f_0}{Q_e} \sqrt{2^{\frac{1}{n}} - 1} = \mathrm{BW}_{0.7} \sqrt{2^{\frac{1}{n}} - 1}
\tag{6.25}
$$

由式（6.25）可以看出，随着 n 的增加，通频带按照 $\sqrt{2^{\frac{1}{n}} - 1}$ 的规律缩减，$\sqrt{2^{\frac{1}{n}} - 1}$ 称为缩减系数。

令 $N(f) = 0.1$，根据矩形系数的定义，可以写出多级单调谐放大电路的矩形系数的表达式为

$$
K_{0.1} = \frac{\sqrt{100^{\frac{1}{n}} - 1}}{\sqrt{2^{\frac{1}{n}} - 1}}
\tag{6.26}
$$

显然，随着 n 的增加，矩形系数有所改善。

根据式（6.25）与式（6.26）可以列出通频带缩减系数及矩形系数与级数 n 的关系，如表 6-3 所示。

表 6-3　缩减系数、矩形系数与级数 n 的关系

级　数	1	2	3	4	5	6
缩减系数	1.00	0.64	0.51	0.43	0.39	0.35
矩形系数	9.96	4.80	3.76	3.40	3.20	3.10

从表 6-3 中可以看出，多级单调谐放大电路的电压放大倍数随着 n 的增加明显增加，矩形系数也有所改善，选择性提高，但通频带变窄。如果放大电路的通频带已经确定，就必须增加每一级放大电路的通频带。所以，放大倍数与通频带的矛盾，在多级单调谐放大电路中是一个严重的问题。譬如在电视接收机中，38 MHz 中频、8 MHz 的带宽、80 dB 左右的中放增益，是典型的高增益、宽频带的放大电路，在这类电路中，上述矛盾更为突出，仅用多级单调谐放大电路是无法实现的。

6.4.2　参差调谐放大电路

为了克服多级单调谐放大电路随着级数增加通频带越来越窄的缺陷，可以采用参差调谐的方式，即将级联的单调谐放大电路每一级的谐振频率参差错开，分别调整到约高于和约低于中心频率上。这种电路称为参差调谐放大电路。常用的有双参差调谐与三参差调谐。如果将第三章介绍的超外差式接收机的三个中周依次调谐在 465 kHz、462 kHz、468 kHz，就组成了典型的三参差调谐放大电路。

图 6-15(a) 为双参差调谐放大电路的交流等效电路。图中，放大器 A_1、A_2 与各自的选频器 LC 回路组成两级调谐放大电路。第一级的谐振频率为 f_{01}，第二级的谐振频率为 f_{02}。图 6-15(b) 中的虚线为单级电路的谐振曲线。当两个 LC 回路的谐振频率与中心频率 f_0 的偏调值 Δf_d 恰为 $\pm\frac{1}{2}\mathrm{BW}_{0.7}$ 时，合成后电路的总曲线如图 6-15(b) 中粗实线所示。偏调值不同，合成后总曲线的形状也不同。

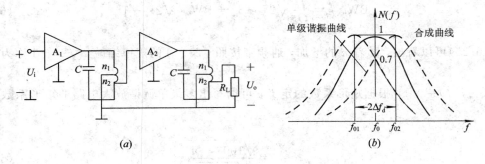

图 6-15　双参差调谐放大电路
(a) 交流等效电路；(b) 临界偏调谐振曲线

从图 6-15(b) 中可以看出，在 $f_{01}\sim f_{02}$ 这段频率范围内，第一级的放大倍数随频率的增加而减少，第二级的放大倍数随频率的增加而增加，两者的变化趋势互相抵消。而在小于 f_{01} 大于 f_{02} 的频率范围内，当频率降低或升高时，两级的放大倍数随着对中心频率的偏移而减少，两者的下降趋势互相加强。如果适当地选取单回路的品质因素 Q_L 与失谐量 Δf，就可以保证在 $f_{01}\sim f_{02}$ 这段频率范围内曲线平坦，使频带变宽，而在此范围以外，曲

线陡峭，矩形系数变小，选择性提高。

下面以临界调谐的双参差电路为例，与两级单调谐放大电路作一个比较。

设双参差电路的中心频率为 f_0，Δf_d 为频率的偏调值（当 $\Delta f_d = 0.5\text{BW}_{0.7}$ 时称为临界偏调）。为此，第一、二级的谐振频率分别为

$$f_{01} = f_0 - \Delta f_d \tag{6.27}$$

$$f_{02} = f_0 + \Delta f_d \tag{6.28}$$

又设在各自谐振频率下电路的放大倍数分别为 A_{01} 与 A_{02}。

根据多级放大电路放大倍数相乘的特点，电路的电压放大倍数可以表示为

$$A = A_1 A_2 = A_{01} N_1(f) A_{02} N_2(f)$$

式中

$$N_1(f) = \cfrac{1}{\sqrt{1 + \left[\cfrac{2Q_e(f - f_{01})}{f_{01}}\right]^2}} \approx \cfrac{1}{\sqrt{1 + \left[\cfrac{2Q_e(f - f_{01})}{f_0}\right]^2}}$$

这里假定 f_{01} 与 f_0 相差不大，故 $f_{01} \approx f_0$。根据式(6.27)得

$$f - f_{01} = f - (f_0 - \Delta f_d) = \Delta f + \Delta f_d$$

$$N_1(f) = \cfrac{1}{\sqrt{1 + \left[\cfrac{2Q_e \Delta f}{f_0} + \cfrac{2Q_e \Delta f_d}{f_0}\right]^2}}$$

注意到 $2\Delta f/f_0 = \varepsilon$ 为回路的相对失谐，并定义 $\delta = 2Q_e \Delta f_d / f_0$ 为回路的偏调系数，则

$$N_1(f) = \cfrac{1}{\sqrt{1 + (\varepsilon Q_e + \delta)^2}} \tag{6.29}$$

同理可以写出

$$N_2(f) = \cfrac{1}{\sqrt{1 + (\varepsilon Q_e - \delta)^2}} \tag{6.30}$$

所以

$$A = A_{01} A_{02} N_1(f) N_2(f) = \cfrac{A_{01} A_{02}}{\sqrt{\varepsilon^4 Q_e^4 + 2\varepsilon^2 Q_e^2(1 - \delta^2) + (1 + \delta^2)^2}} \tag{6.31}$$

临界偏调时

$$\Delta f_d = \frac{f_0}{2Q_e} = \frac{1}{2}\text{BW}_{0.7}$$

所以

$$\delta = \frac{2\Delta f_d Q_e}{f_0} = 1$$

为此

$$A = A_{01} A_{02} \frac{1}{\sqrt{4 + \varepsilon^4 Q_e^4}}$$

在中心频率处 $\varepsilon = 0$，则

$$A_0 = \frac{1}{2} A_{01} A_{02} \tag{6.32}$$

根据单位谐振函数的定义，可以写出两级临界参差调谐放大电路的单位谐振函数

$$N(f) = \frac{A}{A_0} = \frac{2}{\sqrt{4 + \varepsilon^4 Q_e^4}} \tag{6.33}$$

令式(6.33)等于 $1/\sqrt{2}$，可求出电路的通频带为

$$BW_{0.7} = \sqrt{2}\,\frac{f_0}{Q_e} = 1.4\,\frac{f_0}{Q_e}$$

令式(6.33)等于 0.1，可求出 $BW_{0.1}$，由此得到电路的矩形系数为

$$K_{0.1} = \frac{BW_{0.1}}{BW_{0.7}} = 3.15$$

与两级单调谐放大电路比较，临界偏调的双参差放大电路的电压放大倍数为其 $1/2$，通频带 $0.64\,\frac{f_0}{Q_e}$ 变为 $1.4\,\frac{f_0}{Q_e}$，矩形系数由 4.8 变为 3.15，通过牺牲一定的增益，大大地改变了电路的频率特性。

6.4.3　双调谐放大电路

为了改善单调谐电路的频率特性，还可以采用双调谐放大电路。其电路如图 6－16 所示。

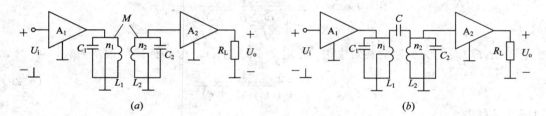

图 6－16　双调谐回路
（a）互感耦合；（b）电容耦合

双调谐放大电路的特点是用两个彼此耦合的单谐振回路作为放大器的选频回路，两个谐振回路的谐振频率都调谐在中心频率上。两个回路的耦合可以有几种不同的方式，图 6－16(a) 的两个单调谐回路通过互感 M 耦合，称为互感耦合双调谐回路；图 6－16(b) 的两个单调谐回路通过电容耦合，称为电容耦合双调谐回路。

改变 M 或者耦合电容 C 就可以改变两个单调谐回路之间的耦合程度。通常用耦合系数 k 来表征耦合程度，其定义为：耦合元件电抗的绝对值与初、次级回路中同性质元件电抗值的几何中项之比。k 是无量纲的常数，它对双调谐放大电路的频率特性有着直接的影响。

互感耦合双调谐回路的耦合系数为

$$k = \frac{M}{\sqrt{L_1 L_2}}$$

电容耦合双调谐回路的耦合系数为

$$k = \frac{C}{\sqrt{(C_1' + C)(C_2' + C)}}$$

C_1' 与 C_2' 是等效到初、次级回路的全部电容之和。

双调谐放大电路的分析方法与其他选频放大电路的分析方法相同，这里不进行具体分析，只介绍一些重要概念与结论。

1. 电压放大倍数

电路的电压放大倍数振幅为

$$A = \frac{n_1 n_2 \mid Y_{21} \mid}{g} \frac{\eta}{\sqrt{(1-\xi^2+\eta^2)^2+4\xi^2}} \tag{6.34}$$

其中：$\xi=\varepsilon Q_e$ 称为广义失谐；$\eta=kQ_e$ 称为耦合因数。

在 f_0 处，相对失谐 $\varepsilon=0$，这时的电压放大倍数为

$$A_0 = \frac{n_1 n_2 \mid Y_{21} \mid}{g} \frac{\eta}{1+\eta^2}$$

显然，双调谐放大电路的电压放大倍数与耦合因数有关，当 $\eta=1$ 时，电压放大倍数达最大值

$$A_{0\ max} = \frac{n_1 n_2 \mid Y_{21} \mid}{2g} \tag{6.35}$$

恰为单级单调谐放大电路的一半。

2. 单位谐振函数

用式(6.34)除以式(6.35)得双调谐放大电路的单位谐振函数

$$N(f) = \frac{2\eta}{\sqrt{(1-\xi^2+\eta^2)^2+4\xi^2}} \tag{6.36}$$

当 $\eta=1$ 时，3 分贝带宽为

$$\mathrm{BW}_{0.7} = \sqrt{2}\,\frac{f_0}{Q_e}$$

矩形系数为

$$K_{0.1} = \frac{\mathrm{BW}_{0.1}}{\mathrm{BW}_{0.7}} = 3.15$$

与临界偏调的双参差放大电路相同。

当 $\eta>1$ 时，谐振曲线有等高的双峰特性，峰与峰之间的带宽为

$$B_{\text{P-P}} = \sqrt{\eta^2-1}\,\frac{f_0}{Q_e}$$

两个峰之间的下凹程度用下式计算：

$$\frac{\text{输出最小值}}{\text{输出最大值}} = \frac{2\eta}{1+\eta^2}$$

随着 η 的增加，曲线在中心频率处的凹陷越来越明显。

当 $\eta<1$ 时，谐振曲线与单调谐回路相似，是单峰曲线。

根据式(6.34)，以广义失谐 ξ 为自变量、放大倍数振幅为因变量画出的双调谐放大电路谐振曲线如图 6-17 所示。从图中可以看出，当 $\eta>1$ 时曲线出现双峰，两个峰的峰值在 $\xi=\pm\sqrt{\eta^2-1}$ 处。

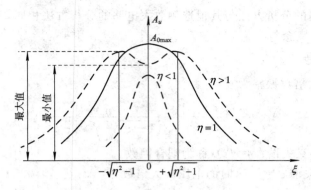

图 6-17　双调谐电路的幅频特性

这里需要指出：

（1）上面的结论是在假定 $f_{01} = f_{02} = f_0$，$Q_{e1} = Q_{e2} = Q_e$ 的条件下得出的，实际上这些条件不一定满足，但上面的结论仍然定性适用。

（2）虽然在临界耦合即 $\eta = 1$ 时，双调谐放大电路的通频带和矩形系数与临界偏调的双参差电路完全相同，但双调谐电路的调整比参差调谐电路的困难，在增益要求不高和级数不多的情况下常被采用。

（3）多级双调谐放大电路的情况和单回路多级的情况类似，即通频带随级数 N 的增加而减少，矩形系数随 N 的增加而变好。

图 6-18 是早期电视机高频头中采用的双调谐放大电路。该电路的主要功能是将输入回路选出的某一 VHF 频道的微弱电视信号进行放大，同时对信号进行进一步的选频，以抑制其他干扰。信号放大后送混频管与本振信号混频，产生 38 MHz 的中频信号。图中，V_{T1} 为高放管，V_{T2} 为混频管。为了获得较大的功率增益，高放管接成共发射极电路，高放管的集电极负载回路采用频带宽、选择性好的双调谐回路。L_1、C_1、C_2 组成初级回路，L_2、C_3、C_4 组成次级回路。两个回路都调谐在信号频带的中心频率上，频带宽度为 8 MHz。电路通过波段开关（电路中未画出）切换 L_1、L_2 及本振电路中的振荡线圈来切换频道。由于混频级的输入阻抗较低，故次级回路采用电容分压和混频级基极相连。高放管的输入阻抗虽然较大，但为了方便加入中和电容 C_5，初级回路也采用电容分压式电路和高放管集电极相连。中和电容的作用是通过一个外部反馈去抵消晶体管内部的反馈，以提高电路的稳定性。高放管基极直流偏置取自自动控制 AGC，以便在接收的电视信号的强度有较大的变化时，能自动改变高放管的基极和集电极电流，使输出相应改变，从而达到输出相对稳定的目的。

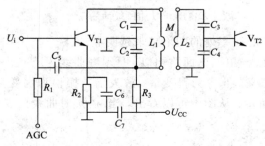

图 6-18　电视机高频头采用的双调谐放大电路

6.4.4　集中选频放大电路

随着固体滤波技术的发展,已能设计出满足不同电路要求的集中选频器。近年来,上述各种每级都配有调谐回路的选频放大电路已逐渐被由高增益宽带线性放大器和各种集中选频器组成的放大电路所替代,从而使电路的调整大大简化,电路的频率特性得到改善,电路的稳定性也得到很大提高。

集中选频放大电路的组成如图 6 - 19 所示。

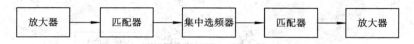

图 6 - 19　集中选频放大电路的组成

图中,集中选频器一般是陶瓷滤波器、石英晶体滤波器、声表面滤波器,也可以是集中 LC 滤波器。选频器一般设置于电路链的低电平端,以对可能进入宽带放大器的带外干扰与噪声信号进行一定的衰减,从而改善传输信号的质量。宽带放大器一般为集成运算放大器,也可以是由分离元件组成的高增益宽带放大器。加在选频器与放大器之间的匹配器一般为 LC 匹配网络,以保证选频器能满足对信号的选择性要求。

图 6 - 20 是电视机通道部分用声表面滤波器组成的集中选频电路。该电路的作用是对从电视机高频头输出的频带信号选频。根据电视原理及我国的电视制式,我国电视机的中频频率为 38 MHz,带宽为 8 MHz。具体频率特性要求如图 6 - 21 所示,用一个声表面滤波器即能满足整机要求。

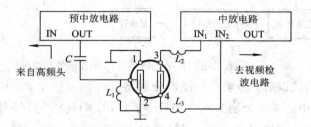

图 6 - 20　电视机采用的声表面滤波器集中选频电路

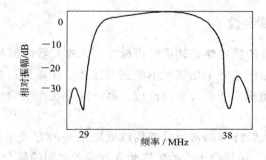

图 6 - 21　电视接收机频率特性

图 6 - 20 中,加至声表面滤波器输入端 1 脚的信号取自高频头混频后中频预放大电路的输出,经声表面滤波器选频后的信号从滤波器的 3、4 脚平衡输出,通过 L_2、L_3 加至集

成宽带放大器前级差分放大电路的两个输入端。L_1、L_2、L_3为外加调谐匹配电感，它们与声表面滤波器输入、输出端内部静态电容组成调谐匹配器。

由于用声表面滤波器代替了分立元件电路中的LC选频器，现在已经实现了电视机的中频无调整化。

图 6-22 为彩色电视机中由多个陶瓷滤波器组成的色度信号与伴音信号分离电路。彩色电视机中，从视频检波出来的信号同时包含有中心频率为 6.5 MHz、带宽为 130 kHz 的调频伴音信号，及中心频率为 4.43 MHz、带宽为 1.3 MHz 的色度信号。这两种信号的流向如图 6-23 所示。

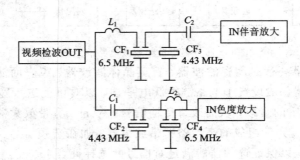

图 6-22　彩色电视机中色度信号与伴音信号分离电路

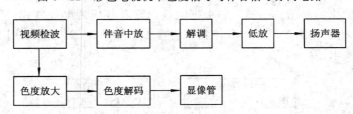

图 6-23　彩色电视机中色度信号与伴音信号的流向

因此，在视频检波以后，必须有滤波器分别将两种信号取出来。电路中，三端陶瓷滤波器 CF_1 与 CF_2 的中心频率分别为 6.5 MHz 与 4.43 MHz，各自将对应频率的信号取出来，而两端陶瓷滤波器则构成陷波器，将窜到对方信道的信号吸收掉。与滤波器相连的电感及电容和滤波器内部电容构成匹配网络。

6.4.5　放大电路的稳定性

在高频电路中，电路的稳定性是其重要指标之一。放大器内部与外部的寄生反馈常引起电路工作不稳定，甚至产生寄生振荡而不能正常工作。在集成运放中，放大器的内部反馈已通过种种方式予以克服。下面着重讨论放大器外部干扰产生的反馈对放大器稳定性的影响及克服的方法。

在实用装置中，放大器外部的寄生反馈均以电磁耦合的方式出现。能引起电磁干扰必然存在发射电磁干扰的源、能接收干扰的敏感装置及两者之间的耦合途径。由于频率高的缘故，干扰源与干扰接收装置几乎是不可避免的。因此，关键是弄清耦合途径及如何去截断它。

电磁干扰的耦合途径主要有以下几种：

（1）电容耦合。导线与导线之间、导线与器件之间、器件与器件之间均存在着分布电容，当工作频率达到一定高度时，这些电容可能起作用，将信号从后级耦合到前级。

（2）互感耦合。导线与导线之间、导线与电感之间、电感与电感之间除了分布电容外，在高频情况下，还存在互感。流经导线或电感的后级高频电流产生的交变磁场，可以与前级回路交链，产生不必要的耦合。

（3）电阻耦合。当前后级信号流经同一导线时，由于导线存在电阻，后级电流在导线上产生的电压会对前级产生影响。

（4）电磁辐射耦合。当工作频率达到射频（150 kHz 以上）时，后级的高频信号可以通过电磁辐射的方式耦合到前级。

针对寄生耦合的途径，在实际装置中可以通过以下方式予以克服：

（1）整体布局时，加大级与级间的距离，以消除由级间的分布电容与回路间的互感产生的寄生耦合。

（2）使器件引脚尽量短，并贴近底板；铜箔或引线尽量短、截面积大；尽量缩小回路所包围的面积，减少回路的套合，以减少连线的电感与回路间的互感。

（3）电感器件、变压器等应采取屏蔽措施；变压器与底板之间应用非导磁材料隔离；变压器绕组轴线应互相垂直，以减少磁场耦合。

（4）对强干扰源或敏感接收装置，根据其性质分别采取电场、磁场与电磁场屏蔽措施。任何金属接地后可对隔离部分实现电场屏蔽；导电率高的薄金属可屏蔽高频磁场；导磁率高、磁阻小的铁磁性材料可以屏蔽低频磁场；密闭的金属可以屏蔽电磁场。

（5）合理选择接地点，地线与电源线尽量增加截面。可能的话，每级电路之间的供电线或长的信号线中间插入退耦网络。

6.5　高频宽带集成放大器

高频宽带集成放大器（主要是单片小信号高频放大器），品种很多，主要分为低噪声型（LNA）和通用型两类。高频宽带集成放大器的一般电路形式如图 6-24 所示。图中隔直电容和高频扼流圈 RFC 的大小与工作频率有关，R 为限流电阻，其取值可按下式计算：

$$R = \frac{U_{CC} - U_d}{I_d}$$

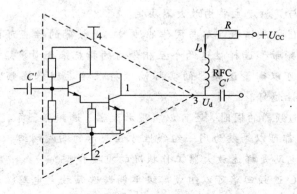

图 6-24　高频宽带集成放大器的一般电路形式

这种放大器可以通过级联实现更高的增益。表 6-4 和表 6-5 分别给出了部分 HP 公司生产的低噪声高频宽带放大器和 Mini 公司生产的通用宽带单片放大器的性能。

表 6-4　部分 HP 公司的低噪声高频宽带放大器性能

型号	类型	频率范围 /GHz	最小噪声系数 N_F/dB	增益/dB	$P_{1\,dB}$/dBm	电源电压 /V
MGA-87563	GaAs	0.5~4	1.6	12.5	−2	3
INA-02170	Si	DC~1	2.0	29	+11	8
MGA-82563	GaAs	0.1~6	2.2	13.5	+17.3	3
MSA-0635	Si	DC~0.9	3.0	16.5	+2	5
MSA-3135	Si	DC~0.6	3.2	19.6	+9	7

表 6-5　部分 Mini 公司的通用宽带单片放大器的性能

型号	频率范围 /GHz	增益/dB				$P_{1\,dB}$ /dBm	最小噪声系数 N_F/dB	电源电压 /V
		100 MHz	500 MHz	1 GHz	2 GHz			
MAR-1	DC~1	18.5	17.5	15.5	—	0	5.0	5
MAR-2	DC~2	13.0	12.8	12.5	11.0	+3	6.5	5
MAR-3	DC~2	13.0	12.8	12.5	10.5	+8	6.0	5
MAR-4	DC~1	8.2	8.2	8.0	—	+11	7.0	5
MAR-8	DC~1	33.0	28.0	23.0	—	+10	3.5	7.5

本章小结

高频小信号放大电路由放大器与选频器组成。衡量放大电路的技术指标有中心频率、增益、噪声系数、灵敏度、通频带与选择性。中心频率、通频带与选择性主要由选频器决定，增益、噪声系数与灵敏度主要由放大器决定。

选频器主要有 LC 并联谐振回路与固体滤波器。选频器的性能可由幅频特性曲线来描述，其性能好坏由通频带和选择性这两个互相矛盾的指标来衡量。矩形系数是综合说明这两个指标的参数，它可以衡量选频器的实际幅频特性接近理想幅频特性的程度，其值越小，选频器的幅频特性越好。

LC 回路在作为选频器的同时，还可以实现放大器、选频器、负载三者之间的匹配。

任何线性放大器都可以等效为用一组线性方程表示的四端网络，在分析高频小信号放大器时，Y 参数等效电路是描述放大器工作状况的重要模型。

放大器与单级 LC 选频回路可以组成单级单调谐选频放大电路。为了减少放大器与负载对 LC 回路的影响，放大器与负载一般采取部分插入的方式与 LC 回路连接。

多级单调谐放大电路可以提高放大电路的放大倍数，减少矩形系数，但频带却变窄了。为了克服这一缺点，一般采用参差调谐放大电路或双调谐放大电路。

集中选频放大电路采用宽带放大器与声表面滤波器或陶瓷滤波器组合而成，其性能稳定、可靠性好、调试简单，正逐渐取代多级调谐放大电路。

电路工作不稳定是高频放大电路在实际中遇到的主要问题，引起不稳定的因素很多，在设计与调试实际电路时应予以克服。

习　题　六

1. 已知电视伴音中频并联谐振回路的 $BW_{0.7}=150\ kHz$，$f_0=6.5\ MHz$，$C=47\ pF$，试求回路电感 L、品质因数 Q_0、信号频率为 6 MHz 时的相对失谐。欲将带宽增大一倍，回路需并接多大的电阻？

2. 如题 2 图所示，已知用于 FM 波段的中频调谐回路的谐振频率 $f_0=10.7\ MHz$；$C_1=C_2=15\ pF$，空载 Q 值为 100，$R_L=1\ k\Omega$，$R_s=3\ k\Omega$。试求回路电感 L、谐振阻抗、有载 Q 值和通频带。

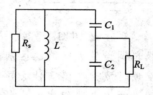

题 2 图

3. 如题 3 图所示，已知用于 AM 波段的中频调谐回路的谐振频率 $f_0=455\ kHz$，空载 Q 值为 100，线圈初级圈数为 160 匝，次级圈数为 10 匝，初级中心抽头至下端圈数为 40 匝，$C=200\ pF$，$R_L=1\ k\Omega$，$R=16\ k\Omega$。试求回路电感 L、有载 Q 值和通频带。

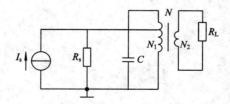

题 3 图

4. 题 4 图为 MW 波段本机振荡的谐振回路。已知 MW 波段的频率范围为 535 kHz～1605 kHz，采用的中频为 455 kHz。电路中可变电容 C 的变化范围为 8 pF～120 pF，$C_0=150\ pF$，试计算 L 与微调电容 C_t 的值。

5. 什么是固体滤波器？什么是晶体与压电陶瓷的压电效应？

6. 声表面滤波器有哪些特点？

7. 如何理解 Y 参数的物理意义？

8. 高频小信号放大电路的主要技术指标有哪些？如何理解放大倍数、噪声系数与灵敏度之间的关系？如何理解选择性与通频带的关系？

9. 在高频小信号放大电路中为什么要引入插入系数？

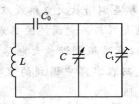

题 4 图

10. 题 10 图为一高频小信号放大电路的交流等效电路，已知工作频率为 10.7 MHz，线圈初级的电感量为 4 μH，$Q_0 = 100$，插入系数 $n_1 = n_2 = 0.25$，负载电导 $g_L = 1$ mS，放大器的参数为：$|Y_{21}| = 50$ mS，$g_0 = 200$ μS。试求放大电路的电压放大倍数与通频带。

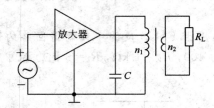

题 10 图

11. 参差调谐放大电路与多级单调谐放大电路的区别是什么？

12. 双参差调谐放大电路与双调谐放大电路有什么异同？

13. 采用完全相同的三级单调谐放大电路组成的中放电路其总增益为 66 dB，3 dB 带宽为 5 kHz，工作频率为 455 kHz。求每级放大电路的增益、3 dB 带宽及每个回路的有载 Q 值应为多少？

14. 集中调谐放大电路与多级调谐放大电路比较有什么优点？

15. 电磁干扰耦合的途径有哪些？如何减少其影响？

第七章　高频功率放大电路

7.1　概　　述

前面各章分析的放大、混频和调制等电路，通常都是在比较低的功率水平上实现信号处理的。这样做使得电路容易实现，同时又降低了系统各个单元电路之间的相互干扰。根据常识我们知道，无线电发射机必须具有足够的功率才能使发射的信号被远方的接收机可靠地接收。高频电路中，使待发送高频信号获得足够功率是由高频功率放大器来实现的。

在低频电路中也要使用功率放大器。通过低频功率放大器的学习，我们已经建立了一个重要的概念：功率放大器实质上是将电源供给的直流功率转换为信号功率。这种转换当然不是百分之百的。电源供给的直流功率中没有转换的部分就消耗在功率放大器中。这部分消耗功率（能量）会使功率放大器发热，若消耗功率过大，就会使功率放大器过热从而损坏。第五章提到功率放大器是决定无线电发射机可靠性的主要因素之一就是这个原因。因此，如何提高放大器的（功率转换）效率是设计与调试功率放大器的首要问题。

提高功率放大器效率的主要途径是使放大元件工作在乙类、丙类或开关状态。但这些工作状态的晶体管输出电流与输入信号之间存在很严重的非线性失真。低频放大器用推挽方法结合深度负反馈解决非线性失真；而高频功率放大器主要采用谐振方法来滤除非线性失真。不同的选择缘于放大元件在低频区和高频区的特性不同，及实用高频信号与低频信号特性的不同。就放大元件而言，一方面高频区特性远比低频区复杂，这决定了高频功率放大器一般难以采用深度负反馈解决非线性失真；另一方面，实用高频信号通常是所谓的"窄带信号"。窄带信号是指带宽远远小于其中心频率的信号。例如带宽为 6 MHz 的电视信号调制到 450 MHz 的频率上，带宽（6 MHz）远小于其中心频率（450 MHz），因此该已调信号为窄带信号。而频率范围为 300 Hz～3400 Hz 的话音信号就不是窄带信号。窄带信号具有类似于单一频率正弦波的特性，因此可用谐振电路（窄带电路）来处理它们。这也是高频小信号放大、调制解调和混频等高频电路中采用谐振电路滤波的依据。

由于放大元件特性的不同及谐振电路的采用，影响高频功放工作状态的因素比低频功放多得多。例如实际负载阻抗相对于设计值的少许偏移可能造成放大元件输出端负载阻抗的较大偏移；调谐元件参数的少许偏移会造成严重的失谐。这些都将直接造成输出信号的严重失真和效率的严重降低，从而损坏放大器。同时，在高频功率放大器中，参与调谐的元件多，这与高频小信号放大、调制解调和混频等高频电路中的情况不同。总之，高频功放的效率（可靠性）对元件参数敏感，而相关的因素和元件数多，故它的设计和调试都要比低频功放复杂。

高频功放的放大元件可以是晶体管或电子管。由于在大多数场合都采用晶体管做放大元件，本章也只讨论晶体管功率放大器。

本章第二节叙述高频功率放大器的工作原理，说明丙类工作状态如何提高功率转换效率，以及这种放大器的总体结构。第三节分析影响高频功放工作状态的各种因素。第四节简要介绍功率晶体管的高频特性，以使读者注意到各种理论分析中对高频功率晶体管的特性都做了较大的简化。这样，按这些理论分析结论设计出的电路，其实际特性与预期的特性之间可能存在较大的误差，设计方案主要应根据实验结果选择。实验的观点在高频功放的学习、设计与调试中显得特别重要。第五节介绍高频功率放大器的实际电路结构，以便构成一个完整的高频功率放大器。前述各节的介绍与分析都是针对单管放大器进行的。目前单管放大器所能输出的功率还不能满足大功率发射机的要求，产生很大功率通常是由功率合成器实现的。

7.2　丙类高频功率放大器的工作原理

7.2.1　基本原理

因为实际上最常用的为共射极电路，所以以后的讨论只限于共射极组态。高频谐振功率放大器通常都可简化为图7-1(a)。由图7-1(b)所示的电路各处的信号波形我们可以看到，输出到谐振阻抗上的电压是正弦电压，电压振幅为E_c，电压动态范围为$2E_c$。晶体管集电极承受的电压$u_c(t)$是该正弦电压加上直流偏置电压E_c。其最小值为0。集电极电流$i_c(t)$为脉冲状，电流$i_c(t)$不为0的时间基本上集中在电压$u_c(t)$为最小值的期间。

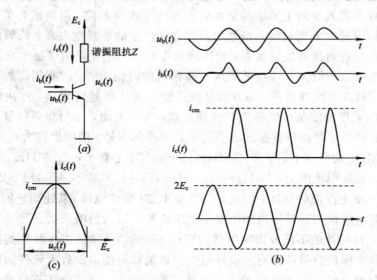

图7-1　高频功率放大器的结构及信号波形

(a) 电路结构；(b) 各处的信号波形；(c) $i_c(t)$的精细结构

由于晶体管的集电极耗散功率(这是晶体管耗散功率主要部分)P_c为

$$P_c = \overline{i_c(t)u_c(t)} \tag{7.1}$$

其中，上划线表示在一个信号周期内取平均值。注意，$P_c(t) = i_c(t)u_c(t)$代表瞬时功率，它是时间的函数。而平均功率与时间无关。根据上面的分析，$i_c(t)$较大时$u_c(t)$较小，

而 $u_c(t)$ 较大时 $i_c(t)=0$。这样总能保证瞬时功率 $P_c(t)$ 在一个周期内为较小值，从而集电极平均耗散功率较小。这是功率放大器降低晶体管的集电极耗散功率，从而提高放大器效率的基本原理。必须注意的是，说降低晶体管的集电极耗散功率能提高放大器效率，是在保证恒定输出功率的前提下才是正确的。在负载阻抗一定的情况下，保证恒定输出功率，就是保持恒定的集电极输出电压。

从上面的分析可知：

（1）要求 $i_c(t)$ 较大时 $u_c(t)$ 较小，意味着 $u_c(t)$ 的最小值要达到 0。实际上它是不能达到 0 的，因为它不能小于晶体管的饱和电压 u_{ces}。我们可以将 $u_c(t)$ 的最小值设计为 u_{ces}，它的值通常很小（小于 1 V）。

（2）要求 $u_c(t)$ 较大时 $i_c(t)=0$，意味着 $i_c(t)$ 脉冲的持续时间越短越好。$i_c(t)$ 脉冲的持续时间是用导通角 θ 来表示的。

现在的问题是：

（1）在集电极电流 $i_c(t)$ 为脉冲状的条件下，如何保证集电极输出电压 $u_c(t)$ 为正弦电压？

（2）如何保证集电极输出电压 $u_c(t)$ 的最小值为 u_{ces}？

下面对此进行分析。

根据信号分析理论，一个周期为 T（频率为 $f=1/T$）的周期性脉冲信号可展开为一系列频率为 nf（n 为正整数）的正弦信号之和。对周期性脉冲信号 $i_c(t)$ 进行这种分解可得到

$$i_c(t) = \sum_{n \geq 0}^{\infty} I_{cn} \cos(2\pi nft + \varphi_n) \tag{7.2}$$

式中：I_{cn}、nf 和 φ_n 分别表示第 n 个分量的振幅、频率和相位。图 7-2 是一个 $i_c(t)$ 的分解实例。

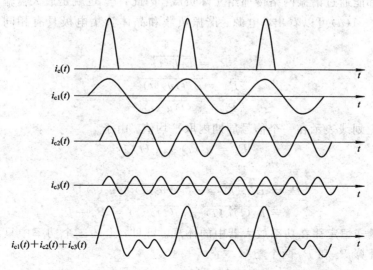

图 7-2　$i_c(t)$ 的分解

在式（7.2）中，我们特别关心 $n=0$ 和 $n=1$ 时对应的两项，它们分别是

$$i_{c0}(t) = I_{c0} \tag{7.3}$$

$$i_{c1}(t) = I_{c1} \cos(2\pi ft + \varphi_1) \tag{7.4}$$

式中：$i_{c0}(t)$ 为直流分量，它是 $i_c(t)$ 在一个周期内的平均值；$i_{c1}(t)$ 是 $i_c(t)$ 中频率为 f 的分量（称为基波分量），它是 $i_c(t)$ 中代表信号电流的部分。我们将看到，只有这两个分量与放大器输出功率或耗散功率有关。$i_c(t)$ 中频率大于 $f(n>1)$ 的所有分量（称为谐波分量）都是晶体管脉冲工作状态所产生的非线性失真分量，不应该输出到负载中产生相应的电压。显然采用调谐于信号频率 f 的谐振负载（在频率 f 附近呈现纯电阻性阻抗 R，而在直流（$f=0$）和其他谐波频率上呈现接近于 0 的阻抗）可让基波分量在负载上产生电压，而直流和其他谐波分量不在负载上产生电压。由于谐波频率为基波频率 f 的整数倍，最低谐波频率为 $2f$，远离谐振负载的谐振频率，达到上述要求的谐振负载是比较容易实现的。

注意，图 7 - 1（a）中的谐振负载并非实际负载。实用电路中实际负载往往是通过一个相当复杂的谐振网络连接到晶体管的，这将在高频功率放大器的电路结构一节说明。上述谐振负载 Z 是从晶体管集电极看到的谐振网络所呈现的负载。实用电路中谐波电流不流入实际负载，而是被谐振电路中的电容旁路掉了。

7.2.2　功率关系

要理解高频功率放大器的效率，首先必须理解放大器中的各种功率关系。电路分析中通常只关心平均功率。除非特别指出，以下所述功率均指平均功率。在功放中存在以下几个功率：

P_s——电源供给放大器的功率（即电源输出功率）；

P_o——放大器输出给谐振负载的功率；

P_c——放大器晶体管集电极耗散功率。

从原理上讲，谐振网络中的谐振元件（电感、电容）并不消耗功率。放大器输出给谐振负载的功率也都能通过谐振网络传递给实际负载。因此，P_o 也就是放大器输出给实际负载的功率。从图 7 - 1（a）可以看出，电源、谐振负载和晶体管集电极具有相同的电流 $i_c(t)$。因此

$$P_s = \overline{E_c i_c(t)} \tag{7.5}$$

$$P_o = \overline{i_c(t) u_Z(t)} \tag{7.6}$$

$$P_c = \overline{i_c(t) u_c(t)} \tag{7.7}$$

上述各式中的上划线表示在一个信号周期内取平均值。由于

$$E_c = u_Z(t) + u_c(t)$$

故

$$P_s = \overline{E_c i_c(t)} = \overline{i_c(t)[u_Z(t) + u_c(t)]}$$
$$= \overline{u_Z(t) i_c(t)} + \overline{u_c(t) i_c(t)} = P_o + P_c \tag{7.8}$$

式（7.8）是能量守恒定律在功率放大器中的体现。可见，上述三个功率中只需计算两个即可。以下分别计算 P_s 和 P_o 两个功率。

1. 电源输出功率 P_s

电源供给放大器直流电压 E_c 和集电极电流 $i_c(t)$，因此电源将供给放大器功率。集电极电流 $i_c(t)$ 的平均值就是 $i_c(t)$ 中的直流分量 I_{c0}，因此

$$P_s = \overline{E_c i_c(t)} = E_c \overline{i_c(t)} = E_c I_{c0} \tag{7.9}$$

这说明 $i_c(t)$ 中的直流成分决定了电源的输出功率。

2. 放大器输出给谐振负载的功率 P_o

放大器晶体管的集电极电流 $i_c(t)$ 流过谐振负载 Z，产生电压 $u_Z(t)$，从而输出功率。其瞬时值为 $u_Z(t)i_c(t)$，平均值如式(7.6)所示。根据前面的分析，$i_c(t)$ 中只有基波分量 $i_{c1}(t)=I_{c1}\cos(2\pi ft+\varphi_1)$ 在谐振负载上产生电压，而直流和其他谐波分量不在谐振负载上产生电压。因此

$$u_Z(t) = Ri_{c1}(t) = RI_{c1}\cos(2\pi ft+\varphi_1) \tag{7.10}$$

为计算式(7.6)之值。我们引用如下结论：当 $n=1$ 时，$\cos(2\pi ft+\varphi_1)\cos(2\pi nft+\varphi_n)$ 的平均值为 $1/2$；当 n 为其他值时，其平均值为 0。这是因为

$$\cos(2\pi ft+\varphi_1)\cos(2\pi nft+\varphi_n)$$

$$= \frac{\cos[2\pi(n-1)ft+(\varphi_n-\varphi_1)]}{2} + \frac{\cos[2\pi(n+1)ft+(\varphi_n+\varphi_1)]}{2} \tag{7.11}$$

只有当 $n=1$ 时，上式第一项为 $1/2$，平均值为 $1/2$；第二项为正弦交流信号，平均值为 0。当 n 为其他值时，上式两项均为正弦交流信号，平均值为 0。于是，将式(7.2)和式(7.11)代入式(7.6)并引用上述结论，得到

$$P_o = R\,\overline{i_c(t)i_{c1}(t)} = R[\overline{I_{c0}i_{c1}(t)}+\overline{i_{c1}^2(t)}+\overline{i_{c1}(t)i_{c2}(t)}+\cdots] = \frac{RI_{c1}^2}{2} \tag{7.12}$$

可见，放大器输出功率由 $i_c(t)$ 中的基波分量和谐振负载决定。

利用式(7.8)可计算出放大器晶体管集电极耗散功率 P_c

$$P_c = P_s - P_o = E_c I_{c0} - \frac{RI_{c1}^2}{2} \tag{7.13}$$

式(7.9)、式(7.12)和式(7.13)就是功率放大器各处的功率关系。

7.2.3 效率

由于 $P_c>0$，因此 $P_o<P_s$。定义

$$\eta = \frac{P_o}{P_s} \leqslant 1 \tag{7.14}$$

为功率放大器的效率。

将式(7.9)、式(7.12)代入式(7.14)得

$$\eta = \frac{RI_{c1}^2}{2E_c I_{c0}} \tag{7.15}$$

上式说明，在电源电压 E_c 一定时，欲提高功率放大器的效率，应增加谐振负载电阻 R、集电极电流基波分量 I_{c1}，减小集电极电流直流分量 I_{c0}。这可指导功率放大器的设计。

然而，提高效率的问题远没有解决。因为 R、I_{c1} 和 I_{c0} 通常是相互制约的，不能独立调整。或者说它们对效率的贡献可能有相互抵消的情况。这些关系将在下一节中说明。下面我们先导出一个能更有效地指导高频功率放大器的设计的效率关系式。

根据式(7.10)可知，谐振负载上的电压是射频基波电压

$$u_Z(t) = U_{om}\cos(2\pi ft+\varphi_1) \tag{7.16}$$

$$U_{om} = RI_{c1} \tag{7.17}$$

综合式(7.12)和式(7.17)，我们有

$$P_{\mathrm{o}} = \frac{U_{\mathrm{om}}^2}{2R} \tag{7.18}$$

$$\eta = \frac{U_{\mathrm{om}}^2}{2RE_{\mathrm{c}}I_{\mathrm{c0}}} = \frac{1}{2}\frac{I_{\mathrm{c1}}}{I_{\mathrm{c0}}}\frac{U_{\mathrm{om}}}{E_{\mathrm{c}}} \tag{7.19}$$

在式(7.19)中，令

$$k = \frac{I_{\mathrm{c1}}}{I_{\mathrm{c0}}} \tag{7.20}$$

$$h = \frac{U_{\mathrm{om}}}{E_{\mathrm{c}}} \tag{7.21}$$

则

$$\eta = \frac{1}{2}kh \tag{7.22}$$

k 称为集电极电流的波形系数，h 称为电压利用系数。上式说明欲提高功率放大器的效率，应提高 k 和 h 的值。前述增加 R、I_{c1}，减小 I_{c0} 来提高效率的方法也会提高 k 和 h 的值。在实际电路中，k 和 h 的值不会互相制约，从而可独立设计与调整。因此式(7.22)比式(7.15)能更有效地指导高频功率放大器的设计。

提高功放效率有两个意义。在要求一定的输出功率的前提下，提高效率能节省发射机输入功率。这对移动电话和卫星转发器之类的设备很有意义。其次，提高效率能降低晶体管耗散功率，减少晶体管的发热，从而提高整机的可靠性。或者，在允许晶体管耗散功率一定的条件下，提高效率使晶体管可输出更大的功率。这可从下面的关系看出。根据效率的定义，输出功率 $P_{\mathrm{o}} = \eta P_{\mathrm{s}}$，晶体管耗散功率 $P_{\mathrm{c}} = (1-\eta)P_{\mathrm{s}}$。因此

$$P_{\mathrm{o}} = \frac{\eta P_{\mathrm{c}}}{1-\eta} \tag{7.23}$$

根据上式，若某晶体管允许耗散功率即 P_{c} 为 10 W，在效率为 80% 时放大器可输出 40 W 的功率；在效率为 90% 时则可输出 90 W 的功率。

7.2.4　电压利用系数

根据式(7.21)，要提高电压利用系数 h，应提高谐振负载上的电压 $u_Z(t)$ 的振幅 U_{om}。但由于晶体管集电极电压

$$u_{\mathrm{c}}(t) = E_{\mathrm{c}} - u_Z(t) \tag{7.24}$$

因此，$u_{\mathrm{c}}(t)$ 的最小值为 $E_{\mathrm{c}} - U_{\mathrm{om}}$。放大器正常工作时，该最小值不能低于晶体管的饱和电压 u_{ces}，即

$$E_{\mathrm{c}} - U_{\mathrm{om}} > u_{\mathrm{ces}}$$

或

$$U_{\mathrm{om}} < E_{\mathrm{c}} - u_{\mathrm{ces}} = u_{\mathrm{o\,max}} \tag{7.25}$$

$u_{\mathrm{o\,max}}$ 是允许 U_{om} 能达到的最大值。当 U_{om} 达到该最大值时，称放大器工作于尽限运用状态。此时 h 达到最大值

$$h_{\max} = \frac{E_{\mathrm{c}} - u_{\mathrm{ces}}}{E_{\mathrm{c}}} = 1 - \frac{u_{\mathrm{ces}}}{E_{\mathrm{c}}} \tag{7.26}$$

　　以上分析说明，从提高电压利用系数 h 的角度提高功率放大器的效率，应尽量使放大器工作于尽限运用状态。这要求射频信号的幅度恒定。这对于没有幅度调制的射频信号（如调频、调相等）是可以做到的。而对于有幅度调制的射频信号（如调幅、单边带等）就做不到了，如图 7-3 所示。目前模拟无线通信系统广泛采用调频体制、数字无线通信系统广泛采用恒包络调相体制的重要原因之一，就是它们的射频信号幅度恒定，可以使发射机功放工作在尽限运用状态。

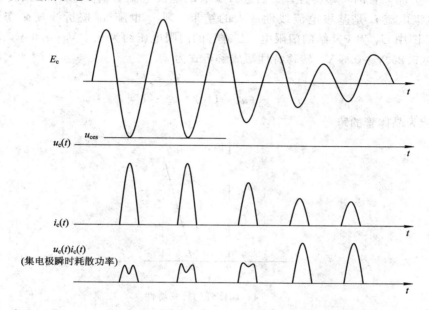

图 7-3　具有幅度调制时的集电极工作波形

　　功放工作在尽限运用状态时，电路的有关参数为

$$U_{om} = u_{o\,max} \tag{7.27}$$

$$P_o = \frac{u_{o\,max}^2}{2R} \tag{7.28}$$

$$I_{c1} = \frac{u_{o\,max}}{R} = \frac{2P_o}{U_{o\,max}} \tag{7.29}$$

　　这些是以后要经常用到的几个关系式。上述各式表明，在尽限运用状态时，若输出功率要求给定，则 U_{om} 一定，要求 R 一定，I_{c1} 一定。

7.2.5　集电极电流的波形系数

　　影响集电极电流的波形系数 k 的因素很多，这也是我们说高频功率放大器的分析比较复杂的主要原因之一。下一节将讨论这些因素。现讨论一个比较简单、基本的因素，即集电极电流脉冲的导通角。如果下一节将讨论的那些因素不使功放晶体管进入饱和状态，则波形系数 k 只受导通角的影响。在此讨论导通角还因为这涉及到两个基本问题：为什么高频功率放大器中晶体管要工作在丙类状态？如何让晶体管工作在丙类状态？

　　先对高频功率晶体管的特性做简化，忽略掉它的惰性与内部反馈，也不考虑晶体管进入饱和状态的情况。晶体管的这种简化特性自然会与其实际特性相去甚远。但它抓住了晶体管的主要特征，即基极电压（电流）控制集电极电流。做这种简化后我们认为，基极电压变化将立即引起基极电流变化，同时也立即引起集电极电流变化，即特定时刻集电极电流只决定于该时刻的基极电压。就像晶体管在低频工作时的情况那样。这样，在图 7 - 1(a) 的共射电路中，集电极电流 i_c 是基极电压 u_b 的函数，即

$$i_c = g u_b \tag{7.30}$$

式 (7.30) 称为晶体管的转移特性。我们进一步假定基极电流随基极电压 u_b 按折线规律变化，而集电极电流 i_c 是基极电流线性放大的结果，则 i_c 也随 u_b 按折线规律变化，如图 7 - 4 所示。图中 U_T 为 PN 结的门限电压。硅管的门限电压约为 $0.4\ \text{V} \sim 0.6\ \text{V}$，锗管的门限电压约为 $0.25\ \text{V} \sim 0.3\ \text{V}$。转移特性写成解析式为

$$\begin{cases} i_c = 0 & u_b < U_T \\ i_c = g_T(u_b - U_T) & u_b > U_T \end{cases} \tag{7.31}$$

式中：g_T 称为晶体管的跨导。

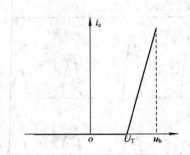

图 7 - 4　晶体管的转移特性

根据晶体管的转移特性，若在晶体管基极加上一个交流电压 $u_b(t)$，则只有当 $u_b(t) > U_T$ 时才会在集电极产生电流

$$i_c(t) = g_T[u_b(t) - U_T] \tag{7.32}$$

显然，$i_c(t)$ 是脉冲状的。脉冲形状为余弦波形的顶部（我们称之为余弦脉冲），如图 7 - 5 所示。

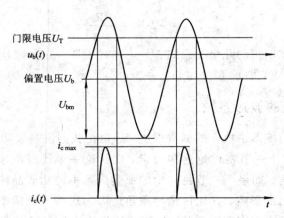

图 7 - 5　集电极脉冲电流的产生

如果在整个信号周期内，晶体管集电极都导通并流过余弦电流，则电流的相位在一个

周期内变化了 $2\pi(360°)$。现在，一个周期内晶体管集电极导通的时间不足一个周期。为表示导通时间与周期之比，我们引入一个参数——导通角 θ。它表示集电极导通时间内上述余弦信号的相位变化。我们将看到，余弦脉冲的波形系数 k 由 θ 决定。

显然，$i_c(t)$ 的导通角可由晶体管的基极偏置电压 U_b 和 $u_b(t)$ 的振幅 U_{bm} 决定。由图 $7-5$ 可见，当 U_b 增加时，θ 增加。我们还可根据图 $7-5$ 写出 θ 与 U_b 和 U_{bm} 的关系

$$\cos\left(\frac{\theta}{2}\right) = \frac{U_T - U_b}{U_{bm}} \tag{7.33}$$

注意，上式中 $U_b < 0$。实际上，由于晶体管的特性比较复杂，所以式(7.33)的应用价值有限。但 U_b 增加时 θ 增加的结论是正确的，可帮助我们在设计或调试电路时调整导通角。同时，集电极电流为余弦脉冲的结论比较符合实际情况。因此，分析高频功放可直接从集电极电流为余弦脉冲的假设入手。

导通角为 θ 的余弦脉冲电流 $i_c(t)$ 可写成

$$i_c(t) = \left[\frac{i_{c\,max}}{1 - \cos\left(\frac{\theta}{2}\right)}\right]\left[\cos(2\pi ft) - \cos\left(\frac{\theta}{2}\right)\right] \qquad |2\pi ft| < \frac{\theta}{2} \tag{7.34}$$

根据傅里叶级数理论将频率为 f 的上述脉冲分解为式(7.2)的傅里叶级数可得

$$I_{c0} = \frac{i_{c\,max}}{\pi}\left[\frac{\sin\left(\frac{\theta}{2}\right) - \frac{\theta}{2}\cos\left(\frac{\theta}{2}\right)}{1 - \cos\left(\frac{\theta}{2}\right)}\right] \tag{7.35}$$

$$I_{c1} = \frac{i_{c\,max}}{\pi}\left[\frac{\frac{\theta}{2} - \sin\left(\frac{\theta}{2}\right)\cos\left(\frac{\theta}{2}\right)}{1 - \cos\left(\frac{\theta}{2}\right)}\right] \tag{7.36}$$

$$I_{cn} = \frac{2i_{c\,max}}{n(n^2-1)\pi}\left[\frac{\sin\left(\frac{n\theta}{2}\right)\cos\left(\frac{\theta}{2}\right) - n\cos\left(\frac{n\theta}{2}\right)\sin\left(\frac{\theta}{2}\right)}{1 - \cos\left(\frac{\theta}{2}\right)}\right] \qquad n > 1 \tag{7.37}$$

$$\varphi_n = 0 \tag{7.38}$$

上述各式说明：

(1) 各 I_{cn} 都与余弦脉冲的高度 $i_{c\,max}$ 成正比；

(2) 各 I_{cn} 与 $i_{c\,max}$ 的比例系数都是导通角 θ 的函数；

(3) 各频率分量的初始相位为 0，表明它们的最大值与余弦脉冲的最大值在时间上是同时发生的。

可将各 I_{cn} 写成

$$I_{cn} = \alpha_n(\theta)i_{c\,max} \tag{7.39}$$

式中：$\alpha_n(\theta)$ 为式(7.35)、式(7.36)和式(7.37)中的比例系数，称为余弦脉冲的分解系数。

在以上各 I_{cn} 或各 $\alpha_n(\theta)$ 中我们只关心 I_{c0}、I_{c1} 或 $\alpha_0(\theta)$、$\alpha_1(\theta)$，因为只有它们与波形系数 k 有关。根据式(7.20)，我们可写出 k 的定义

$$k = \frac{\frac{\theta}{2} - \sin\left(\frac{\theta}{2}\right)\cos\left(\frac{\theta}{2}\right)}{\sin\left(\frac{\theta}{2}\right) - \frac{\theta}{2}\cos\left(\frac{\theta}{2}\right)} \tag{7.40}$$

可见，k 也是导通角 θ 的函数。图 7-6 示出了各 $\alpha_n(\theta)$ 及 k 与 θ 的函数关系。

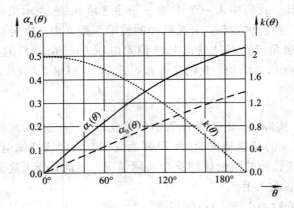

图 7-6　余弦脉冲的分解系数 $\alpha_n(\theta)$ 与波形系数 $k(\theta)$

由图 7-6 可见，波形系数 $k(\theta)$ 随导通角 θ 增加而减小，其最大值为 2。从提高波形系数的角度来提高功放效率，导通角 θ 应越小越好。但实际上，θ 也不能取得太小。这是因为：

(1) 当 θ 太小时，$\alpha_1(\theta)$ 很小。根据 $\alpha_1(\theta)$ 的定义，得

$$i_{c\,max} = \frac{I_{c1}}{\alpha_1(\theta)} \tag{7.41}$$

这说明，此时晶体管集电极最大电流（余弦脉冲的高度）将比所要求的基波电流振幅 I_{c1} 大很多倍。而 I_{c1} 是由输出功率的要求决定的，见式（7.29）。

(2) 由式（7.33）关于导通角的调整方法的讨论可知，若要求 θ 很小，则功放管的基极激励电压幅度和反向偏压都要求很大，造成功放管的基极瞬时反向电压很大，从而容易造成发射结功放管的击穿。

(3) 若导通角太小，在射频频率较低时，产生的各高次谐波分量较大；在射频频率较高时，又不容易做到太小的导通角。

从上述讨论可知，在不显著降低波形系数的前提下，应尽量让 θ 大一些。从图 7-6 可见，只要 θ 小于 $120°$，k 值都是可接受的。当 $\theta=120°$ 时，$k=1.80$，在尽限运用状态下放大器可得到接近 90% 的效率；当 $\theta=180°$ 时（乙类放大器），$k=1.57$，在尽限运用状态下放大器可得到接近 78% 的效率。可见，丙类放大器比乙类放大器的效率高得多。

至此，我们已经对晶体管高频功率放大器集电极工作状态有了这样的认识：① 集电极射频信号振幅接近电源电压；② 从集电极看到的谐振负载阻抗由 $R=E_{c2}/(2P_o)$ 确定，若实际负载阻抗不是这个值，则要用阻抗变换电路将实际负载阻抗变换成所要求的值；③ 集电极电流为导通角较小的余弦脉冲电流。下面用具体数据来建立一些感性认识。

譬如，某 150 MHz 调频电台的功放电源为 13.8 V，要求输出峰值包络功率（PEP）为 80 W，则要求功放管集电极谐振负载阻抗为 1.19 Ω，集电极电流的基波分量 I_{c1} 为 11.6 A。若采用 $120°$ 导通角，则效率为 90%，此时电源输出功率为 88.9 W，输出电流为 6.44 A，晶体管集电极耗散功率为 8.9 W，集电极电流最大值为 29.65 A；若采用 $180°$ 导通角，则效率为 78%，此时电源输出功率为 102.6 W，输出电流为 7.43 A，晶体管集电极耗散功率为 22.6 W，集电极电流最大值为 23.18 A。

7.3　高频功率放大器的特性分析

上节最后我们提出丙类功率放大器的理想工作状态，其中要求集电极电流为导通角较小的脉冲电流。保持集电极电流为导通角较小的脉冲电流的条件是功放晶体管不能进入饱和状态。但实际上，集电极电流脉冲形状受到许多因素的影响，包括谐振负载的变化、激励状态、集电极和基极偏压变化的影响。经过分析我们还会发现，由于这些影响不可避免，适当地让功放管工作在较浅的饱和状态，可减小这些因素对放大器效率的影响。

本节将分析这些影响。在此之前，我们有必要分析一下作为放大器工作状态分析工具的晶体管输出特性。由"低频电子线路"课程我们知道，晶体管输出特性反映当基极电压（电流）一定时，集电极电流随集电极电压的变化规律，如图 7-7 所示。晶体管（共射）放大器能起放大作用，它能提供一个与集电极电压 u_{ce}（或负载电压）无关而只由基极电压控制的集电极电流 i_c（负载电流）。但晶体管输出特性告诉我们，这种控制关系是有条件的，那就是 u_{ce} 必须足够大。例如在图 7-7 中，当 $u_b = U_{b3}$ 时，必须满足 $u_{ce} > u_{ces3}$。若 $u_{ce} < u_{ces3}$，则 i_c 随 u_{ce} 减小而急剧减小。此时称晶体管工作在饱和状态。工作在饱和状态的晶体管没有放大能力。称 u_{ces3} 为 $u_b = U_{b3}$ 时的饱和（集电极）电压。由图 7-7 可见，集电极饱和电压 u_{ces} 与基极电压 u_b 有关，u_b 较大时，u_{ces} 也较大。在高频功放管中，U_{ces} 通常较小，所以我们通常不深究 u_{ces} 与 u_b 的关系。

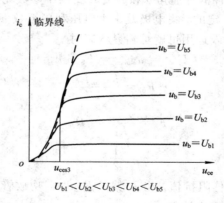

$$U_{b1} < U_{b2} < U_{b3} < U_{b4} < U_{b5}$$

图 7-7　晶体管的输出特性

在共射高频谐振功率放大器中，晶体管集电极电压 u_{ce} 由电源电压 E_c 和集电极输出电压 $u_Z(t) = U_{om} \cos(2\pi f t + \varphi_1)$ 决定，即

$$u_{ce}(t) = E_c - u_Z(t) \tag{7.42}$$

当 $u_Z(t)$ 达到最大值时，$u_{ce}(t)$ 取最小值。若 U_{om} 接近 E_c，$u_{ce}(t)$ 的最小值会小于 u_{ces}，即晶体管瞬间进入饱和状态。由于此时集电极输出电压幅度较大，我们称此时功放管工作在过压状态。过压状态下集电极电流脉冲由基极偏压、激励和功放管的瞬时饱和深度决定。若集电极输出电压幅度较小，晶体管任何时刻都工作在放大状态，我们称此时功放管工作在欠压状态。欠压状态下集电极电流脉冲由基极偏压和激励决定。若 $u_{ce}(t)$ 的最小值接近饱和电压，我们称此时功放管工作在临界状态。临界状态下，晶体管不饱和，同时集电极输出电压幅度较大。因此临界状态就是前面所说的尽限运用状态，是功放管的一种理想工作

状态。注意，晶体管状态的这种描述是总体性的，不是描述晶体管的瞬时状态。例如，过压状态下，功放管只是瞬间进入饱和状态，其他时间晶体管仍工作在放大状态，因此在过压状态下功放管仍有放大能力。

7.3.1 谐振负载的影响——负载特性

根据上一节的分析，尽限运用可提高功放的效率。在尽限运用状态时，功放管要求的谐振负载 R 是一定的，但有两个因素造成 R 可能偏离设计值。首先，高频功率放大器的实际负载常常是天线。而天线的阻抗很容易受周围环境的影响而变化。有时在工程安装中甚至不能确切知道天线的阻抗。其次，实际负载是通过复杂的阻抗变换和滤波网络变换成功放管所要求的谐振负载的。因此，即使实际负载是已知的确定值，在调试过程中仍会因为谐振元件的调整而使功放管集电极的负载阻抗剧烈变化。

功率放大器的负载特性描述当集电极电源电压、基极激励电压和偏置电压一定，功放管集电极负载 Z 偏离理想值时，功放管工作状态的变化规律。集电极负载 Z 偏离理想值包括两种情况：一是集电极调谐准确，但谐振阻抗 R 偏离理想值；二是集电极未准确调谐，集电极负载阻抗包含电抗分量。下面分别讨论。

1. 集电极谐振阻抗 R 偏离理想值

由于基极激励电压和偏置电压一定，若功放管不饱和，集电极电流脉冲 $i_c(t)$ 是一定的。此时，$i_c(t)$ 可由余弦脉冲的导通角 θ 和高度 $i_{c\,max}$ 两个参数完全地描述，它们是一定的。I_{c0}、I_{c1} 和波形系数 k 也是一定的。集电极效率由电压利用系数 h 决定。在功放管不饱和的条件下，最大效率发生在尽限运用也就是临界状态时

$$U_{om} = u_{o\,max} = E_c - u_{ces} \tag{7.43}$$

$$P_o = \frac{u_{o\,max} I_{c1}}{2} \tag{7.44}$$

$$R = \frac{u_{o\,max}}{I_{c1}} = R_{opt} \tag{7.45}$$

$$\eta = \frac{1}{2} k h_{max} \tag{7.46}$$

式中：R_{opt} 为谐振负载的最佳阻抗值。当 R 偏离 R_{opt} 时，功放管将进入欠压或过压工作状态。输出功率和效率都将偏离上述值。

1) 欠压状态

当 $R < R_{opt}$ 时，由于 I_{c1} 一定，因此 $U_{om} < u_{o\,max}$，说明此时功放管工作在欠压状态。由于 I_{c0} 一定，因此电源输出功率 P_s 一定。集电极输出功率 P_o 和效率 η 完全决定于 U_{om}。此时集电极工作状态为

$$U_{om} = I_{c1} R \tag{7.47}$$

$$P_o = \frac{I_{c1}^2 R}{2} \tag{7.48}$$

$$P_s = E_c I_{c0} \tag{7.49}$$

$$\eta = \frac{I_{c1}^2 R}{2 P_s} \tag{7.50}$$

上述各式中只有 R 为变量。这说明此时 U_{om}、P_o 和 η 与 R 成正比。

2) 过压状态

当 $R > R_{opt}$ 时，功放管的集电极工作状态就复杂一些。我们将看到，此时 U_{om} 将维持 $u_{o\,max}$ 基本不变，而 I_{c0} 和 I_{c1} 将减小。因为若 I_{c1} 维持不变，则由于 $R > R_{opt}$，会导致 $U_{om} > u_{o\,max}$。但这是不可能的，因为这时功放管将会因饱和而降低放大能力。亦即，$R > R_{opt}$ 有增大 U_{om} 的趋势，而 U_{om} 增大使功放管饱和。饱和又有使 U_{om} 减小的趋势。这两种相反趋势的平衡点是维持 U_{om} 基本不变。实际上，随着 R 的增加，饱和电压 u_{ces} 会降低，因此 U_{om} 会增加。但 u_{ces} 的值很小，因此 U_{om} 的增加很小，见图 $7-8(a)$ 的右半部。U_{om} 基本不变是分析过压状态下集电极工作得到的第一个结论，也是后面分析的出发点。

$$U_{om} \approx u_{o\,max} \tag{7.51}$$

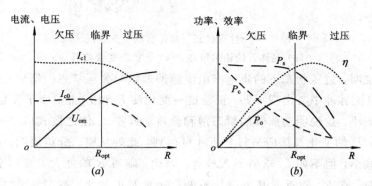

图 $7-8$　负载特性曲线与功率、效率曲线

(a) 负载特性曲线；(b) 功率、效率曲线

为分析过压状态下的各项功率与效率，必须分析 I_{c0} 和 I_{c1} 的变化规律。为此必须考察此时集电极电流脉冲的变化。根据式(7.51)和 $U_{om} = RI_{c1}$，显然有

$$I_{c1} = \frac{u_{o\,max}}{R} \tag{7.52}$$

这与欠压状态下的情况完全不同。在那里，I_{c1} 与 R 无关而由基极激励电压和偏压决定。现在，I_{c1} 则由负载决定。这是怎么回事呢？

原因在于过压状态下功放管有一段时间会饱和，如图 $7-9$ 所示。由于集电极接谐振负载，因此无论集电极电流脉冲为何种形状，只要它有基波分量，集电极交流电压就只有基波分量。它是一正弦振荡电压，并且根据上述分析，其振幅基本恒定。这样，结合图 $7-9(a)$ 的晶体管输出特性，我们可确定基极激励和偏压以及集电极电源电压一定时功放管的工作波形如图 $7-9(b)$ 所示。

当 $u_b < U_T$ 时，$i_c = 0$。此时集电极电流 i_c 与电压 u_c 的变化轨迹在图 $7-9(a)$ 的 A 和 B 之间。t_1 时刻以后 $u_b > U_T$，$i_c > 0$，i_c、u_c 的变化轨迹脱离 AB 线。t_2 时刻 $u_b = U_{b1}$，i_c、u_c 的变化轨迹到达 C。t_3 时刻 $u_b = U_{b2}$，轨迹到达 D。我们看到，此时功放管已临近饱和，但集电极正弦振荡电压还未达到其最小值。t_4 时刻达到该最小值，轨迹到达 D。尽管 $u_b = U_{b3} > U_{b2}$，但功放管饱和，因此 i_c 下降。t_5、t_6、t_7 时刻的轨迹可类似分析。一个完整振荡周期中集电极电流 i_c 与电压 u_c 的变化轨迹为

$$\cdots \to B(t_1) \to C(t_2) \to D(t_3) \to E(t_4) \to D(t_5) \to C(t_6) \to B(t_7) \to A(t_8) \to B(t_1) \to \cdots$$

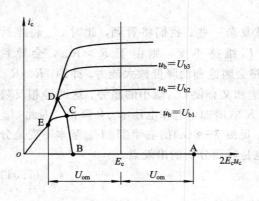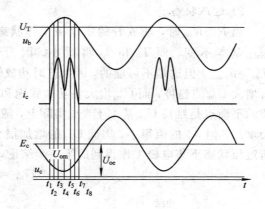

图 7 - 9　过压状态下晶体管的工作情况

(a) 晶体管的输出特性；(b) 各状态变量波形

以上分析说明，过压状态下的集电极电流脉冲形状与欠压状态的情形相比发生了很大变化。此时的电流脉冲中心出现下凹。正是这一变化使 I_{c0} 和 I_{c1} 都发生了变化，显然它们都比在欠压状态下小。这说明功放管的瞬态饱和会自动调整 I_{c1} 使之按式(7.29)的规律变化，I_{c0} 也随之变化。I_{c0} 的变化规律应另行分析才可得到，此处从略。分析表明，随着负载 R 的值加大，I_{c0} 将减小，但不如 I_{c1} 减小那么显著。因此，随着 R 的加大，波形系数 k 将减小。但导通角较小时，在 R_{opt} 附近 k 基本维持不变。随着 R 的加大，瞬时饱和深度加大。从图 7 - 9(a) 可以看出，此时 D 点的饱和电压略微降低，因此，U_{om} 略微加大。

现在来分析集电极输出功率 P_o 和电源输出功率 P_s。根据式(7.52)和式(7.44)有

$$P_o = \frac{u_{o\,max}^2}{2R} \tag{7.53}$$

即 P_o 随 R 的增加而减小，至于电源输出功率 P_s，由于 I_{c0} 随 R 的增加而减小，根据式(7.9)，P_s 也随 R 的增加而减小。至此，我们已可解释图 7 - 8 中过压状态下 I_{c0}、I_{c1}、U_{om}、P_o 和 P_s 的变化规律。

随着 R 的加大，波形系数 k 减小，而电压利用系数 h 维持不变，故效率 η 也会降低。但在 R_{opt} 附近由于 k 基本维持不变而 U_{om} 略微加大(h 也略微加大)，根据式(7.23)，效率 η 也会略微增加。这说明所谓最佳负载 R_{opt} 是相对于输出功率而言的。相对于效率的最佳负载比 R_{opt} 稍大。最后，集电极耗散功率 P_c 可由 $P_s - P_o$ 得到。它也随着 R 的增加而减小。

掌握功放管的负载特性对实际调试谐振功率放大器非常重要。最后对功放的三种工作状态作一总结：临界状态是功放的理想状态，输出功率最大，效率较高，但此时要求集电极负载阻抗的值一定。

欠压状态下功放管输出电流一定，输出电压、功率都随负载变化而变化；输出功率小，集电极效率低。除非输出信号有幅度调制，这种工作状态应避免。

过压状态下功放管集电极输出电压不随负载变化而变化，此时放大器相当于一个恒压源。显然它可用于那些负载变化范围大的场合。

在临近临界的过压状态下，集电极效率最高，输出功率较大。因此，实用功放电路通常采用这种工作状态。

2. 集电极失谐

集电极失谐发生在功放的调试过程中，或调试好后因发射机实际负载偏离设计值从而造成调谐网络失谐的情况下。失谐严重时(如调试过程中)，集电极负载阻抗的绝对值通常很小，电源输出功率基本被功放管消耗，因此功放管会被损坏。这种情况对谐振功率放大器是应绝对避免的。如果发射机实际负载偏离设计值，就可能造成轻微失谐。此时，放大器效率降低，功放管耗散功率增加。当耗散功率超过功放管的允许耗散功率时，功放管也会被损坏。这种情况对调试与使用谐振功率放大器也应十分注意。下面我们来分析后一种情况。

失谐发生时，集电极负载阻抗为复数

$$Z = |Z| \exp(\mathrm{j}\varphi_z) \tag{7.54}$$

当 $\varphi_z > 0$ 时，Z 为感性负载；当 $\varphi_z < 0$ 时，Z 为容性负载。集电极交流电压为

$$U_Z(t) = |Z| I_{c1} \cos(2\pi f t + \varphi_z) \tag{7.55}$$

即集电极交流电压与集电极电流基波分量之间有相位差 φ_z。轻微失谐时 φ_z 的绝对值较小。由于集电极电流脉冲的峰值对准其基波分量的峰值(无相位差)，因此，失谐时集电极电流脉冲的峰值与集电极电压最小值之间有相位差 φ_z。此时即使 $|Z|$ 较大而使功放管工作在临界或过压状态，功放管导通时的瞬时功耗仍然较大，从而平均功耗较谐振时增加，如图 7-10 所示。

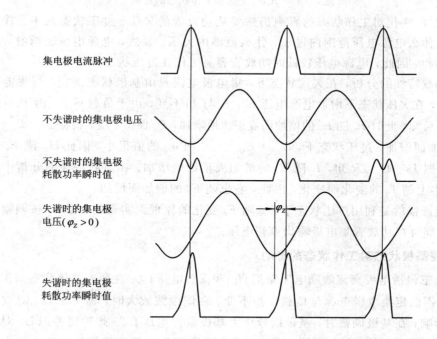

图 7-10　失谐造成功放管集电极耗散功率增加

必须指出，即使失谐造成的功放管耗散功率增加值不大也有可能损坏功放管。这是因为在高效率功率放大器中，功放管集电极耗散功率本来是很小的。在设计放大器选择功放管时，是按较小的集电极耗散功率来考虑的。这时，数值不大的耗散功率增加值就可能使功放管实际耗散功率突破极限值。

7.3.2　各极电压对工作状态的影响

本小节分析负载一定时，功放管集电极电源电压、基极激励电压与偏压变化对功放管工作状态的影响。

1. 电源电压对工作状态的影响

通常，功放管的集电极电源电压 E_c 应保持稳定。但在集电极调幅电路中则依靠改变 E_c 来实现射频信号的幅度调制。分析 E_c 对工作状态的影响旨在搞清楚正确实现调幅的条件。在负载、基极激励电压与偏压一定时，集电极各状态参数随 E_c 的变化规律如图 7-11 所示。

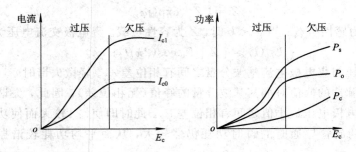

图 7-11　E_c 的变化对工作状态的影响

理解 E_c 的变化对工作状态的影响仍然要从功放管的欠压、过压状态入手。首先应清楚功放管在什么电源电压范围内过压，什么范围内欠压。显然，电源电压较低时，功放管容易瞬间饱和。因此，电源电压较低时功放管容易工作在过压状态。

根据负载特性的分析，在欠压状态下，集电极电流只由基极状态决定，与集电极电源无关。因此，在欠压状态下增加电源电压 E_c，I_{c0} 与 I_{c1} 不变。由于负载不变，由 $P_s = E_c I_{c0}$ 和 $P_o = I_{c1}^2 R/2$ 可知，此时 P_s 随 E_c 的增加而成正比地增加，P_o 保持不变，根据 $P_c = P_s - P_o$，P_c 随 E_c 的增加而增加。过压状态下，$U_{om} = E_c - u_{ces}$，而 u_{ces} 的值很小，因此 U_{om} 随 E_c 的变化而变化。根据 $I_{c1} = U_{om}/R$ 知，I_{c1} 随 E_c 的增加成正比地增加。在负载特性的分析中我们曾提到 I_{c0} 基本上随 I_{c1} 的变化而变化，因此，它也随 E_c 的增加而增加。

集电极调幅就是利用过压状态下 U_{om} 随 E_c 变化的原理而实现的。让 E_c 按调幅信号的包络变化，即可在功放管集电极输出调幅电压。

2. 改变基极状态对工作状态的影响

基极状态包括基极交流激励电压振幅 U_{bm} 和偏置电压 U_b。在研究基极状态对工作状态的影响时，需假定集电极电源与负载保持不变。在调幅波放大时，需考虑 U_{bm} 对放大器工作状态的影响；在基极调幅时，基带信号作为基极偏置电压 U_b。此时要考虑 U_b 对工作状态的影响。更重要的是，如本章第一节所述，由于高频放大器不能像低频放大器那样能精确描述，因此在设计时就留下一些状态或元件参数待实验时调整。其中，U_b 就是一个能较好地调控功放管状态的状态参数。

分析基极状态的变化对工作状态的影响仍然要从功放管的欠压、过压状态入手。也要首先清楚功放管在什么基极状态下过压，什么情况下欠压。显然，U_{bm} 或 U_b 增大都有使集电极电流脉冲高度和导通角增大的趋势，即有使 I_{c0} 与 I_{c1} 增大的趋势。此时若集电极负载较大或电源电压不够大，会使功放管进入过压状态。因此，较小的 U_{bm} 或 U_b 会使放大器欠压，较大的 U_{bm} 或 U_b 会使放大器过压。

当 E_c、R 和 U_b 保持不变时，U_{bm} 的变化对工作状态的影响如图 7－12 所示。在欠压状态下，分析基极状态变化对工作状态的影响可在图 7－1 中进行。由图 7－12 可见，在欠压状态下，U_{bm} 的增大会使集电极电流脉冲高度和导通角增大，从而使 I_{c0} 与 I_{c1} 增大，U_{om} 增大。由于 E_c 和 R 都一定，根据式(7.9)，P_s 按 I_{c0} 的规律变化。根据 $P_c = I_{c1}^2 R/2$，P_o 按 I_{c1}^2 的规律变化。在过压状态下，U_{om} 随 E_c 变化，I_{c1}、P_o 由 U_{om} 和集电极谐振负载 R 决定。而 E_c 和 R 都一定，因此 I_{c1}、P_o 都保持不变。I_{c1} 的不变是靠集电极电流脉冲的下凹实现的，下凹的结果使 I_{c0} 也保持不变。

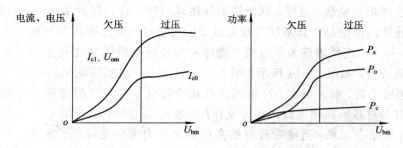

图 7－12 U_{bm} 的变化对工作状态的影响

当 E_c、R 和 U_{bm} 保持不变时，U_b 的变化对工作状态的影响如图 7－13 所示。由图可见，U_b 和 U_{bm} 的影响是类似的。只是，通常 U_b 为负值以保证较小的导通角。当 U_b 为正值时，继续增加 U_b 将在 P_o 不增加(过压状态)的情况下使 P_s 继续较快增加，因为此时导通角可能大幅增加。

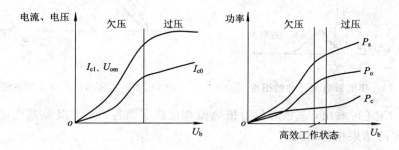

图 7－13 U_b 的变化对工作状态的影响

由于基极状态的影响在很多情况下都要用到，在此有必要说明，U_b 和 U_{bm} 对功放管工作状态的影响是相互关联的。我们在 U_{bm} 不变时分析 U_b 的影响，必须明确 U_{bm} 的具体值。对不同的 U_{bm} 值，图 7－13 中各曲线的形状会不同。图中示出的是 U_{bm} 足够大时的情况，要更精细地理解基极状态的影响，应深刻理解图 7－1 中基极状态对集电极电流脉冲高度和导通角的影响。

图 7－12 用于调幅波(如单边带信号)放大。由图可见，只有在欠压状态输出电压幅度 U_{om} 才能跟踪输入电压幅度 U_{bm} 的变化。图 7－13 用于基极调幅或功放的调试。由图可见，只有在欠压状态输出电压幅度 U_{om} 才能跟踪基极偏压 U_b 的变化。此外，前面我们已指出，

在设计好的功率放大器中常留下 U_b 作为调整集电极电流脉冲高度和导通角的可调参数。对放大恒定包络的射频信号，图 7-13 可指导我们将 U_b 调整到一个适当的值，以使功放管工作在临近临界的过压状态。

7.4　高频功率晶体管的特性

上述各节的分析中，我们不断用到晶体管的转移特性和输出特性，但并没有用解析式精确地描述，因为这些特性是在输入信号缓慢变化时测试出来的，没有考虑到各极电流、电压的高速变化，因而这些特性被称为静态特性。用静态特性描述高频工作的功放管误差会很大，因为晶体管在高频大信号工作时，其惰性、内部反馈和非线性都很显著，因此它的内部物理过程相当复杂。这样，试图精确描述高频功放管的努力就变得没有什么价值。

高频功放管的惰性是由其基区少数载流子的渡越时间和过压状态下基区的饱和存储时间产生的。在外部，惰性表现为集电极电流脉冲与基极电流脉冲之间存在延时，同时还存在脉冲展宽的现象，如图 7-14 所示。图 7-15 示出了一组实际测试的功放管各极电流脉冲波形。从频域上看，脉冲展宽、高度的降低相应降低了功放管的高频放大能力。晶体管的发射结电容会对基极高频电流产生分流作用，集电结电容对高频信号产生很强的负反馈作用。这些因素结合起来，会使功放管的高频放大能力大幅度降低。此外，功放管的封装电容、电感，功放管周边电路板的分布电容、电感也会降低功放管的高频放大能力。

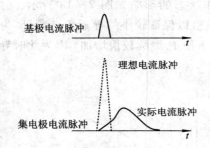

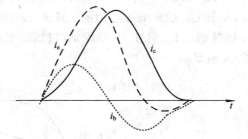

图 7-14　集电极电流脉冲的惰性　　　　图 7-15　实际测试的功放管各极电流脉冲

从图 7-15 还可看出，基极和发射极电流都出现了负脉冲，尤其是基极电流。这与静态特性分析出的结果相差很大。

总之，上述内部物理过程使高频功放管的放大能力降低，并使我们难以精确定量描述它。所以在前面的分析中，我们不依赖静态特性对高频功率放大器进行精确的定量分析。而只从中引出一些定性的概念：

（1）根据转移特性，我们知道在欠压状态下功放管的集电极电流由基极激励和偏置电压决定。当基极负偏压时，集电极电流为脉冲电流。调整偏压和激励电压振幅可调整集电极电流脉冲的导通角和峰值。

（2）根据输出特性，我们知道功放管在集电极电压较低时会饱和，由此我们引入了过压状态的概念。晶体管的这些特性并不会因为工作频率提高而消失。既然如此，我们在分析欠压状态时就可从集电极电流为余弦脉冲的概念入手。其实集电极电流是不是余弦脉冲并不重要，因为任何脉冲电流都可以如式(7.2)分解为直流、基波和各高次谐波。重要的是集电极电流应为导通角较小的脉冲电流，以保证电流脉冲具有较大的波形系数 k，从而使放大器取得较高的效率。

至此，我们已可以理解本章第一节提到的观点，即高频谐振功率放大器电路的设计方案在设计完成以后，必须经过实验调整、验证。

高频功率放大器对功放管的要求是能工作到所要求的频率，在该工作频率上有尽量大的放大能力，能承受较大的耗散功率。功放管的生产厂商通常给出描述功放管上述特性的参数供用户参考，这些参数主要是最高工作频率 $f_{\max}$、功率增益 G_p、最大允许耗散功率 P_d 等。

功率增益 G_p 是在给定的测试电路中，给定的测试频率上，放大器的输出功率与输入功率之比

$$G_p = 10 \log\left(\frac{P_o}{P_i}\right) \text{ (dB)} \tag{7.56}$$

图 7-16 是某功放管的测试电路。电路中输入功率是在 IN 处测得的功率，C_1、L_1、C_2 将功放管的输入阻抗变换为 50 Ω。输出功率为 OUT 处测得的功率，L_2、C_3、C_4 对测试频率调谐并将负载阻抗变换为功放管的匹配阻抗。有关阻抗变换的内容将在下一节说明。

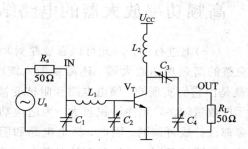

图 7-16 功放管的测试电路

功放管的最高工作频率 $f_{\max}$ 是当 G_p 下降到 0 dB 时的工作频率。当功放管工作在 $f_{\max}$ 以上的频率时，无论如何调整外部电路，由它构成的放大器都没有放大能力。

最大允许耗散功率 P_d 是集电极耗散功率 P_c 的允许上限。它与放大器的效率一起决定了功放管能输出的最大功率，见式(7.23)，其中，P_c 最大可达到 P_d。P_d 决定于功放管的内部散热条件，它是在功放管外部理想散热条件下测得的。功放管的内部散热条件用它的热阻 θ_{jc} 表示，单位为 ℃/W，其意义是功放管每瓦耗散功率造成的温度上升。P_d 与 θ_{jc} 的关系是

$$P_d = \frac{T_j - T_0}{\theta_{jc}} \tag{7.57}$$

式中：T_j 为功放管的最高工作温度；T_0 为环境温度，在测试时假定为 25 ℃。可见，T_0 越低，θ_{jc} 越小，P_d 越大。若外部散热器热阻较大，则式(7.57)中的分母还应加上外部热阻。

高频功率晶体管除了可采用双极型晶体管之外，还可采用 MOS 管。MOS 管的输入阻抗较高，工作频率也较高，但其饱和电压较高。双极型晶体管常采用 NPN 型，MOS 管常用 N 沟道 MOS 管。因为它们的导电载流子都是电子，电子的迁移率比空穴高，有利于提高工作频率。

表 7－1 示出了 Motorola 公司的几种双极型高频功放管的参数。

表 7－1　几种功放管参数（900 MHz 频段）

型号	输出功率/W	输入功率/W	最小功率增益/测试频率/(dB/MHz)	热阻/(℃/W)	工作电压/V
MRF581	0.6	0.06	8/870	50	12.5
MRF839	3	0.46	8/870	9	12.5
MRF847	45	16	4.5/870	1	12.5
MRF891	5	0.63	9/900	5	24
MRF898	60	12	7/900	1	24

高频功放管的封装高度较低，以减小杂散参数。散热片一般与发射极相连，这样可以将功放管散热器与外部散热器在电气上相连接地，以避免集电极接地造成很大对地电容或辐射。

7.5　高频功率放大器的电路结构

前面的分析都是在图 7－1(a)上进行的，因此可以看成是对功率放大器中功放管工作状态的分析。要组成一个完整的高频功率放大器，还需要加入馈电电路和阻抗变换电路。对功放管工作状态的调整就是由它们实现的。馈电电路和阻抗变换电路对放大器性能的影响和功放管一样重要，其元件数量较多，元件体积较大。为适应功放管特性定量分析不精确的情况，这些元件中很多都设计成可调的。因此，馈电电路和阻抗变换电路一般不能集成到集成电路内，这与低频功放明显不同。无论是理论计算还是实际调试，有关它们的工作量都比较大。

7.5.1　馈电电路

馈电电路为功放管基极提供适当的偏压，为集电极提供电源电压。因此，基极和集电极都要有馈电电路。

1. 集电极馈电电路

集电极馈电电路的功能是将电源电压无损耗地加在功放管集电极上。由于集电极电流的直流分量 I_{c0} 要从馈电电路流过，因此要求馈电电路的直流电阻要很小。由于馈电电路将电源（交流地）和集电极连在一起，因此馈电电路的交流阻抗应较大。功放管的集电极电流很大，高次谐波成分很多，好的馈电电路应使到达电源的交流电流很小，以免造成电源电压波动。这种波动可能干扰共用电源的其他功能电路，从而造成系统工作性能不稳定甚至降低。

常将馈电电路分为串联和并联馈电两种，如图 7－17 所示。注意图中谐振负载 R 只对射频基波分量呈现阻抗，对直流和高次谐波呈现零阻抗，因此它本身也可当做馈电电路来用。

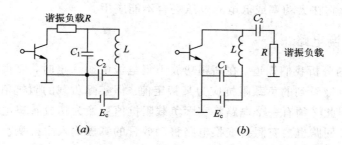

图 7 - 17　集电极馈电电路

(a) 串联馈电；(b) 并联馈电

　　串联馈电电路中直流电流流过谐振负载；并联馈电电路中直流电流不流过谐振负载。注意，谐振负载是实际负载经阻抗变换电路变换得来的等效阻抗。对实际负载来说，直流电流并不流过它。因此，这两种馈电方式对实际负载并无区别，这一点我们将在实际电路中看得很清楚。图 7 - 17 中，L 作为高频扼流圈阻止高频电流，(a) 中的 C_1、C_2 和 (b) 中的 C_1 为高频旁路电容，吸收高频电流，以避免高频电流流入电源。

2. 基极馈电电路

　　基极馈电电路的功能是为基极产生要求的偏压而不损失基极的高频电流或电压。通常，基极有两种方法产生，如图 7 - 18 所示。

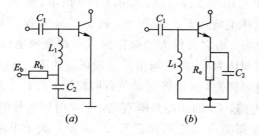

图 7 - 18　基极馈电电路

　　图 7 - 18(a) 中基极偏压由 E_b 和 R_b 上的直流电压决定。实际加到基极的偏压为

$$U_b = E_b - I_{b0}R_b \qquad (7.58)$$

式中：I_{b0} 为基极电流的直流分量。显然，U_b 的增加会使 I_{b0} 增加，则反过来会使 U_b 下降。因此这是一个基极偏压的负反馈电路。负反馈的结果使 U_b 趋于稳定。调节 E_b 或 R_b 即可调节 U_b，从而调节功放管的导通角。电路中若需要反馈较深，可加大 R_b，此时 E_b 也应加大，可直接将 R_b 接到集电极电源。注意式 (7.58) 中，由于第二部分的存在，我们仍可得到负的基极偏压。当然，R_b 接地 ($E_b = 0$) 也是可以的。由于基极直流电流较小，这种偏压电路消耗较小的直流功率。

　　图 7 - 18(b) 中基极偏压 (严格来说是发射结偏压) 由发射极电流流过 R_e 产生。由于发射极电流为正值，因此这种电路也能得到负的发射结偏压。并且，这种串联电流负反馈电路稳定的是发射极直流电流 I_e，而集电极直流与之接近。所以这种电路能较好地稳定集电极直流电流 I_{c0}。由于集电极电流的基波分量 I_{c1} 近似按 I_{c0} 的规律变化，因此这种电路能较好地稳定 I_{c1}。但由于 I_e 的值较大，这种电路会消耗较大的直流功率，同时降低功放管得到

的电源电压，因此它在大功率或低电源电压场合不能应用。

7.5.2 阻抗变换电路

根据 7.3 节的分析我们知道，在高频功放中集电极电源一定时，要集电极输出一定的射频功率，从集电极看到的负载阻抗应为某特定值。但实际负载的阻抗值通常与上述要求的特定值不等，因此必须有一个电路将实际负载阻抗值变换为功放管集电极所需要的负载阻抗。同样在基极回路也要有阻抗变换电路将功放管的基极输入阻抗变换为与前一级放大器（激励级）输出阻抗匹配，以从激励级获得最大射频功率。

除非采用变压器的方案，阻抗变换电路通常利用谐振电路的某些特性实现阻抗变换。因此，它与谐振电路常常合二为一。谐振电路元件主要是电感、电容，它们有较为简单的特性，因此利用阻抗变换电路可进行较精确的定量分析。

1. 集电极阻抗变换电路

很多文献将集电极阻抗变换电路称为阻抗匹配电路。但电子学中阻抗匹配有固定含义，就是将实际负载阻抗变换为与信号源输出阻抗相等的阻抗值，以从信号源取得最大输出功率。从这点看，高频功率放大器的集电极阻抗变换电路并非匹配电路。因为匹配时信号源内阻要消耗信号源总输出功率的一半。这在功率放大器中是不可接受的。实际上，工作在过压状态下的高频功放接近为恒压源，其输出阻抗是很低的。

我们以一个例子来介绍阻抗变换电路，如图 7-19 所示。图中，L_2、L_3、C_4、C_5 组成馈电电路。经两级滤波使高频电流被 L_3、L_2 阻止，被 C_5、C_4 吸收，从而在电源端造成的高频电压波动很小。若 L_3 较小，则它可作为谐振回路或阻抗变换电路的一部分。为使问题简单，先不考虑这种情况，即认为 L_3 对高频信号呈现很高的阻抗。这样，在分析高频信号通路时，L_3、C_5、L_2、C_4 均可移去，集电极高频负载回路为 C_1、L_1、C_2、C_3、R_L。这是一种简单而又实用的阻抗变换电路。C_3 的功能是隔直流，它对射频信号的阻抗很低，因此可用短路线代替它。从集电极看到的负载电路如图 7-20 所示，这个电路被称为 Ⅱ 型阻抗变换电路。

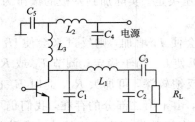

图 7-19　高频功率放大器的集电极回路

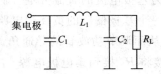

图 7-20　集电极负载电路

图 7-20 所示网络对高次谐波的滤波作用是明显的。由 C_1、L_1、C_2 组成的回路谐振于射频基波频率上，因此在集电极可得到一定的基波阻抗。但对高次谐波而言，L_1 的阻抗很大，C_1、C_2 的阻抗很小，因此集电极电流的高次谐波分量大部分被 C_1 吸收，流过 L_1 的小部分被 C_2 吸收，在集电极只有较小的高次谐波电压，负载处的高次谐波电压更小。

阻抗变换的原理可参考谐振电路的分析。为使读者在分析过程中得到清晰的感性认识，我们在此给出各元件的一组具体参数 $R_L = 50\ \Omega$、$C_1 = 120\ pF$、$C_2 = 68\ pF$、$L = 20\ nH$，电源电压为 13.8 V，显然，这只是一个特例。在下面的分析过程中我们给出中间计算结果，记在有关变量后的括号内。设工作频率(150 MHz)上电容 C_1、C_2 的电纳分别为 jY_1(64 mS，电抗为 $-15.6\ \Omega$)、jY_2(113.1 mS，电抗为 $-8.84\ \Omega$)，电感 L 的电抗为 jX(18.85 Ω)，则负载 R_L 与电容 C_2 并联的阻抗为

$$Z_2 = \frac{R_L - jR_L^2 Y_2}{1 + (R_L Y_2)^2} \qquad (4.44\ \Omega - j14.22\ \Omega) \tag{7.59}$$

可见该阻抗包括电阻部分和容抗部分，电阻部分小于 R_L。再将该阻抗与 L_1 串联，得到串联阻抗为

$$Z_1 = \frac{R_L - jR_L^2 Y_2}{1 + (R_L Y_2)^2} + jX \qquad (4.44\ \Omega + j4.63\ \Omega) \tag{7.60}$$

这是由 L_1、C_2、R_L 组成的电路在集电极呈现的阻抗。可见若

$$\frac{R_L^2 Y_2}{1 + (R_L Y_2)^2} = X \tag{7.61}$$

则式(7.60)中容性电抗和感性电抗抵消，阻抗呈电阻性。这说明图 7-20 所示网络中没有 C_1 也可实现阻抗变换，变换得到的电阻为

$$R_1 = \frac{R_L}{1 + (R_L Y_2)^2} < R_L \tag{7.62}$$

这种阻抗变换电路被称为 Γ 型阻抗变换电路。它可将较大的阻抗变换为较小的阻抗，变换比由 Y_2(即 C_2)调节。但这种变换电路在丙类功率放大器的集电极回路中不能应用，因为 C_1 是高次谐波电流通路，是必需的。由于 C_1 呈容抗，为使集电极得到电阻性阻抗，必须使 Z_1 呈感性阻抗。记

$$X_1 = X - \frac{R_L^2 Y_2}{1 + (R_L Y_2)^2} > 0 \tag{7.63}$$

则

$$Z_1 = R_1 + jX_1 \tag{7.64}$$

由于 C_1 与 Z_1 并联，为使集电极得到电阻性阻抗，必须使 Z_1 的导纳中的电纳(虚部)与 Y_1 抵消。Z_1 的导纳为

$$\frac{1}{Z_1} = \frac{R_1}{R_1^2 + X_1^2} - \frac{jX_1}{R_1^2 + X_1^2} \tag{7.65}$$

Y_1 必须与上式中的虚部抵消，即

$$Y_1 = \frac{X_1}{R_1^2 + X_1^2} \tag{7.66}$$

式中：Y_1 为 112.58 mS；电抗 X_1 为 $-8.88\ \Omega$；要求电容为 119.45 pF。这是集电极回路的调谐条件。调谐后集电极的负载导纳为纯电导，其值为 $R_1/(R_1^2 + X_1^2)$。因此集电极负载阻抗为纯电阻，其值为

$$R_c = R_1 + \frac{X_1^2}{R_1} \tag{7.67}$$

式中：$R_1 = 9.27\ \Omega$；电源电压为 13.8 V，可得 10.3 W 的功率。

以上分析清楚地表明了阻抗变换的过程。现在进一步看回路各部分的电压、电流。在

尽限运用状态时，集电极交流电压振幅为 13.8 V，则集电极电流的基波振幅（第二节中的 I_{c1}，此处表示为 I_s，而用 I_{C_1} 表示 C_1 上的电流）为 1.49 A，两者相位相同，设它们的初始相位为 0。经简单计算可得到回路的工作状态如表 7-2 所示。

表 7-2　图 7-20 回路各部分的电流、电压

状态参数	振幅	相位	参考方向	计算公式
C_1 电压 U_{C_1}	13.8 V	0°	对地	等于集电极电压
C_1 电流 I_{C_1}	1.56 A	90°	从集电极流入	$jY_1 U_{C_1}$
L 电流 I_L	2.15 A	−42.6°	从集电极流入	U_{C_1} / Z_1
负载电压 U_R	32.05 V	−118.9°	对地	$I_L Z_2$
C_2 电流 I_{C_2}	2.12 A	−28.9°	从 L 流入	$jY_2 U_R$
负载电流 I_R	0.661 A	−118.9°	从 L 流入	U_R / R_L

按表 7-2 可计算出负载上所得到的功率为 10.3 W，与集电极负载消耗的功率相同，这说明阻抗变换电路将集电极输出功率全部传输到了实际负载。从中还可看出，在集电极电流、电压给定后，阻抗变换回路将调整负载上的电压、电流，以保持功率不变。

我们现在再看，给定实际负载 R_L 和集电极所要求的负载阻抗 R_c 如何选择变换电路的元件参数 C_1、C_2、L。设 $Q_1 = X_1 / R_1$，$Q_2 = R_L Y_2$，由式(7.64)和式(7.59)可见，它们分别是 Z_1 和 Z_2 中电抗与电阻之比，则

$$Y_2 = \frac{Q_2}{R_L} \tag{7.68}$$

根据式(7.62)、式(7.63)、式(7.66)和式(7.67)有

$$Y_1 = \frac{Q_1}{R_c} \tag{7.69}$$

$$R_c = \frac{1 + Q_1^2}{1 + Q_2^2} R_L \tag{7.70}$$

$$X = \frac{Q_1 + Q_2}{1 + Q_2^2} R_L \tag{7.71}$$

这组公式是选择 C_1、C_2、L 的根据。给定 Q_1、Q_2 后即可计算出 Y_1、Y_2 和 X。由于 Q_1、Q_2 只受式(7.70)的约束，因此其中有一个可自由选择。由式(7.70)可见，若要求将大的负载阻抗变换为小的集电极负载，则要求 $Q_1 < Q_2$，反之要求 $Q_1 > Q_2$。Q_1、Q_2 中先选择较小者再计算较大者可保证有解。

例 7.1　某调频电台电源电压为 13.8 V，负载为 50 Ω，工作频率为 162 MHz，要求功放输出功率为 75 W。下面设计阻抗变换电路。

解　在尽限运用状态时，集电极输出电压振幅为 13.8 V，根据式(7.28)，集电极要求的负载阻抗为 1.2696 Ω，选择 $Q_1 = 1$，根据式(7.70)有 $Q_2 = 8.82$，从而得 $X = 6.23$ Ω、$L = 6.12$ nH、$Y_2 = 176.4$ mS、$C_2 = 173$ pF、$Y_1 = 787.6$ mS、$C_1 = 774$ pF。

由于电源电压低，功放管的工作电流较大，基波振幅为 10.87 A。当集电极电流脉冲的导通角为 140° 时，脉冲电流峰值为 24.93 A，二次谐波振幅为 6.66 A。按前面的步骤可计算出在二次谐波上集电极负载阻抗约为 −j0.68 Ω，据此可计算出集电极二次谐波电压

振幅为 4.5 V。这与集电极交流电压为单一基波电压的要求相差较远，会降低集电极效率。为降低谐波电平，可将 Q_1 取得较大，从而 C_1 的取值也较大。但我们稍后将看到，实际上集电极阻抗变换电路也会消耗射频功率，主要是电感的损耗，Q_1 太大将增加变换回路的损耗。还可在不加大 Q_1 的情况下将 C_1 加大，由此带来的 Y_1 增加可用图 7-19 中的馈电电感 L_3 来抵消，一般大功率放大器中 L_3 取值较小就是这个原因。同时我们看到，本电路中阻抗变换比过大，造成即使 Q_1 选得较小，Q_2 仍然较大，这也会增加变换回路的损耗。

由于集电极输出功率是通过电感 L_1 传递给负载的，它在数值上等于 Z_1 中 R_1 消耗的功率，为提高变换回路的效率，应使 L_1 的损耗电阻相对于 R_1 尽量小。若 L_1 的品质因素为 Q_L，则其损耗电阻为 X/Q_L。因此，高效率变换回路的 $X/(Q_L R_1)$ 应尽量小。根据式(7.62)和式(7.71)，得

$$\frac{X}{Q_L R_1} = \frac{Q_1 + Q_2}{Q_L} \tag{7.72}$$

可见，高效率变换回路应选择高 Q_L 的电感，同时不能设计太高的 Q_1 或 Q_2（它们是相关的）。

从上述分析过程可看出，由于阻抗变换电路各元件的设计值都与负载有关，若实际工作负载偏离预定值，则按预定负载设计的变换回路变换出的集电极负载也将偏离预期值。除了阻抗数值上的偏离外，还会造成失谐。例如，在例 7.1 中按 50 Ω 负载设计并调试好阻抗变换回路后，若负载开路（如发射结未接天线），则从功放管集电极看到的阻抗约为 j1 Ω，为感性负载。当集电极电流脉冲的导通角为 140° 时，功放管功耗将达到 87 W。这一点在工程安装时务必注意。

除了上述 Π 型电路外，阻抗变换电路还可采用其他形式。限于篇幅，此处不再赘述。

2. 基极阻抗变换回路

功放管基极射频信号由前一级放大器（激励级）提供，因此，功放管基极是激励级的负载。通常必须用阻抗变换电路将功放管基极输入阻抗变换成激励级集电极要求的负载阻抗。阻抗变换的原理和分析方法与集电极阻抗变换电路的相同，在此只介绍一些基极阻抗变换回路的特殊要求。

在阻抗变换的目的上，基极变换回路通常不考虑激励级的效率，因为激励级的功率较低，即使效率较低，激励级的耗散功率也不会太大。基极变换回路通常主要应让功放管从激励级获得较大且稳定的功率。因此，基极阻抗变换是功率上的阻抗匹配。其次，为不使激励级输出功率受其前面各级和功放管基极状态变化的影响，应让激励级工作于较深的过压状态。这样，激励级的集电极就要求较大的输入阻抗。

功放管基极输入阻抗是较低的，且允许耗散功率越大的功放管，其输入阻抗越低。同时，大功率晶体管的发射结电容 C_{be} 很大，例如某功放管在 $f = 500$ MHz，$i_c = 100$ mA 时，C_{be} 约为 1300 pF。因此，功放管的输入阻抗是容性阻抗。阻抗变换电路应能将它变换成电阻性阻抗。图 7-21 示出了一个基极阻抗匹配电路。考虑到功放管的发射结电容 C_{be}，我们可看出，这也是一个 Π 型变换电路。注

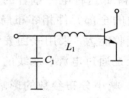

图 7-21　基极阻抗匹配电路

意到 C_{be} 不能选择和调整，这个电路能变换出的阻抗值会受到限制。因此，有时在该电路前面再加一级变换电路。

此外，某些低成本系统采用晶体管倍频器来获得所需要的发射信号频率。例如，某系统发射信号频率为 49 MHz，该频率由 16.333 MHz 三倍频而来。16.333 MHz 振荡器输出接激励级。这样，在激励级的集电极电流中就包含 16.333 MHz 各次谐波成分。在 49 MHz 附近的谐波频率为 32.667 MHz 和 65.333 MHz。我们知道，按效率准则设计的功放 Q 值相当低，很难滤除这些谐波。这时我们就要求基极回路有很好的选择性，以确保加到功放管基极的信号为很纯的发射频率的信号。

7.5.3　高频功放部分印刷电路板的设计

高频功放中各元件工作电流大，调谐电感上的电压很高，它们很容易对同机箱内的其他单元电路造成干扰。此外，由于工作频率高，电路板的分布参数不能忽略。因此，印刷电路板(PCB)的设计成了高频功率放大器设计的重要组成部分。PCB 的设计需要一定的经验，但高频功放部分 PCB 的设计仍涉及许多与电路原理有关的概念。本小节将阐述这些概念。

从本质上讲，设计得好的 PCB 主要应从以下两个方面尽量体现原理图的设计思想。把握电路原理图的设计思想对那些专门设计 PCB 而不设计电路的人来说是非常重要的。

1. 避免独立单元电路之间的相互耦合

首先，设计好的原理电路中，总是假定各单元电路、各元件之间没有未知的、不受控制的相互耦合。例如，在发射机中，我们毫无疑问地认为，信号流程是从基带电路到调制电路再到功放电路。基带电路和调制电路决不会接收放大后的射频信号，但实际电路中这并不是绝对可做到的，也就是说经功放放大的射频信号可能通过某些途径耦合到这些电路。这样就可能带来不可预料的结果，譬如干扰或阻塞这些电路。

不同单元电路之间的相互耦合主要有两种途径。一种途径是辐射引起的电磁耦合。如果其他信号单元的一根信号线延伸到了功放的高电压部分(如图 7-19 中的负载位置)，而该信号线上的阻抗较高，则它一定会拾取功放的射频电压。如果这根信号线与功放部分的某根大电流线平行延伸一段较长的长度，而这根信号线的阻抗较低，则它也会感应较大的射频电流。这些情况都应尽量避免。如果因为结构原因必须布这样的长线，应考虑让那些有滤波措施的信号走长线。功放输出电路中所用到的调谐电感，通常都是空心线圈或直线电感，它们就像一个个小环形天线，一些较高的元件(引线较长)就会拾取这些电感辐射的信号。降低这种电磁耦合的方法是，根据单元电路工作频率范围合理安排单元布局。单元电路内的全部元件相邻布局，密度要大，这样可让单元电路组成较封闭的结构，降低其辐射和接收能力。采用表面安装技术(SMT)可大大降低元件高度，有效防止电磁耦合。另一种途径是通过电源、地线的传导。这一点我们结合分布参数说明。

2. 减小分布参数的影响

分布参数是 PCB 上的具有一定长度、宽度与形状的信号线所固有的电阻、电容与电感。这在原理图上完全没有体现，也无法预先假设，这里我们只考虑分布电感、电阻。原理图上的信号线是一根理想的短路线，线上任意两点之间没有电压。但实际信号线上有电阻、电感，一段线的两端就有阻抗。于是，只要有电流通过，信号线上相距一定距离的两点之间就会有电压。信号线的电阻、电感与信号线的长度成正比，与信号线的宽度成反比。显然，信号线越长、宽度越窄、电流越大，则其两端的电压越大。此外，信号线的电阻与 $\sqrt{f}$ 成正比。例如，在例 7.1 中，电容 C_1、L_1、C_2 上的电流都很大，C_2 上的电流超过 15 A，若连接 C_2 的信号线较长、较窄，产生 1 nH 电感，0.05 Ω 电阻，则其容抗将被感抗抵消 1 Ω，电阻功耗达到 5 W。显然，这是不可接受的。又如图 7-19 馈电电路中的滤波电容 C_4、C_5，其在原理图中的意图是滤除 162 MHz 的射频信号，若其引线电感达到 1 nH，则这两个电容的作用完全不能达到，因为这两个电容的容抗通常都设计得远小于 1 Ω。

　　地线和电源线上的分布电感、电阻会造成地线上不同位置之间有电压，由于地线上的电流很复杂，因此地线上的分布电压也很复杂。这会造成在 PCB 上安装的实际电路与原理电路的参数甚至结构发生很大差异，或对系统中低电平电路造成很大干扰。因为，在原理电路中我们假定整个系统内地线上各点电位相同，只有这样才能为系统电路提供一个统一的参考 0 电位。显然，高频功率放大器中的地线不能完全做到这一点，这就要求 PCB 设计工程师精心调整单元电路、元件的布局以减小地线条件不理想造成的影响。图 7-19 中，基极回路、负载回路和馈电回路共用地线。此时，这些电路的接地元件的接地点应尽量靠近功放管的发射极，否则地线的参考电位功能就达不到。例如，若发射极地线长，则相当于功放管发射极串联了一个电感，这对射频信号而言是很强的电流负反馈，大大降低了功放管的放大能力。当然，由于上述单元的接地元件体积通常较大，不能全部放到一起，这时可如图 7-22 所示安排地线。按图中的安排，基极、激励级回路地线与负载回路地线没有公共电流，不会造成反馈或干扰。发射极、电源、滤波电容 C_4、C_5 接地区面积较大，电流路径较短，也不会产生很大的地线电压。

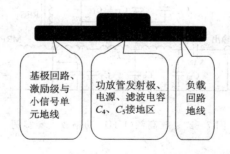

图 7-22　功率放大器地线安排

　　总之，高频电路的布线主要应注意两点：① 地线、电源线、大电流线与高频信号线尽量短粗；② 同一单元电路内的元件应放到同一区间（尤其是电源、滤波电容），密度要高。这样可减小辐射与接收，同时在单元内部缩短地线，取得较理想的参考 0 电位点。

　　有时，即使我们精心调整电路布局与布线，仍然不能消除分布参数造成的干扰。这时，应调整电路方案，例如将一些敏感信号采用平衡传输。

7.5.4　高频功率放大器实例

　　图 7-23 示出了一个单晶体管、80 W、50 Ω、甚高频（UHF）功率放大器。该电路的带宽是 143 MHz～156 MHz，增益为 9.4 dB。图中各元件参数为 $C_1 = C_{11} = 550$ pF，$C_2 =$

$C_9 = 10$ pF，$C_3 = 60$ pF，$C_4 = C_5 = C_6 = C_7 = 250$ pF，$C_8 = C_{10} = 80$ pF，$C_{12} = 0.1\ \mu$F，$C_{13} = 1\ \mu$F，$C_{14} = 680$ pF，$RFC_1 = 0.15\ \mu$H，$RFC_2 = 10$H，18♯线（美国线规），1/4 英寸内径。$L_1 = 1.2$ cm×0.3 cm 直线电感，$L_2 = 3.5$ cm×0.3 cm 直线电感，$L_3 = 4.0$ cm×0.3 cm 直线电感，$L_4 = L_5 = 0.3$ cm×0.3 cm 直线电感，$L_6 = 2.7$ cm×0.3 cm 直线电感，$L_7 = 0.8$ cm×0.3 cm 直线电感，$L_8 = 3.0$ cm×0.3 cm 直线电感。这个典型电路给出了一个低电压大功率功放的概貌。根据输出功率和功率增益可知，该功放需要约 10 W 的输入功率，由 50 Ω 同轴电缆输入。因此，电路输入阻抗应变换到 50 Ω，这由 $L_1 \sim L_4$，$C_2 \sim C_5$ 组成的匹配电路实现。直线电感的电感量正比于电感的长度。基极和集电极阻抗变换电路采用多级变换的方法使每一级的变换比不至于太高，这样可降低阻抗变换电路的 Q 值，从而提高阻抗变换电路的效率。C_4、C_5 和 C_6、C_7 两处由于电容器上的射频电流很大，因此可用电容并联的方法降低电容器本身及其引线上的串联电阻、电感的影响。多级输出阻抗变换回路还是滤除高次谐波所必需的，因为我们知道，阻抗变换回路的 Q 值较低，谐振选择性较差，而发射机指标要求谐波辐射低于信号功率－70 dB，只有多级低通滤波器才能将谐波电平降低到要求的水平。

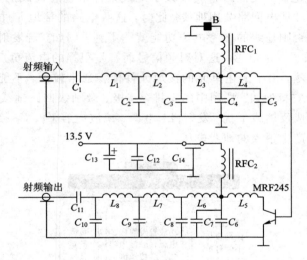

图 7 - 23 甚高频（UHF）功率放大器实例

7.6 功放管的安全工作

功率放大器的可靠性主要取决于功放管的安全工作。功放管的损坏有过热和击穿两种。击穿分集电结击穿和发射结击穿。功放管内部击穿的机理与低频晶体管的相同，都是由集电结或发射结所承受的反向电压超过其击穿电压所造成的。集电极高压会造成集电结击穿。集电极产生高压的原因主要是负载回路严重失谐造成集电极负载呈感性，且感抗很大，从而在集电极脉冲电流的激励下产生出很高的脉冲电压，这主要发生在高 Q 值负载回路的情况下。发射结承受高反向电压的情况在低频电路中较少出现，而在丙类放大器中如果电路设计或调试不当则可能会出现这种情况。

我们知道晶体管的发射结能承受的反向电压是不大的。丙类放大器是靠基极激励电压和偏置电压来调整集电极电流脉冲的导通角和峰值的。导通角越小，要求基极负偏压越大，同时要求集电极电流脉冲的峰值越大，这又要求基极激励电压越大。这两者都使基极最大反向电压加大，因此在调试基极状态时，要注意经常测试基极的偏压和激励电压幅度，使其最大反向电压不超过发射结耐压。

　　多数情况下功放管的损坏是因为过热。功放管的过热损坏是由于功放管的功耗过大引起的。功放管功耗过大的原因我们在 7.3 节做了详细的分析，在那里我们看到功放管功耗加大的原因很多，与低频功放明显不同。实际上高频功放的可靠性比低频功放的低，就是因为高频功放中影响功耗的因素多。在此强调一下负载回路的调试中引起的功放管过热损坏。由图 7-23 可看出，负载回路的元件很多，并且由于前面所述的原因，几乎每个电容都设计成可调的，以便在调试中确定其参数。我们知道，并联谐振回路是靠电感、电容的导纳相互抵消得到一个较高的阻抗的，同时谐振阻抗为纯电阻，其中单独的电感或电容的阻抗都很低。这样，当电容少许偏离谐振时的取值就可能使集电极负载阻抗明显降低，并使集电极电流与电压之间出现相位差，两者都会显著加大集电极功耗，这是在调试高频功放时要特别注意的。减小失谐影响的主要措施是采用较低 Q 值的阻抗变换回路。调试时，可先让功放管工作在小功率状态调试，接近正常后逐步加大激励功率。此时要注意电源电压与输出功率同步调整使功放管始终工作在过压或临界状态。其他部分的调试也要同样注意。总之，调试一个按高效率设计的功放要特别注意在调试过程中保持功放管工作在较低功耗的状态，因为放大器正常工作时功放管实际功耗不会超过它的允许功耗，但在调试到最佳状态之前，放大器的效率可能比较低。对按高效率设计的功率放大器，效率的少许降低都会造成功放管功耗的成倍增加而超过功放管的允许耗散功率。

　　鉴于影响功放管功耗的因素较多，在设计大功率功放电路时，一般应同时设计过热保护电路。过热保护电路的热敏元件紧贴功放管以采样功放管的温度，一旦出现过热，立即将放大器的输入切断。

7.7　集成高频功率放大电路简介

　　在 VHF 和 UHF 频段，已经有了一些高频功率放大器件。这些功放器件体积小、可靠性高，外接元件少，输出功率一般在几瓦至几十瓦之间。美国 Motorola 公司的 MHW 系列、日本三菱公司的 M57704 系列便是其中的代表产品。

　　表 7-3 列出了 Motorola 公司 MHW 系列中部分高频功放的电特性参数。图 7-24 给出了其中一种型号的外形图。

图 7-24　MHW105 外形图

表 7 - 3　Motorola 公司 MHW 系列中部分高频功放的电特性参数

型　　号	电平电压典型值/V	输出功率/W	最小功率增益/dB	效率/(%)	最大控制电压/V	频率范围/MHz	放大器级数	输入输出阻抗/Ω
MHW105	7.5	5.0	37	40	7.0	68～88	3	50
MHW607 - 1	7.5	7.0	38.5	40	7.0	136～150	3	50
MHW704	6.0	3.0	34.8	38	8.0	440～470	4	50
MHW707 - 1	7.5	7.0	38.5	40	7.0	403～440	4	50
MHW803 - 1	7.5	2.0	33	37	4.0	820～850	4	50
MHW804 - 1	7.5	4.0	36	32	3.75	800～870	5	50
MHW903	7.2	3.5	35.4	40	3	890～915	4	50
MHW914	12.5	14	41.5	35	3	890～915	5	50

　　MHW 系列中有些型号是专门为便携式射频应用而设计的,可用于移动通信系统中的功率放大,也可用于便携式射频仪器。使用前,需要调整控制电压,使输出功率达到规定值。在使用时,需在外电路中加入功率自动控制电路,使输出功率保持恒定,同时也可保证集成电路安全工作,避免损坏,并且控制电压与效率、工作频率也有一定关系。

　　三菱公司的 M57704 系列高频功放是一种厚膜混合集成电路,同样也包含多个型号,频率范围为 335 MHz～512 MHz(其中 M57704H 为 450 MHz～470 MHz),可用于频率调制移动通信系统。它的电特性参数为:当 $U_{CC}=12.5$ V, $P_i=0.2$ W, $Z_o=Z_L=50$ Ω 时,输出功率 $P_o=13$ W,功率增益为 18.1 dB,效率为 35%～40%。

　　图 7 - 25 是 M57704 系列功放的等效电路图。由图可见,它有三级放大电路,匹配网络由微带线和 LC 元件混合而成。

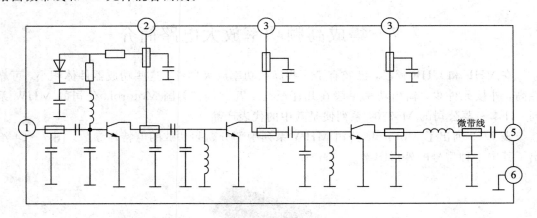

图 7 - 25　M57704 系列功放的等效电路图

　　图 7 - 26 是 TW - 42 超短波电台中发信机高频功放部分的电路图。此电路采用了三菱公司的 M57704H 高频集成功放电路。

　　TW - 42 电台采用频率调制,工作频率为 457.7 MHz～458 MHz,发射功率为 5 W。由图 7 - 26 可见,输入等幅调频信号经 M57704H 功率放大后,一路经微带线匹配滤波,再

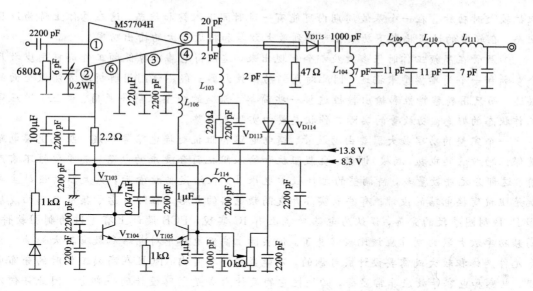

图 7 - 26 TW - 42 超短波电台中发信机高频功放部分的电路图

经过 V_{D115} 送多节 $LC\text{II}$ 型滤波网络,最后经天线发射出去;另一路作为自动频率控制信号去控制 M57704H 的第一级功放的增益。自动功率控制电路由三部分组成:V_{D113}、10 kΩ 可调电阻和 2200 pF 电容组成的二极管检波器;V_{T104}、V_{T105} 组成的差分放大器;调整管 V_{T103}。在这里,检波器的作用是取出与 M57704H 输出平均功率大小成正比的低频电压分量。正常工作时,当 M57704H 的输出功率突然增大,检波器取出的低频电压分量也相应增大,V_{T105} 的基极电位升高,V_{T104} 的集电极电位(即 V_{T105} 的基极电位)也升高。由于 V_{T103} 的发射极电压恒定为 13.8 V,故 V_{T103} 的集电极电流减小,U_{ce} 增大,集电极电位下降。由集电极调制特性可知,这将使功放从欠压区逐步进入过压区,从而使输出电压减小,若负载不变,则输出功率减小。又由图 7 - 25 可知,V_{T103} 的集电极电位就是 M57704H 中第一级功放的集电极电源电压,所以第一级功放增益下降,M57704H 的输出功率减小,从而稳定了输出功率。第二、第三级功放的集电极电源是固定的 13.8 V。

本 章 小 结

和其他功率电路一样,效率决定高频谐振功率放大器的可靠性。利用导通角略小于 $180°$ 的集电极(漏极)电流脉冲可在获得必要的射频基波电流的同时比甲类或乙类放大器大幅度降低直流电流,从而在获得必要的射频输出功率的同时降低电源功率。这一概念在数量上是用集电极(漏极)电流脉冲的波形系数来表示的。要最终获得高效率,还要求集电极(漏极)电压满足两个条件:一是射频电压的幅度要接近电源电压,接近程度用电压利用系数来表示;二是集电极(漏极)电压的最小值在时间上要对准电流脉冲,这要求集电极(漏极)负载谐振以呈现一个纯电阻。调频之类的恒定包络调制信号可做到集电极(漏极)电压的尽限运用。

集电极(漏极)电流脉冲的导通角受功放管基极(栅极)状态控制,而集电极(漏极)电流脉冲的形状则还要受到负载阻抗和电源电压的影响。这种影响体现在电源电压较低或负载阻抗较大时功放管在一个基波周期内可能有一段时间进入饱和状态,这在总体上称为过压状态。在轻微的过压状态下功放管可得到最大效率和接近最大的输出功率。

功放管在高频工作时很多效应都会表现出来,这使得它难以像低频工作那样用少数几个参数和一个简单模型来描述。因此对高频功率放大器一般不试图用解析的方法做全面的描述,而只用转移特性和输出特性这样一些简单、粗糙的模型取得导通角、欠压、过压等工作状态的概念。功放管的实际工作状态要由实验来调整。

一个完整的功率放大器要由功放管、馈电电路和阻抗变换电路等组成。阻抗变换电路是保证功放管集电极(漏极)调谐、负载阻抗和输入阻抗符合要求的电路,其重要性不言而喻。这部分元件数量多,待调整的元件数量也很多。在给定功放管后,放大器的设计主要就是阻抗变换电路的设计。有些未实际开发高频电路的电路工程师有感于集成电路的发展和 PCB 制图手段的完善,误认为电路功能上有 IC 实现,PCB 设计上有先进的制图软件,高频功率放大器的制作应该比较容易了。但实际上高频电路中对电路参数有较大影响的很多元件是体积较大或需要设计成可调的,不能集成到芯片内。PCB 在高频工作时的分布电阻、电感和电容等效应非常显著,必须把它的设计看成是电路设计的一部分。因此任何准备从事高频电路开发的人都应掌握清晰、全面的原理概念,并在实践中不断深化。高频功放当然不会例外。

习　题　七

1. 为什么低频功率放大器不能工作于丙类,而高频功率放大器则可以?

2. 要提高放大器的功率与效率,应从哪些方面入手?

3. 丙类放大器为什么一定要用调谐回路作为集电极(阳极)负载?回路为什么一定要调到谐振状态?回路失谐将产生什么结果?

4. 甲、乙、丙类谐振功率放大器的 E_c、$i_{c\,max}$ 相同,设 $u_{ces} \approx 0$,试画出各放大器的 u_c、i_c 波形,并比较乙类和丙类放大器的输出功率。

5. 功放管最大允许耗散功率为 20 W,试计算当效率分别为 80%、70% 和 50% 时的集电极最大允许输出功率。

6. 某一晶体管谐振功率放大器,设已知 $E_c = 24$ V,$I_{c0} = 250$ mA,$P_o = 5$ W,电压利用系数 $h = 1$。试求 P_s、η、R_{opt}、I_{c1} 和电流导通角 θ。

7. 晶体管放大器工作于临界状态,$R_{opt} = 200\ \Omega$,$E_c = 30$ V,$I_{c0} = 90$ mA,$\theta = 90°$,试求 P_o 与 η。

8. 根据负载特性曲线,估算当集电极负载偏离 R_{opt}:① 增加一倍时,P_o 如何变化?② 减小一半时,P_o 如何变化?

9. 集电极调幅为什么能实现比较高的效率?

10. 已知一谐振功率放大器工作在过压状态,现欲将它调整到临界状态,应改变哪些参数?

11. 在图 7-16 的测试电路中,U_{CC} 是否会影响功率增益的测试结果?为什么?

12. 设功放管的最高允许工作温度为 70°,环境温度为 25°,按表 7-1 给出的热阻,计算出表中功放管的最大允许耗散功率。

13. 有一输出功率为 2 W 的晶体管高频功率放大器，采用图 7-20 所示的 Ⅱ 型阻抗变换网络。负载电阻 $R_L = 23\ \Omega$，$E_c = 4.8\ V$，$f = 150\ MHz$。设 $Q_2 = 2$。试求 L_1、C_1、C_2 之值。

14. 按第 13 题设计的阻抗变换网络计算：当 C_1 比设计值增加 20% 时，在工作频率上集电极负载阻抗如何变化？集电极电流不变，此时集电极交流电压、集电极输出功率、效率如何变化？

15. 按第 13 题设计的阻抗变换网络计算：当 R_L 从 23 Ω 变到 30 Ω 时，在工作频率上集电极负载阻抗如何变化？集电极电流不变，此时集电极交流电压、集电极输出功率、效率如何变化？

16. 在调谐某一晶体管谐振功率放大器时发现，输出功率与集电极效率正常，但所需激励功率过大。如何解决这一问题？（假设为固定偏压）。

17. 图 7-19 所示的高频功率放大器中，功放管、电感、负载固定，集电极电源、基极偏压、激励幅度、调谐电容 C_1、C_2 可调整。调整正常后集电极电源电压为 13.8 V，要求放大器输出功率为 50 W，功放管最大允许耗散功率为 10 W。试编写一个调试程序（步骤），保证调试过程中不损坏功放管。

18. 对于固定工作在某频率的高频谐振功率放大器，若放大器前面某级出现自激，则功放管可能会被损坏，为什么？

第八章　正弦波振荡器

　　振荡器是一种能自动将直流电源能量转换为交变振荡信号能量的转换电路，无需外加激励信号，就能产生具有一定频率、一定波形和一定振幅的交流信号。振荡器输出的信号频率、波形、幅度完全由电路自身的参数决定。

　　振荡器种类很多，根据产生波形的不同，可分为正弦波振荡器和非正弦波振荡器。本章只讨论正弦波振荡器。

　　正弦波振荡器在现代科学领域中有着广泛的应用。例如，无线电通信、广播、电视设备中用来产生所需的载波和本地振荡信号；在电子测量和自动控制系统中用于产生必不可少的基准信号。

　　正弦波振荡器可分成两大类：一类是利用正反馈原理构成的反馈型振荡器，它是目前应用最多的一类振荡器；另一类是负阻振荡器，它是将负阻器件直接接到谐振回路中，利用负阻器件的负电阻效应去抵消回路中的损耗，从而产生等幅的自由振荡，这类振荡器主要工作在微波频段，本书不作介绍。

　　常用正弦波振荡器主要由决定振荡频率的选频网络和维持振荡的正反馈放大器组成。按照选频网络所采用元件的不同，正弦波振荡器可分为 LC 振荡器、RC 振荡器和晶体振荡器等类型。其中，LC 振荡器和晶体振荡器用于产生高频正弦波，RC 振荡器用于产生低频正弦波，本章只介绍高频振荡器。

8.1　反馈型振荡器的工作原理

　　利用正反馈的方法来获得等幅的正弦振荡，这就是反馈振荡器的基本原理。反馈型振荡器是由主网络和反馈网络组成的一个闭合环路，如图 8-1 所示。主网络一般由放大器和选频网络组成，反馈网络一般由无源器件组成。

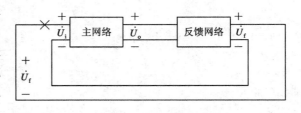

图 8-1　反馈型振荡器的组成

　　反馈振荡器正常工作必须满足三个条件：一是保证振荡器接通电源后能够从无到有建立起振荡的起振条件；二是振荡器进入稳态后维持等幅连续振荡的平衡条件；三是当外界因素发生变化时，电路的稳定状态不受到破坏的稳定条件。

8.1.1　起振过程与起振条件

　　在图 8-1 所示的闭合环路中，在 U_i 处断开，并定义环路增益

$$\dot{T}(\omega) = \frac{\dot{U}_f}{\dot{U}_i} = \dot{A}\dot{F}$$

其中：$\dot{U}_f$、$\dot{U}_i$、$\dot{A}$、$\dot{F}$ 分别是反馈电压、输入电压、主网络增益和反馈系数。

刚接通电源时，电路中存在各种电扰动，例如接通电源瞬间引起的电流突变，电路中的热噪声等，这些扰动均具有很宽的频谱，由于选频网络是由 Q 值很高的 LC 谐振回路组成的，带宽很窄，这些扰动中只有角频率为谐振角频率 ω_0 的分量才能通过反馈，产生较大的反馈电压 $\dot{U}_f$，如果在谐振频率处 $\dot{U}_f$ 与 $\dot{U}_i$ 同相，则两信号相加，具有更大的振幅，再经过线性放大和反馈的不断循环，振荡电压的振幅会不断增大，从而建立起振荡。所以，要使振幅不断增长，建立振荡的条件是

$$U_f > U_i \quad 或 \quad T(\omega_0) > 1 \tag{8.1}$$

$$\varphi_T(\omega_0) = 2n\pi \qquad n = 0, 1, 2, \cdots \tag{8.2}$$

以上两式分别称为振幅起振条件和相位起振条件。应当强调指出，电路只有在既满足相位条件的前提下，又满足幅度条件，才能产生振荡。

8.1.2 平衡条件

振荡器进入平衡状态以后，直流电源补充的能量刚好抵消整个环路消耗的能量。所以，反馈振荡器的平衡条件为

$$T(\omega_0) = 1 \tag{8.3}$$

也可分别写成

$$T(\omega_0) = 1 \tag{8.4}$$

$$\varphi_T(\omega_0) = 2n\pi \qquad n = 0, 1, 2, \cdots \tag{8.5}$$

以上两式分别称为振幅平衡条件和相位平衡条件。

图 8-2 和图 8-3 分别表示满足起振和平衡条件的振荡幅度的建立和平衡过程，及环路增益特性。

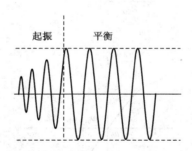

图 8-2 振荡幅度的建立和平衡过程

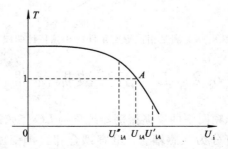

图 8-3 满足起振条件和平衡条件的环路增益特性

8.1.3　稳定条件

振荡器在工作过程中会受到各种外界因素变化的影响，如电源电压的波动、温度变化、噪声干扰等。这些不稳定因素将引起放大器和回路的参数发生变化，结果将使 $T(\omega_0)$ 和 $\varphi_T(\omega_0)$ 变化，破坏原来的平衡条件。如果通过放大和反馈的不断循环，振荡器越来越偏离原来的平衡状态，从而导致振荡器停振或变到新的平衡状态，则表明原来的平衡状态是不稳定的。反之，如果通过放大和反馈的不断循环，振荡器又回到原平衡点的趋势，并且在原平衡点附近建立新的平衡状态，则表明原平衡状态是稳定的。

要使振幅稳定，振荡器在其平衡点必须具有阻止振幅变化的能力。具体来说，在平衡点 A 附近，当不稳定因素使输入振幅 U_i 增大时，环路增益模值 $T(\omega_0)$ 应该减小；当不稳定因素使输入振幅 U_i 减小时，环路增益模值 $T(\omega_0)$ 应该增大。这就要求在平衡点附近 $T(\omega_0)$ 随 U_i 的变化率为负值，即

$$\left.\frac{\partial T(\omega_0)}{\partial U_i}\right|_{U_i=U_{iA}} < 0 \tag{8.6}$$

式(8.6)便是振幅稳定条件。该偏导数的绝对值越大，曲线在平衡点的斜率越大，其稳幅性能也越好。

振荡器相位平衡条件是 $\varphi_T(\omega_0)=2n\pi$。振荡器工作时由于某些不稳定因素的影响，可能破坏这一平衡而引起相位变化，产生一个偏移量 $\Delta\varphi$。由于瞬时角频率是瞬时相位的导数，所以瞬时角频率也将随之发生变化。为了保证相位稳定，要求振荡器的相频特性 $\varphi_T(\omega_0)$ 在振荡频率点应具有阻止相位变化的能力，即 $\varphi_T(\omega_0)$ 曲线在 ω_0 附近应为负斜率，如图 8-4 所示。数学上可表示为

$$\left.\frac{\partial \varphi_T(\omega_0)}{\partial \omega}\right|_{\omega=\omega_0} < 0 \tag{8.7}$$

式(8.7)就是相位稳定条件。

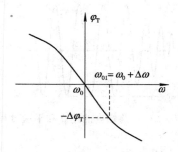

图 8-4　满足相位稳定条件的相频特性曲线

8.2　LC 正弦波振荡器

采用 LC 谐振回路作选频网络的反馈振荡器统称为 LC 正弦波振荡器。LC 正弦波振荡器按其反馈网络的不同，可分为互感耦合、电容耦合和自耦变压器耦合三种类型，其中，后两种通常统称三点式振荡器，是目前应用最广泛的正弦波振荡器。

8.2.1　三点式振荡器的电路组成法则

三点式振荡器是指 LC 回路的三个端点与晶体管的三个电极分别连接而组成的一种振荡器。图 8-5(a)、(b) 是三点式振荡器的原理图。下面先分析在满足正反馈相位条件时，LC 回路中三个电抗元件应具有的性质。

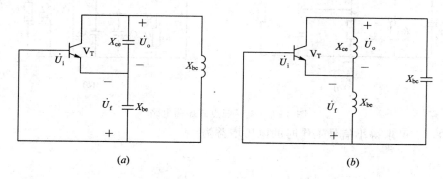

$$(a) \qquad\qquad\qquad\qquad (b)$$

图 8-5　三点式振荡器的原理图

假定 LC 回路由纯电抗元件组成，其电抗值分别为 X_{ce}、X_{bc} 和 X_{be}，同时，不考虑晶体管的电抗效应，则当回路谐振时，回路呈纯阻性，有 $X_{ce}+X_{bc}+X_{be}=0$，因此

$$-X_{ce}=X_{bc}+X_{be} \tag{8.8}$$

由于

$$\dot{U}_f=\frac{jX_{be}\dot{U}_o}{j(X_{be}+X_{bc})}=-\frac{X_{be}}{X_{ce}}\dot{U}_o$$

因为这是一个正反馈反向放大器，$\dot{U}_i$ 与 $\dot{U}_f$ 同相，$\dot{U}_o$ 与 $\dot{U}_f$ 反相，所以

$$\frac{X_{be}}{X_{ce}}>0 \tag{8.9}$$

即 X_{be} 与 X_{ce} 必须是同性质电抗，因而 X_{bc} 必须是异性质电抗。

由上面的分析可知，在三点式电路中，LC 回路中与发射极相连接的两个电抗元件必须为同性质，另外一个电抗元件必须为异性质。这就是三点式电路的组成法则。

8.2.2　电容三点式振荡电路

与发射极相连接的两个电抗元件同为电容时的三点式电路，称为电容三点式振荡电路，也称为考毕兹电路。图 8-6(a) 是电容三点式振荡电路的一种常见形式，图 8-6(b) 是其高频等效电路。其中，C_1、C_2 是回路电容，L 是回路电感，C_3、C_4 分别是高频旁路电容和耦合电容。一般来说，旁路电容和耦合电容的电容值至少要比回路电容值高一个数量级以上。对于高频信号旁路电容和耦合电容可近似为短路，高频扼流圈可近似为开路。

由于电容三点式振荡电路已经满足反馈振荡器的相位条件，只要再满足振幅起振条件就可以正常工作。因为晶体管放大器的增益随输入信号振幅变化的特性与振荡的三个振幅条件一致，所以只要能起振，必定满足平衡和稳定条件。

图 8-7 是图 8-6(b) 的 Y 参数等效电路。为简化分析，图 8-6 中晶体管 Y 参数只用了正向传输导纳 Y_{fe}（约去管子的正向传输导纳的相移，Y_{fe} 可近似等于跨导 g_m），而令 Y_{ie} 和

Y_{oe} 近似为零，但是结电容不被忽略。

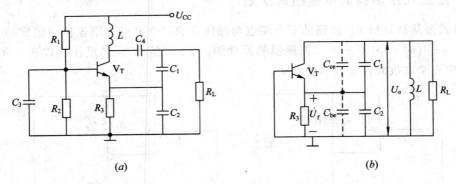

图 8-6 电容三点式振荡电路

由图 8-7 可求得小信号工作时的电压增益为

$$A_u = \left| \frac{\dot{U}_o}{\dot{U}_i} \right| = \frac{g_m}{g_o + g_L} \tag{8.10}$$

式中：g_o 为振荡回路输出电导；g_L 为负载电导。

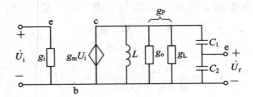

图 8-7 简化 Y 参数等效电路

当考虑晶体管结电容的影响时，可求得反馈系数为

$$F = \left| \frac{\dot{U}_f}{\dot{U}_o} \right| = \frac{C_1'}{C_1' + C_2'} \tag{8.11}$$

式中：$C_1' = C_1 + C_{ce}$；$C_2' = C_2 + C_{be}$。

根据 $T(\omega_0) = AF > 1$ 的起振条件，可求得该电容三点式振荡电路的起振条件为

$$g_m > \frac{1}{F}(g_o + g_L) \tag{8.12}$$

而电容三点式振荡器的振荡频率由下式求得：

$$f_0 = \frac{1}{2\pi \sqrt{LC_\Sigma}} \tag{8.13}$$

式中

$$C_\Sigma = \frac{C_1' C_2'}{C_1' + C_2'}$$

8.2.3 电感三点式振荡电路

图 8-8 为电感三点式振荡电路。其中，L_1、L_2 是回路电感，C 是回路电容，C_c 和 C_e 是耦合电容，C_b 是旁路电容，L_3 和 L_4 是高频扼流圈。

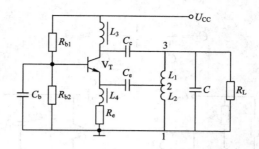

图 8 - 8　电感三点式振荡电路

利用类似于电容三点式振荡电路的分析方法，可求得电感三点式振荡电路的反馈系数

$$F = \frac{L_2 + M}{L_1 + L_2 + 2M} = \frac{N_1}{N_2} \tag{8.14}$$

式中：N_1、N_2 分别是线圈 L_1、L_2 的匝数；M 是 L_1、L_2 间的互感。

起振条件
$$g_m > \frac{1}{F}(g_o + g_L) \tag{8.15}$$

振荡频率
$$f_0 = \frac{1}{2\pi \sqrt{LC}}$$

式中

$$L = L_1 + L_2 + 2M$$

电容三点式振荡电路的优点是反馈电压取自 C_2，而电容对晶体管非线性特性产生的高次谐波呈现低阻抗，所以反馈电压中高次谐波分量很小，因而输出波形好，接近于正弦波。缺点是反馈系数与回路电容有关，如果用改变回路电容的方法来调整振荡频率，必将改变反馈系数，从而影响起振。

电感三点式振荡电路的优点是便于用改变电容的方法来调整振荡频率，而不会影响反馈系数；缺点是反馈电压取自 L_2，而电感线圈对高次谐波呈现高阻抗，所以反馈电压中高次谐波分量较多，输出波形较差。

两种振荡电路共同的缺点是：晶体管极间电容分别和两个回路电抗元件并联，影响回路的等效电抗元件参数，从而影响振荡频率。由于晶体管极间电容值随环境、温度、电源电压等因素而变化，所以三点式振荡电路的频率稳定度不高，一般在 10^{-3} 量级。

8.2.4　改进型电容三点式振荡电路

从以上分析可知，电容三点式振荡电路的性能比电感三点式振荡电路的性能要好一些，但如何减少晶体管极间电容对频率稳定度的影响，是一个关键的问题。于是出现了改进型电容三点式振荡电路。

1. 克拉泼（Clapp）电路

克拉泼电路如图 8 - 9(a)所示，图 8 - 9(b)是其交流等效电路。其特点是在电容三点式振荡电路的谐振回路中，加入一个与电感相串联的电容 C_3。为了减小晶体管与回路的耦合，C_3 取值比较小，而 C_1 和 C_2 取值比较大，通常满足

$$C_3 \ll C_1 + C_{ce} \approx C_1, \quad C_3 \ll C_2 + C_{be} \approx C_2$$

因此，回路的总电容为

$$C = \cfrac{1}{\cfrac{1}{C_1} + \cfrac{1}{C_2} + \cfrac{1}{C_3}} \approx C_3 \qquad (8.16)$$

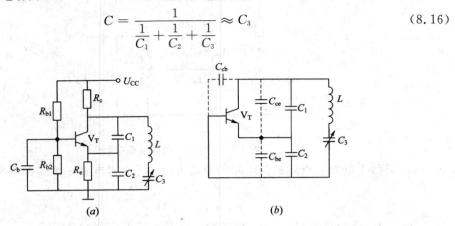

图 8-9　克拉泼电路

回路的谐振频率主要由 C_3 和 L 决定，即

$$f_0 = \frac{1}{2\pi \sqrt{LC_3}} \qquad (8.17)$$

由此可见，C_1、C_2 对频率的影响大大减小，那么与 C_1、C_2 并联的晶体管极间电容对振荡频率的影响也将显著减小，振荡器的频率稳定度得到了提高。

但应该指出，增大 C_1、C_2，减小 C_3 虽然可以提高振荡器的稳定度，但这将使晶体管输出端与回路的耦合减弱，谐振回路折算到晶体管集电极的谐振阻抗明显下降，此时的接入系数 $n \approx \dfrac{C_3}{C_1 + C_3}$，放大器增益和振荡幅度急剧下降，这是在实际调试中应该注意的。往往利用 C_3 进行频率调整时，就会出现频率越高（即 C_3 越小），振荡幅度也越小，若 C_3 过小，有可能使电路不满足振幅条件而停振。所以，克拉泼电路的频率覆盖系数（即高端频率与低端频率之比）不可以做得很高，一般约为 $1.2 \sim 1.3$。因此，克拉泼电路主要适用于产生固定频率的场合。

2. 西勒（Seiler）电路

针对克拉泼电路的缺陷，出现了另一种改进型电容三点式振荡电路——西勒电路。图 8-10(a) 是其原理电路，图 8-10(b) 是其高频等效电路。

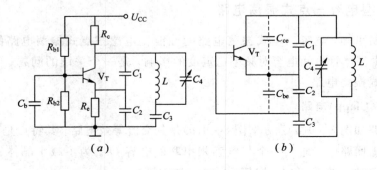

图 8-10　西勒电路

西勒电路是在克拉泼电路的基础上，在电感 L 两端并联了一个可调电容 C_4，用来调整振动频率，而 C_3 用数值固定的电容（一般与 C_4 同数量级）。当 $C_1 \gg C_3$，$C_2 \gg C_3$ 时，振荡频率近似为

$$f_0 = \frac{1}{2\pi \sqrt{L(C_3 + C_4)}} \tag{8.18}$$

在西勒电路中，调节 C_4 改变频率时，因 C_3 不变，所以谐振回路反映到晶体管输出端的等效负载阻抗变化缓慢，故调节 C_4 对放大器增益的影响不大，从而可以保持振荡幅度的稳定，其频率覆盖系数较大，可达 $1.6 \sim 1.8$，是目前应用较广泛的一种三点式振荡电路。

8.3 晶体振荡器

8.3.1 石英晶体的特性

在 6.2 节中已经介绍了石英晶体的压电效应，在外加交变电压的作用下，晶体产生固有频率十分稳定的机械振动。其中除了基频的机械振动外，还有许多近似奇次（三次、五次等）频率的机械振动，这些机械振动（谐波）称为泛音。对于石英晶体，既可以利用其基频振动，也可以利用其泛音振动，前者称为基频晶体，后者称为泛音晶体。晶片厚度与振动频率成反比，工作频率越高，要求晶片越薄，加工越困难，所以在工作频率大于 20 MHz 时，一般采用泛音晶体。

图 8-11 是石英晶体的等效电路，其中包括安装电容 C_0（约 1 pF～10 pF）、动态电感 L_q（约 10^{-3} H～10^2 H）、动态电容 C_q（约 10^{-4} pF～10^{-1} pF）和动态电阻 r_q（约几十到几百欧）。由以上参数可以看出：

（1）石英晶体的 Q 值和特性阻抗都非常高，Q 值可达几万到几百万，因为

$$Q = \frac{1}{r_q} \sqrt{\frac{L_q}{C_q}}$$

（2）由于石英晶振的接入系数 $n = C_q/(C_0 + C_q)$ 很小，所以外接元件参数对石英晶振的影响很小。

综合以上两点不难看出，石英晶振的频率稳定度是非常高的。

由图 8-11 可知，石英晶体可以等效为一个串联谐振回路和一个并联谐振回路。若忽略 r_q，则晶振两端呈现纯电抗，其电抗特性曲线如图 8-12 所示。当加在回路两端的信号频率很低时，两个支路的容抗都很大，因此电路总的等效阻抗呈容性。信号频率增加，容抗减小，当 C_q 的容抗与 L_q 的感抗相等时，C_q、L_q 支路发生串联谐振，回路总电抗 $X = 0$，此时的频率 f_s 称晶体的串联谐振频率。当频率继续升高时，C_q、L_q 串联支路呈感性，当感抗增加到与 C_0 的容抗相等时，回路产生并联谐振，回路总电抗趋于无穷大，此时的频率 f_p 称为晶体的并联谐振频率。当 $f > f_p$ 后，C_0 支路的容抗减小，对回路的分流起主要作用，回路总的电抗又呈容性。

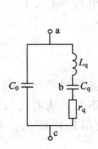

图 8-11　石英晶体的等效电路

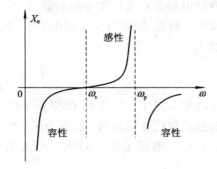

图 8-12　晶振的电抗特性曲线

串联谐振频率

$$f_s = \frac{1}{2\pi \sqrt{L_q C_q}}$$

并联谐振频率

$$f_p = \frac{1}{2\pi \sqrt{L_q \dfrac{C_0 C_q}{C_0 + C_q}}}$$

　　石英晶振产品还有一个标称频率 f_n，位于 f_s 与 f_p 之间，这是指石英晶振两端并联某一规定负载电容 C_L 时石英晶体的振动频率。生产厂家的产品说明书中附有负载电容的值，通常为 30 pF(高频晶体)或 100 pF(低频晶体)，或标示为∞(指无需外接负载电容，常用于串联型晶体振荡器)。

8.3.2　晶体振荡电路

1. 并联型晶体振荡电路

　　并联型晶体振荡电路的工作原理和一般三点式振荡电路的相同，只是把其中的一个电感元件用晶体置换，目的是保证反馈电压中仅包含所需要的基音频率或泛音频率，而滤除其他谐波分量。目前应用最广的是类似电容三点式的皮尔斯晶体振荡电路，如图 8-13(a) 所示。其交流通路如图 8-13(b) 所示，其中，晶体用等效电路表示。可以看出，它与克拉泼电路十分类似(C_q 类似于 C_3)，利用晶体的高 Q 和极小 C_q，便可获得很高的频稳度。

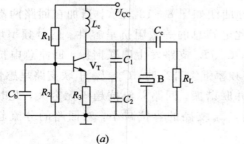

(a)

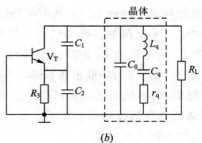

(b)

图 8-13　皮尔斯晶体振荡电路

　　实际上，由于生产工艺的不一致性以及老化等原因，振荡器的振荡频率往往与晶体标称频率稍有偏差。因而，在振荡频率准确度要求很高的场合，振荡电路中必须设置频率微调元件。图 8-14(a) 给出了一个实用电路，图 8-14(b) 为其等效电路。图中，晶体在电路中作为电感元件 L；C_4 为微调电容，用来改变并接在晶体上的负载电容，从而改变振荡器的振荡频率，不过频率调节范围是很小的。在实际电路中，除采用微调电容外，还可采用微调电感或同时采用微调电感和微调电容。

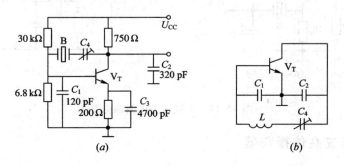

图 8-14　晶体振荡实例

　　上面讨论了基频晶体振荡电路。如果采用泛音晶体组成振荡电路，则需考虑抑制基波和低次泛音振荡的问题。为此，可将皮尔斯电路中的 C_1 用 $L_1 C_1$ 谐振电路取代，如图 8-15所示。假设晶体为五次泛音晶体，标称频率为 5 MHz，为了抑制基波和三次泛音的寄生振荡，$L_1 C_1$ 回路应调谐在三次和五次泛音频率之间，如 3.5 MHz。这样在 5 MHz 频率上，$L_1 C_1$ 回路呈容性，振荡电路符合组成法则。而对于基波和三次泛音频率来说，$L_1 C_1$ 回路呈感性，电路不符合组成法则，因而不能在这些频率上振荡。至于七次及其以上的泛音频率，$L_1 C_1$ 回路虽呈容性，但其等效电容过大，致使电容分压比 n 过小，不满足振幅起振条件，因而也不能在这些频率上振荡。

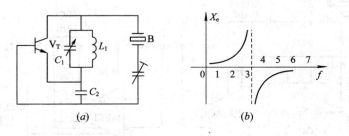

图 8-15　泛音晶振电路及 LC 回路电抗特性

2. 串联型晶体振荡电路

　　串联型晶体振荡电路如图 8-16 所示。在频率更高的场合，应使用串联谐振电阻很小的优质晶体。由图 8-16(b) 所示的等效电路可知，串联型晶振就是在三点式振荡器基础上，晶体作为具有高选择性的短路元件接入到振荡电路的适当地方，只有当振荡回路的谐振频率等于接入的晶体的串联谐振频率时，晶体才呈现很小的纯电阻性，电路的正反馈最强。因此，频率稳定度完全取决于晶体的稳定度，串联型晶体振荡电路的工作频率等于晶体的串联振荡频率。

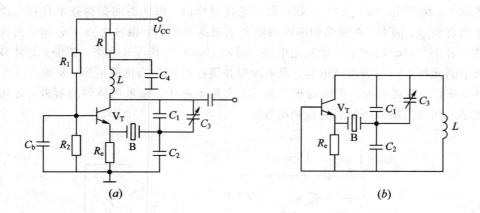

图 8－16　串联型晶体振荡电路

8.3.3　单片集成晶体振荡器

　　现在单片集成晶体振荡器已得到了广泛应用,我们以比较有代表性的 MC12061 为例来介绍单片集成晶体振荡器。MC12061 的输出频率范围较宽,最低输出频率为 2 MHz,最高输出频率为 20 MHz,采用单直流电源供电(＋5 V 或－5.2 V);有 3 个可用输出端,分别是附加峰一峰正弦波输出端、附加 MECL 输出端和单端 TTL 输出端。

　　图 8－17 为 MC12061 组成方框图,其内部集成了一个晶体振荡器。利用 MC12061 和一个外部晶体,可以组成晶体控制振荡器。在使用时,除了外接一个基本的串联型晶体外,还需要外接两个旁路电容(加上一个电源引出端旁路电容),可以为 MECL 和 TTL 的输出提供内部转换。

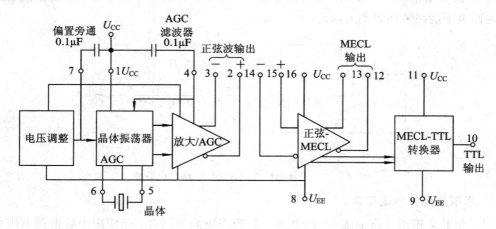

图 8－17　MC12061 组成方框图

　　图 8－18～图 8－21 分别给出了 MC12061 输出不同波形时的应用电路。

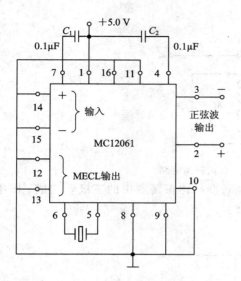

图 8-18　MC12061 的正弦波输出应用电路

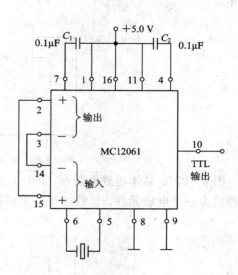

图 8-19　MC12061 的 TTL 输出应用电路

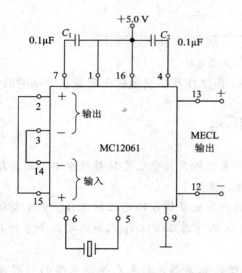

图 8-20　MC12061 的 MECL 输出应用电路
（+5 V 电源供电）

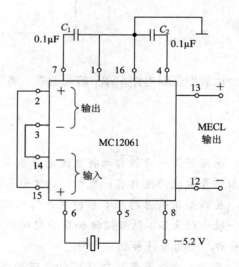

图 8-21　MC12061 的正弦波输出应用电路
（-5.2 V 电源供电）

8.3.4　运放振荡器

用运算放大器代替三点式振荡器中的晶体管就可以构成运放振荡器。图 8-22 所示为运放电感三点式振荡电路。其振荡频率为

$$f_0 = \frac{1}{2\pi \sqrt{(L_1 + L_2 + 2M)C}}$$

运放三点式振荡电路的组成原则和晶体管三点式振荡电路的组成原则相似，即同相输入端与反相输入端、输出端之间接同性质电抗元件，反相输入端与输出端之间接异性质电抗

元件。

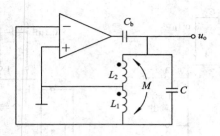

图 8-22　运放电感三点式振荡电路

　　图 8-23 是晶体运放振荡器，用运放取代并联型晶体振荡器中的三极管构成。图中晶体等效为一个电感元件，显然这是皮尔斯振荡器。

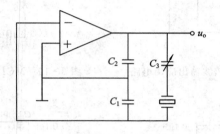

图 8-23　运放皮尔斯电路

　　运放振荡器电路简单，容易起振，调试简单，但工作频率受运放上限截止频率的限制。

本 章 小 结

　　振荡器是一种能自动将直流电源能量转换为交变振荡信号能量的转换电路，无需外加激励信号就能产生具有一定频率、波形和振幅的交流信号。

　　反馈型振荡器的基本原理就是利用正反馈的方法来获得等幅的正弦振荡。反馈型振荡器一般由放大器、选频网络和反馈网络组成。反馈振荡器正常工作必须满足三个条件：起振条件、平衡条件和稳定条件。

　　三点式振荡器是目前应用最广泛的高频正弦波振荡器。三点式振荡电路的组成法则是，LC 回路中与发射极相连接的两个电抗元件必须为同性质，另外一个电抗元件必须为异性质。根据与发射极相连的电抗不同，三点式振荡器又分为电容三点式振荡器和电感三点式振荡器。

　　克拉泼振荡器是一种改进型电容三点式电路，可以大大提高振荡器的稳定度，但是以牺牲放大器增益为代价的。克拉泼振荡器的频率覆盖系数不能做得很高，一般约为 1.2~1.3，该振荡器主要适用于产生固定频率的场合。西勒电路是克拉泼电路的改进型，它解决了频率覆盖系数不高的问题。

　　石英晶体振荡器按晶体在振荡电路中应用方式的不同分为两大类：一类是晶体工作在 f_s 与 f_p 之间，利用晶体在此频率范围内等效为电感，与外部电容一起构成并联谐振回路，叫并联晶体振荡器；另一类是串联晶体振荡器，晶体串接于振荡器的正反馈支路内，只有频率等于石英晶体的串联谐振频率 f_s，才能满足自激振荡条件而产生振荡。并联和串联晶体振荡器都有很高的频率稳定度。相对来说，串联晶体振荡器的稳定度更高，因为它的振荡频率取决于石英晶振的串联谐振频率 f_s，与静态电容 C_0 的关系很小，外部电容变化对振荡器的影响比并联型的更小。

利用晶体的泛音振动构成的振荡器称为泛音晶体振荡器。这种振荡器一般用于产生工作频率大于 20 MHz 的高频振荡。

习　题　八

1. 反馈振荡器正常工作必须满足哪三个条件？为什么要满足这三个条件？
2. 三点式振荡电路的组成法则是什么？
3. 对于题 3 图所示各振荡电路：
(1) 画出高频交流等效电路，说明振荡器类型；
(2) 计算振荡频率。

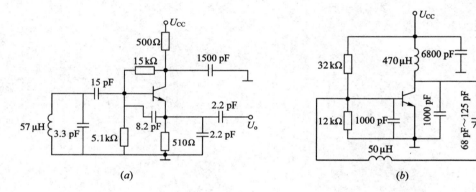

题 3 图

4. 题 4 图(a)、(b)分别为 10 MHz 和 25 MHz 的晶体振荡器。试画出其交流等效电路，说明晶体在电路中的作用。

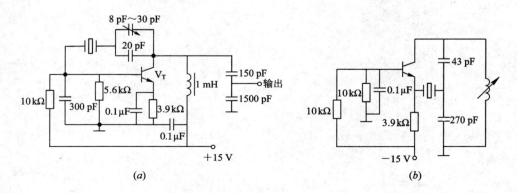

题 4 图

5. 用相位条件的判别规则说明题 5 图所示三点式振荡器等效电路中，哪个电路是正确的(可以振荡)? 哪个电路是错误的(不可能振荡)?

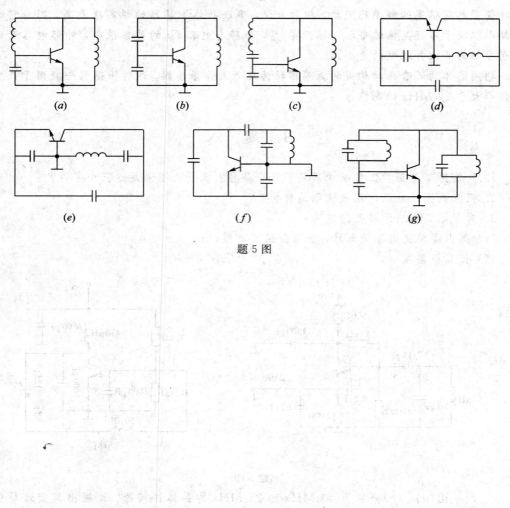

题 5 图

第九章　调幅、检波与混频：频谱线性搬移电路

9.1　概　　述

　　在通信系统及各种电子设备中，为了有效地实现信息传输及信号的功率、频率变换功能，广泛采用调制、解调、混频、倍频和振荡器等电路。这些电路的共同特征是输出信号中除了含有输入信号的频率成分外，还出现了不同于输入信号频率的其他频率分量，也就是说，这些电路都具有频率变换功能，属于非线性电子线路。

　　频率变换电路种类很多，根据不同的特点，又可分为频谱的线性搬移电路和频谱的非线性变换电路。在频率变换过程中，输入信号的频谱结构不发生变化，即变换前后各频率分量的比例关系不变，只是在频率轴上进行了不失真的搬移（允许只取其中的一部分），这类电路称为频谱线性搬移电路。本章将讨论的振幅调制与解调、混频等电路就属于这一类电路。

9.2　频率变换电路分析基础

9.2.1　非线性元件的特性描述

　　在描述非线性元件的特性之前，先将线性元件与非线性元件的特性进行比较，初步认识用非线性元件进行频率变换的原理。

　　线性元件的工作特性符合直线性关系，例如，线性电阻的特性符合欧姆定律，即它的伏安特性是一条直线，如图 9-1 所示。

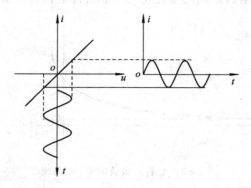

图 9-1　正弦信号作用在电阻上

如果在电阻两端加入某一频率的正弦电压，那么电阻中的电流仍然是这个频率的正

弦信号，它不会产生新的频率分量，这一点可从欧姆定律的表示式或图9－1所示的伏安特性曲线得出，图中画出了 u 为正弦信号时 i 的波形，可以看出，电流 i 仍然为这个频率的正弦信号。

　　非线性电阻的伏安特性则不是直线关系，例如晶体二极管，它的正向工作特性是指数曲线，而反向工作特性在一定范围内表现为与横轴近似平行的直线，如图9－2所示。

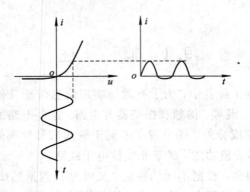

图9－2　正弦信号作用在二极管上

　　在第一章实验2中已观察到，二极管两端加入某一频率的正弦电压时，流过二极管的电流波形不再是正弦信号，而是一个被切去负半周的半个正弦波。这个电流波形也可以通过图9－2所示的伏安特性作图得到。对于这个电流波形，由傅里叶级数分析可知，它不仅含有基波频率分量，还包括直流成分和各次谐波成分。这表明，非线性元件具有频率变换作用，它能将单频正弦信号变换为频谱成分比较复杂的多频信号，我们可以根据需要选择所需的频率分量。例如，在实验2中，用低通滤波器滤除了直流和高频分量，只取出音频分量，就构成了检波器。同样，如果用滤波器滤除交流分量，只取出它的直流分量，就构成了整流器。检波和整流是非线性元件完成频率变换的两个简单例子。

　　非线性元件是组成非线性电路的基本单元，也是有源电子器件在一定工作条件下等效电路的组成部分。高频电路中常用的有非线性电阻器和非线性电容器。非线性电阻器是指伏安特性，即电压与电流之间的变化特性呈非线性的器件，如图9－2所示；非线性电容器是指伏库特性，即电压与电荷之间的变化特性呈非线性的器件，如图9－3所示。

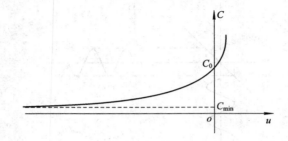

图9－3　变容二极管的 C－u 曲线

　　非线性元件与线性元件相比，有两个突出特性。

　　第一个特性是，非线性元件有多种含义不同的参数，而且这些参数都是随激励信号的大小而变化的。

以非线性电阻器件为例，常用的参数有直流电导、微分电导、平均电导三种。

直流电导又称静态电导，它是指非线性电阻器件伏安特性曲线上任一点与原点之间连线的斜率，如图 9 - 4 所示，用 g_0 表示，其值为

$$g_0 = \frac{I_Q}{U_Q}$$

它表明直流电流与直流电压之间的关系。在对非线性电阻元件进行直流工作分析时，可用 g_0 参量。应注意 g_0 与线性电阻元件的电导 g 的区别：g 是与工作电压大小无关的常数，而 g_0 则是工作电压 U_Q（或 I_Q）的非线性函数。

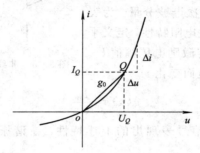

图 9 - 4　非线性电阻的伏安特性曲线

微分电导又称增量电导或交流电导，它是指伏安特性曲线上任意一点的切线斜率近似为该点增量电流与增量电压的比值，如图 9 - 5 所示，用 g_D 表示，其值为

$$g_D = \frac{\mathrm{d}i}{\mathrm{d}u}\bigg|_{u=U_Q} \approx \frac{\Delta i}{\Delta u}\bigg|_{u=U_Q}$$

显然，工作点不同时，g_D 的值也不同，g_D 也是 U_Q（或 I_Q）的非线性函数。

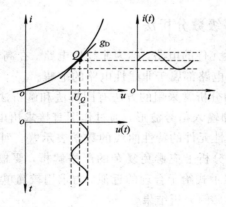

图 9 - 5　非线性电阻的小信号工作及参量

微分电导的概念广泛用于研究弱信号作用到非线性电阻器上的响应。对输入信号来说，非线性电阻器可用斜率为 g_D 的直线近似表示其伏安特性，即非线性电阻器可被视为线性电阻器。这时元件的非线性不是表现在对弱信号的作用，而是表现在微分电导的值将随工作点电压 U_Q（或工作点电流 I_Q）的变化而变化上。如果工作点电压随时间按一定规律变化，即为时变工作点 $U_Q(t)$，则对弱信号来说，非线性电阻元件可看成是具有时变电导 $g(t)$ 的元件。

平均电导是这样引入的：当非线性电阻器两端在静态直流电压的基础上叠加幅度较大的交变信号，激励信号瞬时值不同时，非线性电阻器的伏安特性曲线的斜率也不同，即电导值随交变信号电压大小而变化。从图 9-6 可以看出，大幅度的正弦激励信号加在非线性电阻上时，流过它的电流不再按正弦形式变化。实验中对此波形进行频谱分析，可知电流 i 中除了含有直流、基波分量外，还含有二次及各高次谐波分量。为表明在这样工作条件下的非线性电阻特性，定义平均电导 $g(u)$ 为基波电流 I_{1m} 与激励电压幅值 U_m 之比，即 $g(u)$ 值随 U_Q、U_m 值而变化

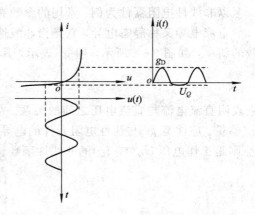

图 9-6　非线性电阻的大信号工作及参量

$$g(u) = \frac{I_{1m}}{U_m}$$

非线性电阻对较大幅值信号表现出的上述特性，在谐振功率放大器的讨论中已经用过。

非线性元件的第二个特性是不满足叠加原理。在分析非线性元件对输入信号的响应时，不能采用线性元件中行之有效的叠加原理，例如，设非线性元件的伏安特性为 $i = au^2$，则当 $u = u_1 + u_2$ 时，$i = au_1^2 + 2au_1u_2 + au_2^2 \neq au_1^2 + au_2^2$，可见，$i$ 中除了含有两个电压分别作用时的响应电流外，还增加了两电压乘积项作用的响应电流。

上面举例说明了非线性电阻的特性，对于非线性电容和非线性电感，也有类似的特性。

9.2.2　非线性电路的幂级数分析法

含有一个或多个非线性元件的电路，称为非线性电路。在高频电子线路中除了高频小信号放大电路外，其余功能电路都属于非线性电路的范畴。

工程上对非线性电路的分析常采用的方法有图解法和解析法两种。所谓图解法，是根据非线性元件的特性曲线和输入信号波形，通过作图直接求出电路中的电流和电压波形。而解析法，则是借助于非线性元件的特性曲线的数学表示式，列出电路方程，从而解得电路中的电流和电压。在工程分析上应避免复杂的严格解析，要根据电路的实际工作条件，对描述非线性器件的数学表示式给予合理的近似，力求用较简单明确的方法揭示电路工作的物理过程，获得有实际意义的分析结果。

本节重点介绍解析法。解析法的核心问题是寻找描述非线性器件特性的函数。对不同的元件，可用不同的函数去描述，即使对同一元件，当其工作状态不同时，也可采用不同的函数去逼近。有些元件的特性已经找到较精确的函数表达式。例如：晶体管 PN 结的电压和电流关系，可表示为指数函数；场效应管特性十分接近平方律函数；差分对管特性可用双曲函数描述；当信号足够大时，所有实际的非线性元件几乎都会进入饱和或截止状态，可用折线或开关函数来表征等。对于某些元件，虽然尚未找到合适的解析函数，但只要这些元件特性是单变量连续函数，总可以用无穷幂级数来逼近它。这是一种最普遍的基

本方法——幂级数近似分析法，下面将介绍这种分析方法。

由数学分析可知，如果函数 $f(x)$ 的各阶导数都存在，那么这个函数围绕某一给定点 x_0 的展开式是

$$f(x) = f(x_0) + \frac{f'(x_0)}{1!}(x-x_0) + \frac{f''(x_0)}{2!}(x-x_0)^2$$
$$+ \cdots + \frac{f^{(k)}(x_0)}{k!}(x-x_0)^k + \cdots \tag{9.1}$$

这就是泰勒公式或幂级数展开式。

对于非线性元件的伏安特性曲线 $i=f(u)$ 来说，函数 $f(x)$ 相当于电流 i，变量 x 相当于作用电压 u，而给定点 x_0 则相当于静态工作点的直流电压 U_Q。在这种情况下，利用上述展开式就可由电压 u 的幂级数来代表电流 i，即

$$i = a_0 + a_1(u-U_Q) + a_2(u-U_Q)^2 + \cdots + a_k(u-U_Q)^k + \cdots \tag{9.2}$$

式中各系数分别为

$$a_0 = f(U_Q) = i\,|_{u=U_Q}$$
$$a_1 = \frac{1}{1!}f'(U_Q) = \frac{\mathrm{d}i}{\mathrm{d}u}\Big|_{u=U_Q}$$
$$a_2 = \frac{1}{2!}f''(U_Q) = \frac{1}{2!}\frac{\mathrm{d}^2 i}{\mathrm{d}u^2}\Big|_{u=U_Q}$$
$$\vdots$$
$$a_k = \frac{1}{k!}f^{(k)}(U_Q) = \frac{1}{k!}\frac{\mathrm{d}^k i}{\mathrm{d}u^k}\Big|_{u=U_Q} \tag{9.3}$$

如果静态电压 $U_Q=0$，则式(9.2)变为

$$i = a_0 + a_1 u + a_2 u^2 + \cdots + a_k u^k + \cdots \tag{9.4}$$

式(9.4)中各系数仍可由式(9.3)求出，此时 $U_Q=0$。

由以上分析可知，用无穷多项幂级数可以精确表示非线性元件的实际特性，但给解析带来了麻烦，而从工程角度要求也无此必要。因此，实际应用时常取前若干项幂级数来近似实际特性。近似的精度取决于项数的多少和特性曲线的运用范围。一般来说，近似的精度越高及特性曲线的运用范围越大，则所取的项数就越多。而从工程角度考虑，在保证允许精度范围内，应尽量选取较少的项数，以方便计算。

如果非线性元件工作在伏安特性曲线的线性段，或者信号幅度足够小，工作部分的特性曲线可以近似为直线段，则

$$i = a_0 + a_1(u-U_Q) = I_0 + g_D(u-U_Q) \tag{9.5}$$

这正是小信号激励情况。式中：I_0 是静态工作点处的电流；g_D 是静态工作点处的微分电导（或跨导）。

如果工作在特性曲线的弯曲部分，或信号幅度较大，幂级数中高次项不可忽略，必须考虑二次或二次以上各项。在分析非线性元件进行频率变换的各种作用（如调制、解调、变频等）时，至少要取到幂级数的二次项，在取至二次项时，分析计算仍很简单，且足以表明频率变换的实质，这时伏安特性表示式为

$$i = a_0 + a_1(u-U_0) + a_2(u-U_0)^2 \tag{9.6}$$

式中，前两项的意义仍与式(9.5)相同，而第三项相当于一条抛物线，它反映出特性曲线的

弯曲情况。系数 a_2 越大，二次项起的作用就越明显，曲线就越弯曲。因此，在分析各种频率变换问题时，这一项系数起着重要作用。

如果需要考虑非线性特性更细致的变化，就必须采用更高次的幂级数多项式来表示被研究的特性曲线。

有了静态特性的幂级数表示式后，将输入信号电压的时间函数 $u_i(t)$ 代入该幂级数表示式，再用三角函数公式展开并加以整理，即可得到电流的傅里叶级数展开式，从而求出电流的各频谱成分。下面举例说明幂级数分析法的具体应用，并根据所得结果说明非线性频率变换的一般规律。

设加到非线性元件上的信号电压为 $u = U_0 + U_{sm}\cos\omega_s t$，代入式(9.2)，得

$$i = a_0 + a_1 U_{sm}\cos\omega_s t + a_2 U_{sm}^2 \cos^2\omega_s t + \cdots + a_k U_{sm}^k \cos^k\omega_s t + \cdots \tag{9.7}$$

根据三角函数公式

$$\begin{cases} \cos^2\omega t = \dfrac{1}{2}(1 + \cos2\omega t) \\[2mm] \cos^3\omega t = \dfrac{1}{4}(3\cos\omega t + \cos3\omega t) \\[2mm] \cos^4\omega t = \dfrac{1}{4}\left(\dfrac{3}{2} + 2\cos2\omega t + \dfrac{1}{2}\cos4\omega t\right) \end{cases} \tag{9.8}$$

可以发现，余弦函数最高幂次与展开后的最高谐波次数是相同的，而且奇次幂的展开式中只含奇次谐波项。将式(9.8)代入式(9.7)，并整理得

$$i = I_0 + I_{1m}\cos\omega_s t + I_{2m}\cos2\omega_s t + I_{3m}\cos3\omega_s t + \cdots \tag{9.9}$$

式中

$$\begin{cases} I_0 = a_0 + \dfrac{1}{2}a_2 U_{sm}^2 + \dfrac{3}{8}a_4 U_{sm}^4 + \cdots \\[2mm] I_{1m} = a_1 U_{sm} + \dfrac{3}{4}a_3 U_{sm}^3 + \cdots \\[2mm] I_{2m} = \dfrac{1}{2}a_2 U_{sm}^2 + \dfrac{1}{2}a_4 U_{sm}^4 + \cdots \\[2mm] I_{3m} = \dfrac{1}{4}a_3 U_{sm}^3 + \dfrac{5}{16}a_5 U_{sm}^5 + \cdots \end{cases} \tag{9.10}$$

式中：I_0、I_{1m}、I_{2m}、I_{3m} 是代入后经整理得到的新系数，定义为电流的各次谐波振幅。观察式(9.9)可得下面的结论：

(1) 用幂级数逼近非线性元件特性时，若输入为一单频余弦信号，则响应电流中除含有与激励信号相同的基波成分外，还含有很多谐波分量，即非线性元件具有频率变换作用。

(2) 响应电流中的直流分量 I_0 大小，除取决于静态工作点处的电流 a_0 外，还和偶次项系数及交流电压振幅的偶次方有关。

(3) 响应电流中奇次谐波决定于奇次方项，而偶次谐波决定于偶次方项。响应电流中 n 次谐波振幅只与幂级数中等于和高于 n 次的各项系数有关。

(4) 响应电流谐波振幅决定于特性曲线近似式的系数 a_n 和交流信号电压的振幅 U_{sm}。若特性曲线及工作点已确定（a_n 和 U_0 已确定），则谐波电流的振幅将随 U_{sm} 作非线性变化。

9.2.3 非线性电路的频率变换作用

通过上节的分析可以看出，不管采用什么函数去逼近非线性元件的特性，当输入一个余弦信号时，响应电流中都会出现新的频率分量。也就是说，非线性元件的非线性特性具有频率变换功能。

实际上，许多频率变换电路都是两个或两个以上不同频率信号同时作用于非线性元件上的情况，这时响应电流中除含有各自基波分量和谐波分量外，还会产生两个信号的差频与和频；这正是混频、调制、解调原理所需要的。下面将说明非线性元件产生差频与和频的机理。

1. 两个余弦信号作用在非线性电路

两个余弦信号作用在一个非线性元件上的典型例子是超外差式接收机中的混频电路。通过第三章讨论已知，混频的目的是将接收到的高频信号频率 f_s 变换为中频信号频率 f_I。在混频电路中，利用本地振荡信号与接收信号共同作用于非线性元件，产生两者的差频，从而获得中频信号。

下面分析利用晶体二极管产生混频作用的原理。

把两个余弦信号 u_1 和 u_2 加到二极管两端，负载是一个纯电阻，如图 9-7 所示。为分析问题方便，讨论中不考虑负载变化的影响，即只分析晶体二极管的"静态特性"。

设晶体二极管非线性特性为二次曲线

$$i = a_0 + a_1 u + a_2 u^2 \qquad (9.11)$$

$$u = u_1 + u_2 = U_1 \cos\omega_1 t + U_2 \cos\omega_2 t \qquad (9.12)$$

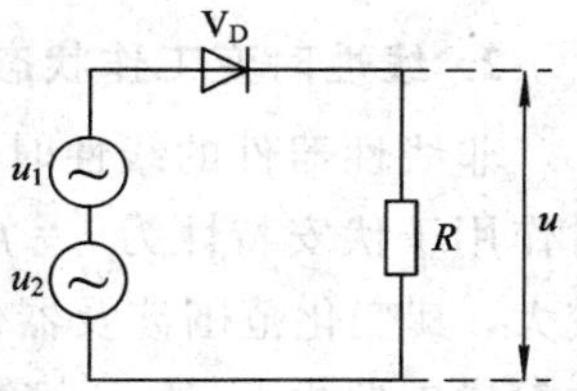

图 9-7 单二极管电路

将式(9.12)代入式(9.11)得到

$$i = a_0 + a_1(u_1 + u_2) + a_2(u_1 + u_2)^2$$

$$= a_0 + a_1(U_1 \cos\omega_1 t + U_2 \cos\omega_2 t) + a_2(U_1 \cos\omega_1 t + U_2 \cos\omega_2 t)^2 \qquad (9.13)$$

利用三角公式变换、整理后得

$$i = a_0 + \frac{a_2}{2}(U_1^2 + U_2^2) + a_1(U_1 \cos\omega_1 t + U_2 \cos\omega_2 t)$$

$$+ a_2 U_1 U_2 \cos(\omega_1 + \omega_2)t + a_2 U_1 U_2 \cos(\omega_2 - \omega_1)t$$

$$+ \frac{a_2}{2}(U_1^2 \cos 2\omega_1 t + U_2^2 \cos 2\omega_2 t) \qquad (9.14)$$

由式(9.14)可知：输出电流中不但包含有直流分量、基波分量和二次谐波分量，而且出现了和频分量与差频分量。若要从这么多电流分量中选出差频分量，就必须将负载电阻换成具有频率选择性的谐振回路，回路的谐振频率调谐到差频 $f_I = f_2 - f_1$，如图9-8所示。

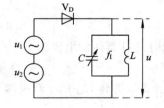

图 9-8 负载为谐振回路的二极管电路

从分析混频的工作原理可以看出，在两个频率不同的余弦电压作用下，非线性电路的电流不仅包含直流分量，原有的频率分量 ω_1、ω_2 及其谐波分量 $2\omega_1$、$2\omega_2$，而且产生了原有两频率的和与差的组合频率分量 $\omega_1 + \omega_2$、$\omega_2 - \omega_1$，这是与只有一个单一频率输入时的重要区别。可以证明，当非线性特性必须用更高次的幂级数来表示时，在两个余弦信号作用下，电路中的电流将出现角频率为 $\pm n\omega_1 \pm m\omega_2$ 的无穷多个组合频率分量（n、m 是包括零在内的正整数）。也就是说，电流中既包含原有的各频率分量及其谐波，还有它们的各种组合频率分量。

经过非线性变换产生的电流分量中，某些分量是我们所需要的有用信号，其他分量是我们所不需要的干扰信号。如何取出有用信号并去掉干扰信号是无线电技术中经常遇到的基本问题之一。一般说来，解决的途径有两种：

第一，合理选用非线性元件及其工作状态，设法使所需要的信号分量尽可能增强，而不需要的频率分量尽可能减小。例如作线性放大时，应工作在特性曲线的直线部分，使系数 a_1 较大，而 a_2，a_3，… 很小；而当用作变频时，应工作在特性曲线的弯曲部分，使 a_2 尽可能大。

第二，采用滤波电路，使它对所需频率分量有良好的传输特性，而对不需要的分量加以抑制。

2. 线性时变工作状态

非线性器件的线性时变工作状态如图 9-9 所示。设有两个不同频率的信号 u_1、u_2 同时作用于伏安特性为 $i = f(u)$ 的非线性器件，静态工作点为 U_Q。其中一个信号（如 u_1）幅值较大，其变化范围涉及器件特性曲线中较大范围的非线性部分（但使器件导通），器件的特性参量主要由 $U_Q + u_1$ 控制；另一个 u_2 信号远小于 u_1，可以近似认为对器件的工作状态变化没有影响。

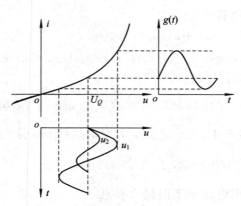

图 9-9　线性时变工作状态示意图

此时流过器件的电流为

$$i(t) = f(u) = f(U_Q + u_1 + u_2)$$

因为 $u_1 \gg u_2$，可将 $U_Q + u_1$ 看成器件的交变工作点，则 $i(t)$ 可在其工作点 $U_Q + u_1$ 展开为泰勒级数

$$i(t) = f(U_Q + u_1) + f'(U_Q + u_1)u_2 + \frac{1}{2!}f''(U_Q + u_1)u_2^2$$

$$+ \cdots + \frac{1}{n!}f^{(n)}(U_Q + u_1)u_2^n + \cdots \tag{9.15}$$

若 u_2 足够小，可忽略 u_2 的二次及各高次谐波分量，从而 $i(t)$ 近似为

$$i(t) \approx f(U_Q + u_1) + f'(U_Q + u_1)u_2 \tag{9.16}$$

不难看出式(9.16)中各项系数均是 u_1 的函数，且与 u_2 无关，由于 u_1 是时间的函数，因此称这些系数为时变系数，或称时变参量。其中，$f(U_Q + u_1)$ 是 $u_2 = 0$ 时仅随 u_1 变化的电流，称为时变静态电流，用 $I_0(t)$ 表示；$f'(U_Q + u_1)$ 随 $U_Q + u_1$ 而变化，称为时变电导，用 $g(t)$ 表示。因此式(9.16)可以写为

$$i(t) \approx I_0(t) + g(t)u_2(t) \tag{9.17}$$

由式(9.17)可见，就非线性器件的输出电流 i 与输入电压 u_2 的关系而言，是线性的，类似于线性器件；但是它们的系数却是时变的。因此将这种工作状态称为线性时变工作状态，具有这种关系的电路称为线性时变电路。

考虑 u_1 和 u_2 都是余弦信号，$u_1 = U_{1m} \cos\omega_1 t$，$u_2 = U_{2m} \cos\omega_2 t$，时变偏置电压 $u_Q(t) = U_Q + U_{1m} \cos\omega_1 t$ 为一周期性函数，故 $I_0(t)$、$g(t)$ 也必为周期性函数，可用傅里叶级数展开，得

$$I_0(t) = f(U_Q + U_{1m} \cos\omega_1 t)$$
$$= I_0 + I_{1m} \cos\omega_1 t + I_{2m} \cos2\omega_1 t + \cdots \tag{9.18}$$

$$g(t) = f'(U_Q + U_{1m} \cos\omega_1 t)$$
$$= g_0 + g_1 \cos\omega_1 t + g_2 \cos2\omega_1 t + \cdots \tag{9.19}$$

$i(t)$ 的表达式为

$$i(t) = I_0(t) + \left[g_0 + \sum_{n=1}^{\infty} g_n \cos n\omega_1 t\right]U_{2m} \cos\omega_2 t \tag{9.20}$$

由式(9.20)可以看出，线性时变电路的输出信号 $i(t)$ 中含有的频率分量为 $n\omega_1$ 和 $n\omega_1 \pm \omega_2$（n 为包括零在内的所有正整数）。

显然，线性时变电路大大地减少了非线性器件的组合频率分量，因此它被广泛地用于混频、幅度调制及其解调等频谱搬移电路中，这样减少了频率干扰，有利于系统性能的提高。

例 9.1 如图 9-7 所示二极管混频电路，信号 $u_1(t) = U_{1m} \cos\omega_1 t$，$u_2(t) = U_{2m} \cos\omega_2 t$，设二极管的非线性特性为 $i(t) = a_0 + a_1 u + a_2 u^2$，$u_1 \gg u_2$，求电流 $i(t)$ 中的组合频率分量。

解 因为 $u_1 \gg u_2$，使非线性器件满足线性时变工作条件，电流

$$i(t) = I_0 + g(t)u_2$$

其中

$$I_0 = a_0 + a_1 u_1 + a_2 u_1^2 = a_0 + a_1 U_{1m} \cos\omega_1 t + a_2 U_{1m}^2 \cos^2\omega_1 t$$

$$g(t) = \frac{\mathrm{d}i}{\mathrm{d}u}\bigg|_{u_1} = a_1 + 2a_2 u\big|_{u_1} = a_1 + 2a_2 U_{1m} \cos\omega_1 t$$

所以

$$i(t) \approx a_0 + a_1 U_{1m} \cos\omega_1 t + a_2 U_{1m}^2 \cos^2\omega_1 t + (a_1 + 2a_2 U_{1m} \cos\omega_1 t)U_{2m} \cos\omega_2 t$$

$$= \left(a_0 + \frac{1}{2}a_2 U_{1m}^2\right) + a_1 U_{1m} \cos\omega_1 t + \frac{1}{2}a_2 U_{1m}^2 \cos2\omega_1 t$$

$$+ a_1 U_{2m} \cos\omega_2 t + a_2 U_{1m} U_{2m} \cos(\omega_1 \pm \omega_2)t$$

因此，电流 i 中含有直流、ω_1、$2\omega_1$、ω_2、$\omega_1 + \omega_2$ 及 $\omega_1 - \omega_2$ 等频率分量。

3. 开关电路工作状态

为了进一步减少无用频率分量，还可以人为地使 u_1 增大到使非线性器件工作到截止—饱和的开关状态，这时器件特性曲线的非线性相对于导通、截止的转换已是次要因素，其特性曲线可用两段折线来逼近，如图 9-10 所示。

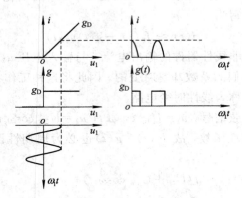

图 9-10　开关状态分析法

设器件的导通电压为零，折线拐点与原点重合，且 $U_Q = 0$，由图可见

$$i = \begin{cases} 0 & u_1(t) < 0 \\ g_D u_1(t) & u_1(t) \geqslant 0 \end{cases} \tag{9.21}$$

其中：g_D 是非线性器件的导通电导或跨导。此时的时变电导 $g(t)$ 为

$$g(t) = \begin{cases} 0 & u_1(t) < 0 \\ g_D & u_1(t) \geqslant 0 \end{cases} \tag{9.22}$$

显然，这时非线性器件在 $u_1 = U_{1m} \cos\omega_1 t$ 作用下呈开关状态，并且开关导通与断开的时间是相同的。$i = I_0(t)$ 是周期性半波余弦信号，$g(t)$ 为周期性占空比为 50% 的矩形脉冲序列。因而 $g(t)$ 的变化规律可用开关函数来描述

$$g(t) = g_D S_1(\omega_1 t) \tag{9.23}$$

$$i(t) = g(t)u_1 = g_D S_1(\omega_1 t)u_1 \tag{9.24}$$

式中

$$S_1(\omega_1 t) = \begin{cases} 0 & u_1(t) < 0 \\ 1 & u_1(t) \geqslant 0 \end{cases} \tag{9.25}$$

称为单向开关函数，其傅氏级数展开式为

$$\begin{aligned} S_1(\omega_1 t) &= \frac{1}{2} + \frac{2}{\pi}\cos\omega_1 t - \frac{2}{3\pi}\cos3\omega_1 t + \cdots \\ &= \frac{1}{2} + \sum_{n=1}^{\infty}(-1)^{n-1}\frac{2}{(2n-1)\pi}\cos(2n-1)\omega_1 t \end{aligned} \tag{9.26}$$

可见，式 (9.26) 中不再含有 ω_1 的偶次谐波分量。

在此基础上，再加入另一个激励信号 $u_2 = U_{2m}\cos\omega_2 t$，且满足 $U_{2m} \ll U_{1m}$，这样 u_2 的加入将不影响 $g(t)$ 的变化规律，即 $g(t) = g_D S_1(\omega_1 t)$ 仅是 ω_1 的函数，而与 ω_2 无关，因此可以认为非线性器件对 u_2 呈线性特性。这样在 u_1、u_2 的共同作用下，响应电流表示式为

$$
\begin{aligned}
i(t) &= g_D S_1(\omega_1 t)(u_1 + u_2) \\
&= g_D S_1(\omega_1 t) u_1 + g_D S_1(\omega_1 t) u_2 \\
&= I_0(t) + g(t) u_2
\end{aligned} \tag{9.27}
$$

由式(9.27)可见，响应电流可分为两部分：

一是时变静态电流 $I_0(t)$，其中只含 ω_1 基波及其偶次谐波分量。与式(9.20)中的第一项比较，减少了 ω_1 三次谐波和三次以上的奇次谐波分量。

二是由 u_2 激励引起的响应电流 $g(t) u_2$。与式(9.20)中的第二项比较，减少了 ω_1 各偶次谐波与 ω_2 的组合频率分量。

与线性时变工作状态相比，开关函数工作状态进一步减少了无用频率分量。实际上，开关函数工作状态是线性时变工作状态的一个特例。若将开关工作状态用于混频电路，将使混频输出信号的频谱进一步得到净化，大大减少混频干扰。

现将本节内容小结如下：

(1) 高频电路中常用的非线性器件主要有非线性电阻器件与非线性电容器件。非线性电阻器件主要有电阻器、晶体二极管、三极管等以及它们组成的电路，其特性用伏安特性曲线及相应函数描述。

(2) 表征非线性电阻器件的动态参数是 $g(t)$。$g(t)$ 是激励信号电压幅值的函数，随激励信号对时间的变化规律而变，称为时变电导。

(3) 非线性器件(电路)具有频率变换作用，可在输出端产生除输入信号频率以外的其他频率分量。

(4) 工程上为简化分析，可根据不同工作条件(状态)对非线性元器件采用不同的函数、参数进行近似分析。常用的分析方法有幂级数法，线性时变分析法、开关函数分析法等。分析结果表明：同一非线性元件或电路在不同工作状态时，输出的频率分量也不同。因此，在各种不同功能的非线性电路中，采用与各电路相适应的工作状态，将有利于系统性能的改善。

9.3　相乘器及频率变换作用

为了获得两个信号之间的和频与差频，而又不希望产生其他无用频率分量，只要能实现两个信号之间的时域相乘即可。相乘器正是实现两个模拟信号瞬时值相乘功能的电路。在高频电路中，相乘器是实现频率变换的基本组件。与非线性器件本身对两信号相乘作用相比，相乘器可进一步克服某些无用的组合频率分量，使输出信号频谱得以净化。

在通信系统及高频电子技术中应用最广的有：二极管平衡相乘器及由双极型或 MOS 器件构成的四象限模拟相乘器。随着集成电路的发展，这些相乘器还具有工作频带宽、温度稳定性好等优点，广泛用于调制、解调及混频等电路中。

9.3.1　二极管平衡相乘器

二极管电路广泛用于通信及电子设备中，特别是平衡电路和环形电路。它们具有电路简单、噪声低、组合频率分量少、工作频带宽等优点。如果采用肖特基表面势垒二极管(或称热载流子二极管)，它的工作频率可扩展到微波频段。目前已有极宽工作频段(从几十千赫兹到几千兆赫兹)的双平衡混频器组件供应市场,而且它的应用已远远超出了混频的范围,作为通用组件,它可广泛应用于振幅调制、振幅解调、混频及实现其它的功能。二极管的主要缺点是无增益。

1. 单二极管电路

单二极管电路如图 9-11 所示,输入信号 u_1、u_2 相加作用在二极管上,设二极管电路工作在大信号状态。所谓大信号,是指输入的信号电压振幅大于 0.5 V,此时二极管特性主要表现为导通与截止状态的相互转换,即开关工作状态,因此可采用开关特性进行电路分析。实际应用中也比较容易满足大信号要求。

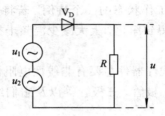

图 9-11 单二极管电路

如果输入信号电压 u_1 的幅值较 u_2 大很多,即 $U_{2m} \ll U_{1m}$,且 $U_{1m} > 0.5$,这时描述二极管开关特性的单向开关函数由 u_1 决定。设 $u_1 = U_{1m}\cos\omega_1 t$,则开关函数 $S_1(\omega_1 t)$ 的表达式为

$$S_1(\omega_1 t) = \frac{1}{2} + \sum_{n=1}^{\infty} (-1)^{n-1} \frac{2}{(2n-1)\pi} \cos(2n-1)\omega_1 t \tag{9.28}$$

单向开关函数波形图和二极管开关等效电路如图 9-12(a)、(b)所示。

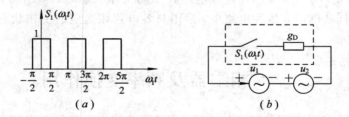

图 9-12 单向开关函数波形图和二极管开关等效电路

流过二极管的电流 $i(t) = g_D u_D S_1(\omega_1 t)$,式中 $u_D = u_1 + u_2$,g_D 为二极管的导通电导。如果 $u_2 = U_{2m}\cos\omega_2 t$,则

$$i(t) = g_D(U_{1m}\cos\omega_1 t + U_{2m}\cos\omega_2 t)\left[\frac{1}{2} + \sum_{n=1}^{\infty} (-1)^{n-1} \frac{2}{(2n-1)\pi} \cos(2n-1)\omega_1 t\right]$$

$$\tag{9.29}$$

将上式展开后可看出,流过二极管的电流中含有 ω_1、ω_2 分量,ω_1 的各偶次谐波分量,ω_1 的各奇次谐波与 ω_2 的组合频率 $(2n+1)\omega_1 \pm \omega_2$ 分量。因为此时电路的输出端含有两输入信号的和频与差频分量,体现了两信号的理想相乘特性,可用于实现调幅、混频等频率变换技术。

2. 二极管双平衡相乘器

在上述单二极管电路中，由于工作在开关状态，因而二极管产生的频率分量大大减少了，但在产生的频率分量中，仍然有不少不必要的频率分量，所以有必要进一步减少频率分量，二极管双平衡相乘器就可以满足这一要求。

1) 电路

图 9-13 是二极管双平衡相乘器的原理性电路（也可将四只二极管画成环形，叫做二极管环形相乘器）。电路中要求各二极管特性完全一致，电路也完全对称，分析时忽略变压器的损耗。输出变压器 T_2 接滤波器，用以滤除无用的频率分量。从 T_2 次级向右看的负载电阻为 R_L。为了分析方便，设变压器线圈匝数比 $N_1 : N_2 = 1 : 1$。

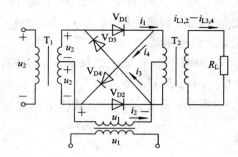

图 9-13 二极管双平衡相乘器的原理性电路

2) 工作原理

与单二极管电路的条件相同，二极管处于大信号工作状态，且 $U_{2m} \ll U_{1m}$，二极管开关主要受 u_1 控制。u_1 正半周时 V_{D1}、V_{D2} 导通，V_{D3}、V_{D4} 截止；u_1 负半周时 V_{D1}、V_{D2} 截止，V_{D3}、V_{D4} 导通。因此描述 V_{D1}、V_{D2} 和 V_{D3}、V_{D4} 两组二极管特性的开关函数相位差为 π。根据图 9-14(a) 中所示电压极性，忽略输出电压的反作用，可写出加在 V_{D1}、V_{D2} 两管上的电压 $u_{V_{D1}} = u_1 + u_2$，$u_{V_{D2}} = u_1 - u_2$，流过的电流为

$$\begin{cases} i_1 = g_D u_{V_{D1}} S_1(\omega_1 t) = g_D(u_1 + u_2)S_1(\omega_1 t) \\ i_2 = g_D u_{V_{D2}} S_1(\omega_1 t) = g_D(u_1 - u_2)S_1(\omega_1 t) \end{cases} \tag{9.30}$$

i_1、i_2 以相反方向流过输出端变压器初级，使变压器次级负载电流 $i_{L1,2} = i_1 - i_2$，将式（9.30）代入可得

$$i_{L1,2} = 2g_D u_2 S_1(\omega_1 t) \tag{9.31}$$

对于图 9-14(b) 进行同样的分析，可得

$$i_{L3,4} = 2g_D u_2 S_1(\omega_1 t - \pi) \tag{9.32}$$

再看图 9-13，流过负载的总电流为

$$i_L = i_{L1,2} - i_{L3,4} = 2g_D u_2 [S_1(\omega_1 t) - S_1(\omega_1 t - \pi)] \tag{9.33}$$

将 $S_1(\omega_1 t)$ 及 $S_1(\omega_1 t - \pi)$ 的展开式代入并化简，得

$$i_L = 2g_D U_{2m} \cos\omega_2 t \left[\frac{4}{\pi}\cos\omega_1 t - \frac{4}{3\pi}\cos3\omega_1 t + \frac{4}{5\pi}\cos5\omega_1 t - \cdots \right] \tag{9.34}$$

可见，输出电流中仅含有 ω_1 的各奇次谐波与 ω_2 的组合频率分量 $(2n+1)\omega_1 \pm \omega_2$，其中，$n = 0, 1, 2, \cdots$。且输出的 $(2n+1)\omega_1 \pm \omega_2$ 的频率分量的幅值等于单二极管电路输出幅值的

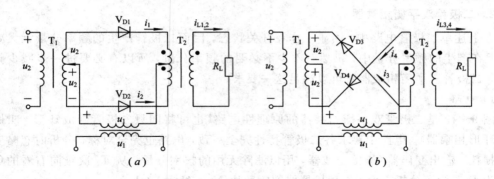

图 9-14 由 V_{D1}、V_{D2} 和 V_{D3}、V_{D4} 分别组成的电路

两倍,这是环形相乘器的优点。若 ω_1 较高,则 $3\omega_1 \pm \omega_2$,$5\omega_1 \pm \omega_2$ 等组合频率分量很容易滤除,故环形电路的性能更接近理想相乘器。

例 9.2 图 $9-15(a)$、(b) 为两个单平衡式二极管变频电路,试分析其输出电流。设 $u_1(t) = U_{1m} \cos\omega_1 t$, $u_2(t) = U_{2m} \cos\omega_2 t$, $U_{1m} \gg U_{2m}$。

解 对于图 $9-15(a)$ 所示电路,通过 V_{D1}、V_{D2} 管的电流分别为

$$i_1 = (u_1 + u_2) g_D S_1(\omega_1 t)$$

$$i_2 = (u_1 + u_2) g_D S_1(\omega_2 t)$$

其中:$g_D = \dfrac{1}{r_D + R_L}$。而在输出电路中 $i_L = i_1 - i_2 = 0$,说明两个二极管在电路中的极性接法不符合要求。

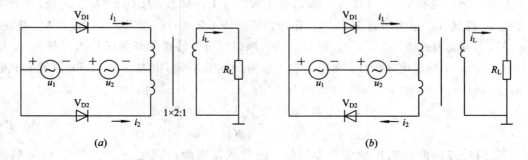

图 9-15 单平衡式二极管变频电路

对于图 $9-15(b)$ 所示电路,可分别写出

$$i_1 = (u_1 + u_2) g_D S_1(\omega_1 t)$$

$$i_2 = -(u_1 + u_2) g_D S_1(\omega_1 t - \pi)$$

输出电流 $i_L = i_1 + i_2$,代入 $S_1(\omega_1 t)$,$S_1(\omega_1 t - \pi)$ 展开式,并化简,可得

$$i_L = g_D \left[\frac{4}{\pi}(u_1 + u_2)\cos\omega_1 t - \frac{4}{3\pi}(u_1 + u_2)\cos3\omega_1 t + \cdots \right]$$

其频率分量有:ω_1 的各偶次谐波分量,ω_1 的各奇次谐波与 ω_2 的组合频率分量。

在上面的分析中,假设电路是理想对称的,因而可以抵消一些无用分量。如果二极管特性不一致或变压器不对称,就不能得到上述结论。因此实际应用中一般采用如下办法:选用特性相同的二极管;用小电阻与二极管串接,使二极管等效正反向电阻彼此接近。但

串接电阻后会使电流减小，所以阻值不能太大，一般为几十至几百欧姆。变压器中心抽头要准确对称，分布电容及漏感要对称，这可以采用双线并绕法绕制变压器，并在中心抽头处加平衡电阻。同时还要注意两线圈对地分布电容的对称性。为了防止杂散电磁耦合影响对称性，可采取屏蔽措施。为改善电路性能，应使其工作在理想开关状态，为此要选择开关特性好的二极管，如热载流子二极管。另一种更有效的办法是采用环形电路组件。

环形电路组件称为双平衡混频器组件或环形混频器组件，已有从短波到微波波段的系列产品提供用户。这种组件由精密配对的肖特基二极管及传输线变压器装配而成，内部元件用硅胶粘接，外部用小型金属壳屏蔽。二极管和变压器在装入混频器之前经过严格的筛选，能承受强烈的振动、冲击和温度循环。图 9-16(a)、(b) 是这种组件的外壳和电路图，图中混频器有三个端口（本振、射频和中频），分别用 LO、RF、IF 来表示，V_{D1}、V_{D2}、V_{D3}、V_{D4} 为混频管堆，T_1、T_2 为平衡不平衡变换器，以便把不平衡的输入变为平衡的输出（T_1）；或平衡的输入转变为不平衡的输出（T_2）。双平衡混频器组件的三个端口均具有极宽的频带，它的动态范围大，损耗小，频谱纯，隔离度高，而且还有一个非常突出的特点，在其工作频率范围内，从任意两端口输入 u_1 和 u_2，都可在第三端口得到所需的输出。

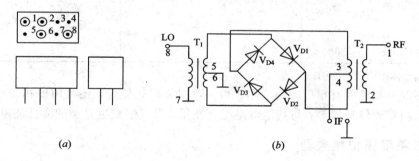

图 9-16 双平衡混频器组件的外壳和电路图

例 9.3 在图 9-16 所示的双平衡混频器组件的本振口加输入信号 u_2，在中频口加控制信号 u_1，输出信号从射频口输出，如图 9-17 所示。试分析其输出电流。

图 9-17 双平衡混频器组件的应用

解 若忽略输出电压的反作用，可得加到四个二极管上的电压分别为

$$u_{V_{D1}} = -u_1 + u_2, \quad u_{V_{D2}} = u_1 + u_2$$

$$u_{V_{D3}} = -u_1 - u_2, \quad u_{V_{D4}} = u_1 - u_2$$

由此可见，控制电压 u_1 正向加到 V_{D2}、V_{D4} 两端，反向加到 V_{D1}、V_{D3} 两端。由于有 $U_{1m} \gg U_{2m}$，四个二极管的通断受 u_1 的控制，由此可得流过四个二极管的电流与加到二极管两端的电压的关系为

$$i_1 = g_D S_1(\omega_1 t - \pi) u_{V_{D1}}, \quad i_2 = g_D S_1(\omega_1 t) u_{V_{D2}}$$

$$i_3 = g_D S_1(\omega_1 t - \pi) u_{V_{D3}}, \quad i_4 = g_D S_1(\omega_1 t) u_{V_{D4}}$$

这四个电流与输出电流之间的关系为

$$i_L = -i_1 + i_2 + i_3 - i_4 = (i_2 - i_4) - (i_1 - i_3)$$
$$= 2g_D S_1(\omega_1 t) u_2 - 2g_D S_1(\omega_1 t - \pi) u_2$$

此结果与式(9.33)完全相同。改变 u_1、u_2 的输入端口，同样可以得到以上结论。表 9-1 给出了部分国产双平衡混频器组件的特性参数。

表 9-1　部分国产双平衡混频器组件的特性参数

型号	频率范围 /MHz	本振电平 /dBm	变频损耗 /dB	隔离度 /dB	1 dB 压缩电平 /dBm
VJH6	1～500	+7	6.5	40	+2
VJH7	200～1000	+7	7.0	35	+1
HSP2	0.003～100	+7	6.5	40	+1
HSP6	0.5～5	+7			+1
HSP9	0.5～800	+7			+1
HSP12	1～700	+7	6.5	40	+1
HSP22	0.05～2000	+7	7.5	40	+5
HSP32	2～2500	+7			+1
HSP132	10～3000	+7			+5

注：各端口匹配阻抗为 50 Ω。

双平衡混频器组件有很广阔的应用领域，除用做混频器外，还可用做相位检波器、脉冲或振幅调制器和倍频器等；与其他电路配合使用，可以组成更复杂的高性能电路组件。

9.3.2　四象限模拟相乘器

1. 模拟相乘器的基本概念

模拟相乘器是实现两个模拟信号瞬时值相乘功能的电路。若用 u_x、u_y 表示两个输入信号，用 u_o 表示输出信号，则模拟相乘器的理想输出特性为

$$u_o = K u_x u_y$$

式中：K 为模拟相乘器的增益系数（又称标尺因子）。

模拟相乘器的符号如图 9-18 所示。

理想模拟相乘器的条件是：① 应具有无限大的输入阻抗（$Z_{ix} = \infty$，$Z_{iy} = \infty$）及零输出阻抗（$Z_o = 0$）；② 标尺因子 K 应与两个输入信号波形、幅度、极性、频率无

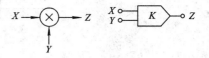

图 9-18　模拟相乘器的符号

关，与环境温度无关；③ 如果 u_x、u_y 中任意一路输入电压为零，其输出也为零。这种理想器件的使用，理论上没有任何限制。

但是实际相乘器件总是有一定的漂移和噪声电压，为了使它们造成的误差保持在允许范围内，对输入信号的振幅和频率都需加一定的限制条件。

2. 模拟相乘器的基本特性

由于模拟相乘器有两个独立的输入信号，不同于一般放大器只有一个输入信号，因而，模拟相乘器的特性是指以一个输入信号为参变量，确定另一个输入信号与输出信号之

间的特性。

（1）线性与非线性特性。因为两个交流信号相乘，必然产生新的频率分量，所以模拟相乘器本质上是一个非线性电路。但是在特定条件下，例如，当模拟相乘器的一个输入电压为某恒定值（如 $u_x = U_X$），其输出电压为

$$u_o = KU_X u_y \tag{9.35}$$

这时模拟相乘器相当于增益为 KU_X 的线性放大器，可把它看成是一个线性电路。当 KU_X 随时间变化时，模拟相乘器又可被看成是一个"线性时变参数电路"。

（2）输出特性。根据乘法运算的代数性质，模拟相乘器有四个工作区，它们由两个输入信号电压的极性所决定。如能适应两个输入信号电压极性可正可负，模拟相乘器将工作于四个区域，如图 9 - 19 所示，称为四象限模拟相乘器。在通信电路中，两个输入信号多为交流信号，故四象限模拟相乘器应用较多。

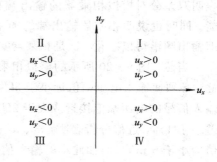

图 9 - 19 四象限工作区

3. 四象限双差分对模拟相乘器的原理电路

实现模拟相乘的方法很多，这里只介绍适用于高频电路工作又便于集成的四象限双差分对模拟相乘电路，它是目前应用最广泛的一种相乘器。

双差分对模拟相乘器的原理电路如图 9 - 20 所示。它是由吉尔伯特（B. Gilbert）于 1968 年最早提出的，因此也称为吉尔伯特乘法器。由图可见，V_{T1} 与 V_{T2}、V_{T3} 与 V_{T4} 组成两对差分电路，作为上述两对差分电路的恒流源 V_{T5} 与 V_{T6} 也是一对差分电路，其恒流源为 I_0。两个输入信号 u_1 和 u_2 分别加到 $V_{T1} \sim V_{T4}$ 和 V_{T5}、V_{T6} 管的基极，可以平衡输入，也可以将其中任意一端接地变成单端输入。V_{T1} 与 V_{T3} 管的集电极接在一起作一个输出端，V_{T2} 与 V_{T4} 管的集电极接在一起作另一个输出端，可以平衡输出，也可以将其中任意一端接地变成单端输出。

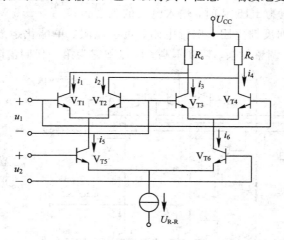

图 9 - 20 双差分对模拟相乘器的原理电路

可以证明，双差分对模拟相乘器在 u_1、u_2 较小时可近似实现两信号的相乘，即

$$u_o \approx -\frac{R_c I_0}{4 U_T^2} u_1 u_2 = K u_1 u_2 \tag{9.36}$$

式中，$K = -\dfrac{R_c I_0}{4U_T^2}$。如果设 $u_1 = U_{1m}\cos\omega_1 t$，$u_2 = U_{2m}\cos\omega_2 t$，则

$$u_o \approx K(U_{1m}\cos\omega_1 t)(U_{2m}\cos\omega_2 t)$$
$$= \frac{1}{2}KU_{1m}U_{2m}\cos(\omega_1+\omega_2)t + \frac{1}{2}KU_{1m}U_{2m}\cos(\omega_1-\omega_2)t$$

表明双差分对模拟相乘器的输出端存在两输入信号的和、差频分量，可实现频率变换功能。同时也说明相乘器输出端的频率分量相对非线性器件频率变换后的频率分量少得多，即输出频谱得以净化，这是相乘器实现频率变换的主要优点。

当然，图 9-20 所示的模拟相乘器只是一个原理电路。该电路要实现较理想的相乘特性，必须使输入电压幅值远小于 $2U_T(2\times26\text{ mV})$，因而输入信号电压动态范围较小。如果输入信号的电压幅值接近或大于 $2U_T$，会引入非线性误差。假设要求相乘器输出信号的误差小于 1‰，近似分析表明，u_1、u_2 的幅值应小于 $0.25\,U_T$，即常温下两输入信号电压的幅值应小于 6 mV，而如此小的输入信号动态范围不能适应大多数实际工作条件。为克服以上缺点，人们对图 9-20 所示电路进行了改进，这里不作详细分析，只简明指出：一是在 V_{T5}、V_{T6} 管的发射极接入负反馈电阻，可以扩大理想相乘运算的输入电压 u_2 的动态范围；二是在双差分对的输入端加一个非线性补偿网络，可以扩大输入信号 u_1 的动态范围，它是利用电流—电压转换电路所具有的反双曲正切函数特性来补偿双差分对管的双曲正切函数特性，使其总的合成输出与输入之间成为线性关系，从而制造出理想模拟相乘器。

4. 四象限集成模拟相乘器

下面介绍一种引入上述改进措施后，制造出的通用型单片模拟相乘器的典型产品 BG314，它是 70 年代的国产产品，同类产品有 Motorola 公司的 MC1595 等。

图 9-21(a) 为 BG314 的内部电路，图 9-21(b) 为 BG314 外部元件连接电路。图中虚线左边是用以扩大输入信号动态范围的非线性补偿网络，右边是前面介绍的吉尔伯特相乘器。该电路当电源电压为 ±15 V 时，输入电压的动态范围可达 ±5 V。用它实现典型四象限相乘关系还必须外加反馈电阻、偏置电阻、负载电阻、单端化运放及输出调零网络等，使用很不方便。另外，调整复杂、精度不高，所以称它为第一代四象限变跨导相乘器。

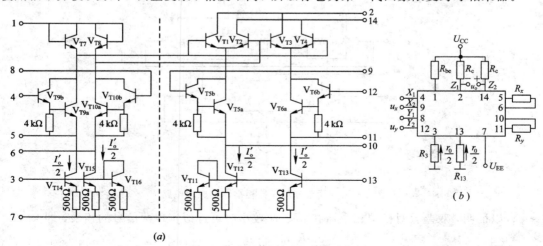

图 9-21　BG314 模拟相乘器

现已有第二代、第三代四象限模拟相乘器，第二代典型产品有 MC1595L 等，第三代典型产品有 BB4214、AD534 等。第三代相乘器不仅性能优良，而且实现相乘运算时外部连接简便。

9.4　幅　度　调　制

通过第一篇的讨论和实验，我们已经对调制与解调有了定性的认识。所谓调制，就是用调制信号去控制载波某个参数的过程。调制信号是由原始消息（如声音、图像）转变成的低频或视频信号，这些信号可以是模拟的，也可以是数字的，通常用 $u_\Omega(t)$ 表示。作为传送载体的高频振荡信号称为载波，它可以是正弦波，也可以是非正弦波（如方波、三角波、锯齿波等）。但它们都是周期信号，常用 $u_c(t)$ 和 $i_c(t)$ 表示。受调后的高频振荡波称为已调波，它具有调制信号的特征。解调则是调制的逆过程，是将载于高频振荡信号上的调制信号恢复出来的过程。

幅度调制是用调制信号去控制载波的振幅，使其随调制信号线性变化，而保持载波的其他参数不变。幅度调制又根据所取出的输出已调信号的频谱分量不同，分为普通调幅（AM）、抑制载波的双边带调幅（DSB）及单边带调幅（SSB）三种方式。它们的主要区别在于产生的方法和频谱结构，在学习时应加以注意。

9.4.1　普通调幅信号分析

1. 表示式及波形

设载波信号电压为 $u_c(t)=U_{cm}\cos\omega_c t$，调制信号电压为 $u_\Omega(t)=U_{\Omega m}\cos\Omega t$。通常满足 $\omega_c\gg\Omega$。根据调幅的定义，载波的振幅随调制信号 $u_\Omega(t)$ 线性变化，即是在载波振幅 U_{cm} 上叠加了一个受调制信号控制的变化量，这时调幅波的瞬时幅值为

$$u_{cm}(t) = U_{cm} + KU_{\Omega m}\cos\Omega t \qquad (9.37)$$

式中：K 为比例常数。上式反映了调制信号的变化规律，称为调幅波的包络。由此可得调幅信号的表示式

$$
\begin{aligned}
u_{AM}(t) &= u_{cm}(t)\,\cos\omega_c t \\
&= (U_{cm} + KU_{\Omega m}\cos\Omega t)\,\cos\omega_c t \\
&= U_{cm}(1 + m_a\cos\Omega t)\,\cos\omega_c t
\end{aligned}
\qquad (9.38)
$$

式中：$m_a=K\dfrac{U_{\Omega m}}{U_{cm}}$ 称为调幅系数。一般要求 $0<m_a<1$，以使调幅波的包络正确地反映出调制信号的变化规律。从上式还可以看出，调幅可以通过在时域内的相乘过程实现。

单频调制的调幅波波形在第一篇的实验中已观察过多次，在此将其重新画于图 9 - 22，图 9 - 22(c)、(d)、(e) 分别为 $m_a<1$、$m_a=1$、$m_a>1$ 时的已调波波形。当 $m_a>1$ 时，称为过调制，此时调幅波的包络不再反映调制信号的变化，产生了严重的失真，这是应该避免的。

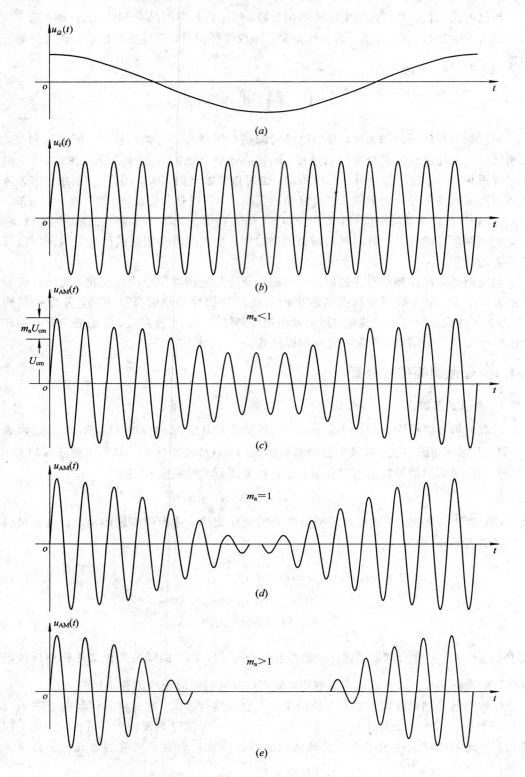

图 9 - 22　AM 调制过程中的信号波形

2. 调幅波的频谱

利用三角函数公式，将式(9.38)展开有

$$u_{AM}(t) = U_{cm}\cos\omega_c t + \frac{1}{2}m_a U_{cm}\cos(\omega_c + \Omega)t + \frac{1}{2}m_a U_{cm}\cos(\omega_c - \Omega)t \quad (9.39)$$

由式(9.39)可见，单频调制的调幅波包含三个频率分量，分别是载波 ω_c、上边频 $\omega_c + \Omega$ 和下边频 $\omega_c - \Omega$。在频域上表示出的频谱如图9-23所示。从图中可以看出，调幅在频域上表现为频谱的线性搬移。经过调幅，调制信号的频谱被搬移到载频 ω_c 的两旁，成为上边频和下边频，所搬移的频量是载波的角频率 ω_c。

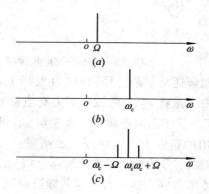

图 9-23　单频调制时已调波的频谱

(a) 调制信号频谱；(b) 载波信号频谱；(c) AM 信号频谱

上面讨论的是单频正弦信号作为调制信号的情况，而一般传送的信号并非单一频率信号。假设调制信号是非正弦周期信号，其傅里叶级数表示式为

$$u_\Omega(t) = \sum_{n=1}^{n_{max}} U_{\Omega nm}\cos(n\Omega t - \varphi_n) \quad (9.40)$$

则调幅波 u_{AM} 可写为

$$u_{AM}(t) = [U_{cm} + K_n u_\Omega(t)]\cos\omega_c t$$

$$= U_{cm}\cos\omega_c t + \left[K_n\sum_{n=1}^{n_{max}} U_{\Omega nm}\cos(n\Omega t - \varphi_n)\right]\cos\omega_c t$$

$$= U_{cm}\cos\omega_c t + K_n\sum_{n=1}^{n_{max}}\frac{1}{2}m_{an}U_{cm}\cos[(\omega_c + n\Omega)t - \varphi_n]$$

$$+ K_n\sum_{n=1}^{n_{max}}\frac{1}{2}m_{an}U_{cm}\cos[(\omega_c - n\Omega)t - \varphi_n] \quad (9.41)$$

式中：$m_{an} = \dfrac{K_n U_{\Omega nm}}{U_{cm}}$。

此时已调幅信号的波形和频谱如图9-24(a)、(b)所示。由图可见，用较复杂的调制信号调幅的结果，在频域上表现出将调制信号的频谱结构不失真地搬移了一个频量 ω_c，成为上边带和下边带。上边带的频谱结构与原调制信号的频谱结构相同，下边带是上边带的镜像。所谓频谱结构相同，是指各频率分量的相对振幅及相对位置没有变化。

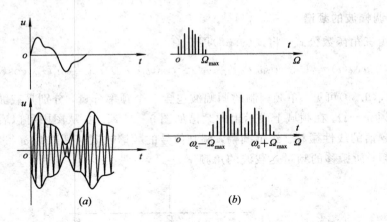

图 9-24　复杂信号调幅的波形和频谱

综上所述，不论是单频调幅还是复杂信号调幅，在时域上都表现为调制信号与高频载波信号的相乘过程；在波形图上是将 $u_\Omega(t)$ 的波形不失真地叠加到 $u_c(t)$ 的振幅上；在频域上则是将 $u_\Omega(t)$ 的频谱不失真地从零点附近搬移一个频量 ω_c，即移到载频 ω_c 的两旁。

单频调制时，调幅波占用的带宽 $BW_{AM} = 2F$。如调幅信号为一连续谱信号或多频信号，其最高频率为 F_{max}，则调幅信号占用的带宽 $BW_{AM} = 2F_{max}$。信号带宽是决定无线电台频率间隔的主要因素，例如通常调幅广播电台规定的频道间隔为 9 kHz，VHF 电台的频道间隔为 25 kHz，GSM 移动通信频道间隔为 200 kHz。

3. 调幅波的功率分配

由单频信号调制的调幅波表示式(9.39)可写出载波在负载电阻 R_L 上所消耗的功率为每个边频分量所消耗的功率

$$P_c = \frac{U_{cm}^2}{2R_L} \tag{9.42}$$

$$P_{sb_1} = P_{sb_2} = \frac{1}{2R_L}\left(\frac{1}{2}m_a U_{cm}\right)^2 = \frac{1}{4}m_a^2 P_c \tag{9.43}$$

调幅波在调制信号一个周期内输出的平均功率为

$$P_{av} = P_c + P_{sb_1} + P_{sb_2} = P_c\left(1 + \frac{1}{2}m_a^2\right) \tag{9.44}$$

因为 $m_a \ll 1$，所以边频功率之和最多占总输出功率的 1/3，而由调幅波频谱图可知，调制信号只包含在边频或边带内。载波分量不包含调制信号的信息，却占有调幅波总功率的 2/3 以上。因此，从有效地利用发射机功率的角度考虑，普通调幅波的能量浪费是一大缺点。例如在传送语音及音乐时，因实际应用的平均调制度 $m_a = 0.3$，计算表明，边带功率只占有不到 5% 的总功率，载波功率却占 95% 以上。考虑到普通调幅的实现技术和解调技术较简单，使收音机系统制作容易、廉价，因而目前在中短波广播系统中仍广泛采用。例如在第三章实验中的中波收音机所接收的就是普通调幅信号，它的解调只需用一只二极管。

4. 实现普通调幅的电路模型

由调幅波的数学表示式已知，普通调幅在时域上表现为低频调制信号叠加一直流电压后与高频载波信号的相乘。因此，凡是具有相乘功能的非线性器件和电路都可以实现普通调幅，完成频域上的频谱线性搬移。

图 9 - 25 给出了实现普通调幅的两种电路模型。在图 9 - 25(a)中，调制信号先与直流电压 U_{cm} 通过加法器相加，然后与单位振幅的载波经相乘器相乘，从而在输出端得到调幅信号。对图 9 - 25(b)也可进行类似分析。

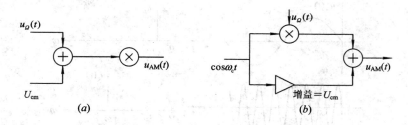

图 9 - 25　实现普通调幅的两种电路模型

9.4.2　双边带调幅信号分析

上一节讨论已指出，调幅波所传输的信息包含在两个边带内，而不含信息的载波却占据了调幅波功率的绝大部分。如果在传输前将载波抑制掉，只传输两个边带，可大大节省发射功率，而仍具有传输信息的功能。这就是抑制载波的双边带调幅（DSB），简称双边带调幅。

将普通调幅波的载波抑制就形成双边带调幅波，它可由调制信号 $u_\Omega(t)$ 和载波信号 $u_c(t)$ 直接相乘得到，即

$$u_{DSB}(t) = Ku_\Omega(t)u_c(t) = Ku_\Omega(t)U_{cm}\cos\omega_c t \tag{9.45}$$

在单频余弦信号调制时，双边带信号为

$$u_{DSB}(t) = \frac{1}{2}KU_{\Omega m}U_{cm}[\cos(\omega_c+\Omega)t + \cos(\omega_c-\Omega)t] \tag{9.46}$$

式中：常数 K 的大小决定于相乘器电路。如果 $u_\Omega(t)$ 为多频周期信号，则双边带信号可表示为

$$u_{DSB}(t) = \frac{1}{2}\sum_{n=1}^{\infty}m_{an}U_{cm}\cos[(\omega_c+n\Omega)t-\varphi_n] + \frac{1}{2}\sum_{n=1}^{\infty}m_{an}U_{cm}\cos[(\omega_c-n\Omega)t-\varphi_n] \tag{9.47}$$

双边带调幅的实现模型及波形图和频谱图如图 9 - 26(a)、(b)、(c)所示。可见双边带信号有以下特点：

（1）双边带信号幅度与调制信号大小成比例变化，但包络线不再反映原调制信号的形状，因而不能再用包络检波器解调。

（2）双边带信号的高频载波相位在调制电压过零点处要突变 180°。

（3）双边带信号的频谱结构仍与调制信号类似。所占据的频带宽度与普通调幅波的相同。

双边带调幅广泛用于调频、调幅立体声广播系统。图 9 - 27 给出了立体声调频广播中采用双边带调幅技术实现副载波调制的导频制发射机方框图。图中，L、R 分别表示立体声系统的左、右声道两个音频通路的信号，两者的和信号 $L+R$ 形成主通道，而差信号 $L-R$

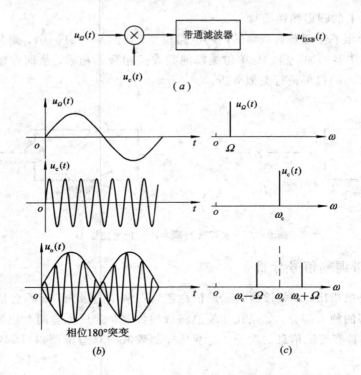

图 9-26　DSB 信号电路模型、波形、频谱图

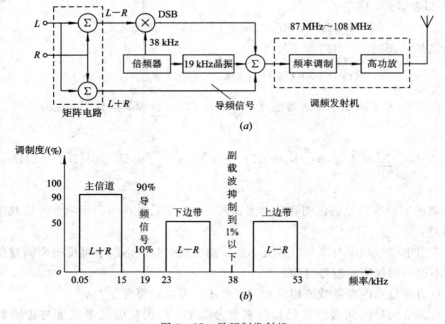

图 9-27　导频制发射机

(a) 导频制发射机方框图；(b) 导频制已调波信号的频谱

则送入相乘器，与倍频器送来的 38 kHz 高频副载波产生出双边带调幅信号，形成副信道。图中，38 kHz 高频副载波由主振荡器产生的 19 kHz 导频信号倍频获得。为了使接收机能

恢复出 $L-R$ 信号，还需要一个一定幅度的 19 kHz 的导频信号。最后再用主、副信道信号与 19 kHz 导频信号合成的复合信号以调频方式去调制载频（87 MHz～108 MHz 中的一个频率），成为射频信号，由天线辐射出去。

用一般调频收音机（单声）接收立体声广播时，仅能听到 $L+R$ 的和信号，而用立体声收音机接收时，可通过其内部特殊的解码系统将和、差信号再次相加、相减得到

$$(L+R)+(L-R)=2L$$
$$(L+R)-(L-R)=2R$$

就形成分离的左、右两路信号。

导频制已调波信号的频谱如图 9-27(b)所示。

例 9.4 有两个已调波电压，其表示式分别为

$$u_1(t)=2\cos100\pi t+0.1\cos90\pi t+0.1\cos110\pi t \text{ (V)}$$
$$u_2(t)=0.1\cos90\pi t+0.1\cos110\pi t \text{ (V)}$$

$u_1(t)$、$u_2(t)$ 各为何种已调波，分别计算消耗在单位电阻上的边频功率、平均功率及频谱宽度。

解 可将给定的 $u_1(t)$ 式变换为 $u_1(t)=2(1+0.1\cos10\pi t)\cos100\pi t$ (V)，由此可见这是普通调幅波。其消耗在单位电阻上的边频功率为

$$P_{\text{sb}}=2\times\frac{1}{2}\times\left(\frac{1}{2}m_aU_{\text{cm}}\right)^2=2\times\frac{1}{2}\times0.1^2=0.01\text{(W)}$$

载波功率为

$$P_{\text{c}}=\frac{1}{2}U_{\text{cm}}^2=\frac{1}{2}\times2^2=2\text{(W)}$$

$u_1(t)$ 的平均总功率为

$$P=P_{\text{sb}}+P_{\text{c}}=0.01+2=2.01\text{(W)}$$

频谱宽度为

$$\text{BW}=2F=2\times\frac{10\pi}{2\pi}=10\text{ (Hz)}$$

同理，对所给的 $u_2(t)$，可写为 $u_2(t)=0.2\cos10\pi t\cos100\pi t$，可看出 $u_2(t)$ 是抑制载波的双边带调幅波，$F=\frac{10\pi}{2\pi}=5$(Hz)，$f_{\text{c}}=\frac{100\pi}{2\pi}=50$(Hz)。其边频功率为

$$P_{\text{sb}}=2\times\frac{1}{2}\times\left(\frac{1}{2}m_aU_{\text{cm}}\right)^2=2\times\frac{1}{2}\times0.1^2=0.01\text{ (W)}$$

总功率就等于边频功率 P_{sb}，频谱宽度 $\text{BW}=2F=\frac{2\times10\pi}{2\pi}=10$(Hz)。

从此题可以看出，在调制频率 F、载频 f_{c}、载波振幅 U_{cm} 一定时，若采用普通调幅，单位电阻上所吸收的边频 P_{sb} 约占平均功率的 0.49%，而不含信息的载频功率却占 99% 以上。这在功率发射上是一种极大的浪费。

例 9.5 已知两调幅波的表达式分别为

$$u_1(t)=\left(1+\frac{1}{2}\cos\Omega t\right)\cos\omega_{\text{c}}t$$

$$u_2(t)=\sin\Omega t\ \sin\omega_{\text{c}}t$$

且 $\omega_{\text{c}}=5\ \Omega$，分别画出 $u_1(t)$、$u_2(t)$ 的波形图和频谱图。

解
$$u_1(t) = \left(1 + \frac{1}{2}\cos\Omega t\right)\cos\omega_c t = \left(1 + \frac{1}{2}\cos\Omega t\right)\cos 5\Omega t$$

可知 $u_1(t)$ 为普通调幅波，载波振幅为 1，调幅后的最大振幅为 $1 + \frac{1}{2} = 1.5$，最小振幅为 $1 - \frac{1}{2} = 0.5$，画出的波形图如图 9-28(a) 所示，可以看到 $u_1(t)$ 的包络形状与调制信号 $\frac{1}{2}\cos\Omega t$ 的变化相同；在画频谱图时，应先将 $u_1(t)$ 展开

$$u_1(t) = \cos 5\Omega t + \frac{1}{4}\cos 6\Omega t + \frac{1}{4}\cos 4\Omega t$$

可见，$u_1(t)$ 中含有载频 5Ω、上边频 6Ω、下边频 4Ω 三个频率分量，其频谱图如图 9-28(b) 所示。

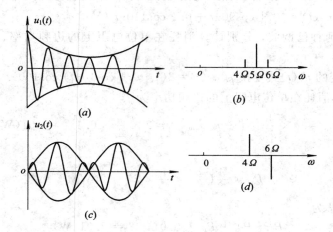

图 9-28　波形图与频谱图

画出 $u_2(t) = \sin\Omega t\ \sin\omega_c t = \sin\Omega t\ \sin 5\Omega t$ 的波形图如图 9-28(c) 所示，可知 $u_2(t)$ 的包络仍然随调制信号 $\sin\Omega t$ 变化，但不是叠加在载波振幅上，而是在零值上、下变化，使原载波 $\sin 5\Omega t$ 的相位在 $\sin\Omega t$ 的过零点处反相；画频谱图时，$u_2(t)$ 可写为 $u_2(t) = \frac{1}{2}\cos 4\Omega t - \frac{1}{2}\cos 6\Omega t$，可知 $u_2(t)$ 中仅含有两个边频分量 4Ω、6Ω。为抑制载波的双边带调幅，其频谱图如图 9-28(d) 所示。

9.4.3　单边带调幅信号分析及实现模型

观察图 9-26 所示的双边带调幅信号的频谱发现，上、下两个边带都反映了调制信号的频谱结构，其差别仅在下边带反映的是调制信号频谱的倒置。这种差别对传输信息来说是无关紧要的。为进一步提高发射效率和节省信道资源，可将其中一个边带抑制掉，这种只传送一个边带的调幅方式称为单边带调幅（SSB）。

1. 单边带调幅信号分析

对式（9.46）或式（9.47）所表示的双边带调幅信号，只要取出其中一个边带，即可包含调制信号的全部信息，而成为单边带调幅。显然，其表示式为（设取上边带）

$$u_{SSB}(t) = \frac{1}{2}KU_{\Omega m}U_{cm}\cos[(\omega_c + \Omega t)] \tag{9.48}$$

或

$$u_{SSB}(t) = \frac{1}{2}\sum_{n=1}^{\infty}m_{an}U_{cm}\cos[(\omega_c + n\Omega)t] \tag{9.49}$$

由式(9.48)可画出单频调制时单边带调幅波的波形图和频谱图，如图9-29所示。

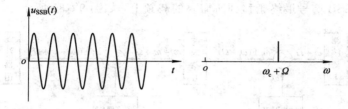

图9-29 单边带调幅波的波形图和频谱图

单边带调幅能降低对功率和带宽的要求。单边带信号的频谱宽度 $BW_{SSB} = F_{max}$，仅为双边带调幅信号频谱宽度的一半，因此，单边带调制已成为信道特别拥挤的短波无线电通信中应用最广泛的一种调制方式。又由于只发射一个边带，大大节省了发射功率。与普通调幅相比，在总功率相同的情况下，可使接收端的信噪比明显提高，从而使通信距离大大增加。从频谱结构来看，单边带调幅信号所含频谱结构仍然与调制信号的频谱类似，从而也具有频谱搬移特性。

从波形图可以看出，单频调制的单边带调幅信号为一单频余弦波，其包络已不体现调制信号的变化规律。由此可以推知，单边带信号的解调技术会较复杂。

2. 单边带调幅的实现模型

从前面对单边带信号的分析可以看到，单边带调幅已不能再由调制信号与载波信号简单相乘实现。从单边带调幅信号的时域表示式和频谱特性出发，可以有两种基本的电路实现模型：滤波法和相移法。

(1) 滤波法。因为单边带信号实际上只是传送双边带信号的一个边带，所以先用相乘器产生抑制载波的双边带调幅波，再用带通滤波器取出其中一个边带信号并抑制另一个边带信号，如图9-30所示。

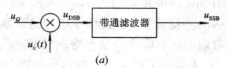

(a)

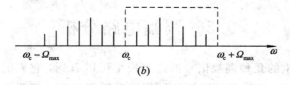

(b)

图9-30 滤波法产生 SSB 信号

(a) 理想带通滤波器；(b) 频率特性

滤波法单边带调幅法原理简单，但实现并不容易，特别是调制信号中含有较多的低频分量时，要求带通滤波器有理想的锐截止特性，如图 9-30(b) 所示。只有这样才能保证带内信号无失真地通过，而对带外无用信号有足够的衰减。然而在高频段设计这样一个锐截止频率特性的带通滤波器是困难的。因为任何一个滤波器从通带到阻带总有一个过度带，而过度带相对中心频率的比值决定了制作该滤波器的难易程度。比值越小越难实现。

为了克服上述实际困难，通常先在较低频率上实现单边带调幅，然后通过多次双边带调制与滤波，将 SSB 信号最终搬移到所需要的载频上，如图 9-31 所示。

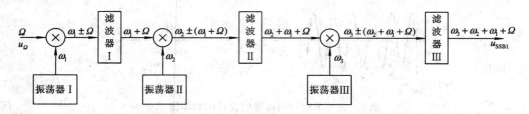

图 9-31　多次滤波法产生 SSB 信号方框图

由于 ω_1 较低，滤波器 I 容易实现，以后载频逐次提高（即 $\omega_1 < \omega_2 < \omega_3$），两个边带之间的距离逐次增大，滤出一个边带就容易实现。

（2）相移法。相移法的电路模型如图 9-32 所示。

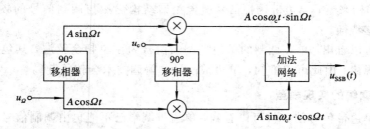

图 9-32　相移法产生 SSB 信号

为了分析简便，调制信号仍取单频 Ω，载波和经过 90° 相移的调制信号相乘后得到 $A \sin\Omega t \cos\omega_c t$，与此同时相移 90° 的载波和调制信号相乘产生 $A \cos\Omega t \sin\omega_c t$，将以上两信号相加，从而得到单边带信号。

$$A \cos\Omega t \sin\omega_c t + A \sin\Omega t \cos\omega_c t = A \sin(\omega_c + \Omega)t \tag{9.50}$$

采用这种方法可以省去一些滤波器，但是由于实际的调制信号不是单频信号，因此要求移相网络对调制信号频带内的所有频率分量都准确相移 90°。实现这样的移相网络是困难的，为了克服这一缺点，有人提出了产生单边带信号的第三种方法——修正的相移滤波法（维夫——Weaver 法），此方法由读者自己分析。

9.5　调幅电路分析

从上一节分析产生的几种调幅信号的电路模型可以看到，它们的实现方法类似，用到的主要功能器件也相同。这是因为调幅过程是频谱搬移过程，需要产生新的频率分量，因此都采用了非线性器件。电路模型中的滤波器则是用来选取所需要的信号，滤除无用信号，根据调幅信号的不同形式，所选取、抑制的频率分量也不同。也就是说，可以用基本相同的电路实现普通调幅、双边带调幅及单边带调幅等。不同之处在于其输入信号、输出信号的形式，滤波器的性能要求。

调幅电路按输出功率的高低可分为高电平调幅电路和低电平调幅电路。高电平调幅是将调制和功放合二为一，调制后的信号不需要再放大就可直接发射。高电平调幅一般置于发射机的最后一级，主要用于形成 AM 信号，许多广播发射机都采用这种调制；低电平调幅是将调制和功放分开，调制后的信号电平较低，还需经功放后达到一定的发射功率再发送出去。低电平调幅可用来形成 AM、DSB、SSB 信号。

9.5.1　高电平调幅电路

高电平调幅电路的主要优点是不必采用效率很低的线性功率放大电路，从而有利于提高整机效率，通常用于较大功率的标准调幅发射机中。它的主要技术指标是输出功率和效率，同时兼顾调制线性的要求。

为了获得大功率和高效率，通常以效率较高、输出功率大的高频谐振功率放大器为基础构成高电平调幅电路。常用的方法是对功放的供电电压进行调制。功放工作在 B 类或 C 类，其输出电路对载频调谐，带宽为调制信号带宽的两倍。

根据调制信号控制方式的不同，对晶体管而言，高电平调幅又可分为基极调幅和集电极调幅。其工作原理就是利用改变某一电极的直流电压以控制集电极高频电流振幅。集电极调幅和基极调幅的原理及调制特性已在高频功率放大器一章讨论过了，此处不再介绍。

1. 集电极调幅电路

集电极调幅电路如图 9 - 33 所示。等幅载波通过高频变压器 T_1 输入到被调放大器的基极，调制信号通过低频变压器 T_2 加到集电极回路且与电源电压 U_{CC} 相串联，此时，$E_c(t) = U_{CC} + u_\Omega(t)$，即集电极电源电压随调制信号 $u_\Omega(t)$ 而变化。要实现调幅就是要使输出信号随调制信号 $u_\Omega(t)$ 线性变化，也就是要求集电极电流的基波分量 I_{c1m}、集电极输出电压 U_{cm} 随 $E_c(t)$ 线性变化。由分析功放的集电极调制特性已知，当功率放大器工作于过压状态时，集电极电流的基波分量的振幅 I_{c1m} 随集电极偏置电压变化而变化，见图 7 - 11。因此，要实现集电极调幅，应使放大器工作在过压状态。此时，输出信号 $u_o(t)$ 的振幅值约等于电源供电电压 $E_c(t)$，即 $U_{om} = E_c(t) - u_{ces} \approx E_c(t)$。如果输出回路调谐在载波频率 ω_c 上，则输出信号为 $u_o(t) = U'_{CC}(t)\cos\omega_c t = [U_{CC} + u_\Omega(t)]\cos\omega_c t$，实现了高电平调幅。

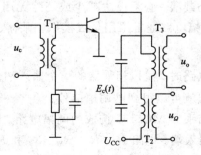

图 9 - 33　集电极调幅电路

2. 基极调幅电路

基极调幅电路如图 9-34 所示，图中，L_{B1} 是高频扼流圈，L_B 为低频扼流圈，C_1、C_3、C_5 为低频旁路电容，C_2、C_4、C_6 为高频旁路电容。与集电极调幅电路同样的分析，可以认为放大器的基极等效偏置电压为 $E_B(t) = U_{BB} + u_\Omega(t)$。在分析功放的基极调制特性时已知，当功率放大器工作于欠压状态时，集电极电流基波分量振幅 I_{c1m} 随基极偏置电压的变化而变。由于 $E_B(t)$ 随 $u_\Omega(t)$ 变化，I_{c1m} 也将随之变化，从而得到已调幅信号。

由于基极电路电流小，消耗功率小，故所需调制信号功率小，调制电路比较简单，这是基极调幅的优点。但因其工作在欠压状态，集电极效率低是其一大缺点，一般只用于功率不大、对失真要求低的发射机中。而集电极调幅效率较高，适用于较大功率的调幅发射机。

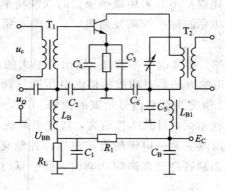

图 9-34　基极调幅电路

9.5.2　低电平调幅电路

低电平调幅电路置于发射的前级，产生较小的已调波功率，经线性功率放大器将它放大到所需的发射功率，通常用于抑制载波双边带调幅和单边带调幅的发射机中。它的主要技术指标是要求有良好的调制特性，而输出功率和效率不是主要考虑的问题。此外，作为抑制载波，双边带调幅和单边带调幅电路还提出了对载波分量的抑制度。抑制程度用载漏表示，载漏定义为输出的载波分量低于输入分量的分贝数。分贝数越大，载漏越小。一般要求在 40 dB 以上。

为了提高调制线性和减小载漏，必须设法减少或消除无用的频率分量，力求实现理想相乘。因此，现代的低电平调幅电路通常采用集成模拟相乘器、二极管平衡电路构成。

1. 模拟相乘器调幅电路

用模拟相乘器构成调幅电路时，模拟相乘器的两个输入端分别作用着调制信号电压 u_Ω 和载波信号电压 u_c。在输出端就可以得到已调幅信号。

图 9-35 是由集成模拟相乘器 MC1496 构成的调幅电路。图中两输入端分别为载波信号 u_c 输入端和调制信号 u_Ω 输入端。电阻 R_1、R_2、R_W、R_3 和 R_4 用于将直流负电源电压分压后供给 MC1496 的 1、4 脚内部的差分对三极管基极偏置电压。通过调节 R_W，可以使 MC1496 的 1、4 端的直流电位差为零，即 u_Ω 输入端只有调制信号输入而没有直流分量，

则调幅电路的输出为抑制载波的双边带调幅；若调节 R_w，使 MC1496 的 1、4 端的直流电位差不为零，则电路有载波分量输出，即可以得到普通调幅波。

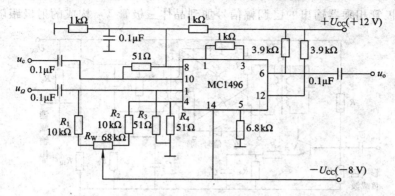

图 9 - 35　集成模拟相乘器 MC1496 构成的调幅电路

图 9 - 36 给出了用国产 BG314 型集成模拟相乘器组成的抑制载波双边带调幅电路。

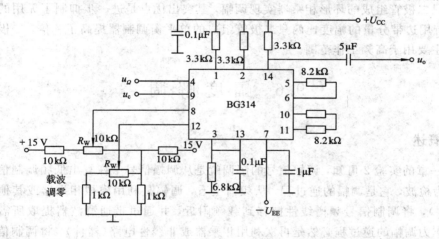

图 9 - 36　由集成模拟相乘器 BG314 构成的双边带调幅电路

同样的道理，在上述电路中，如果有意将载波调零电路偏离平衡点，在输出端就可得到调幅系数 m_a 为任意值的普通调幅信号。

用于实现调幅的模拟相乘器有国产集成芯片 BG314、XCC；国外的芯片 MC1596G（1496）、AD534、BB4213、BB4214 等。然而需要实现更高频段（如 VHF、UHF 甚至微波频段）的频率变换时，目前还只能采用肖特基二极管或场效应管平衡调制电路。

2. 晶体二极管平衡调幅电路

在本章第二节中讨论了晶体二极管组成的相乘电路。在这些相乘器中，如果两个输入信号其中的一个是低频调制信号，另一个是高频载波信号，则在输出端即可得到调幅信号。在此不再重复分析，只给出一个用二极管平衡相乘器实现抑制载波双边带调幅的实际应用电路。图 9 - 37 所示电路可用于彩色电视系统中，实现色差信号对彩色副载波进行抑制载波的双边带调幅。彩色副载波信号由晶体三极管 V_{T1} 组成的放大电路放大，经变压器 T_1 输入给二极管环形相乘器的一个输入端。色差信号加到环形相乘器的另一个输入端。

R_5、R_6 为可调电阻器，用来改善电路的平衡状态。变压器 T_2 的次级与电容 C_4、电阻 R_7 构成谐振回路，其中心频率是已调幅信号的载频（即彩色副载波的频率），带宽为色差信号频率的二倍。二极管相乘器输出的已调幅信号加到晶体三极管 V_{T2} 构成的射极跟随器输出。

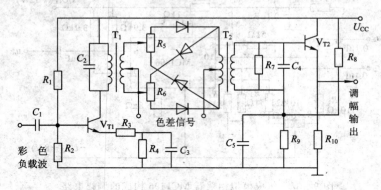

图 9 - 37　二极管调制电路应用实例

　　用四只二极管组成的环形相乘器实现调幅，其突出优点是进一步抑制了无用的频率分量，而且有用边带分量的幅度比两只二极管组成的单平衡调制器提高了一倍。二极管平衡式调制器主要用于高频工作范围。

9.6　幅　度　解　调

9.6.1　概述

　　由第一章的实验 2 可知，调幅信号的解调就是从调幅信号中恢复出低频调制信号的过程，又称为检波，它是调幅的逆过程。从频谱上看，调幅是利用模拟相乘器或其他非线性电路（器件），将调制信号频谱线性搬移到载频附近，并通过带通滤波器提取所需要的信号。检波作为调幅的逆过程必然是再次利用相乘器或非线性电路（器件），将调制信号频谱从载波频率附近搬回原来位置，并通过低通滤波器提取所需要的信号。幅度解调的原理电路模型可以用图 9 - 38 表示。

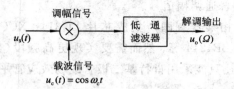

图 9 - 38　幅度解调的原理电路模型

　　图 9 - 39 所示为频谱搬移过程，其中，图 9 - 39(a) 为输入调幅信号的频谱（设为 AM 信号），图 9 - 39(b) 为解调输出信号的频谱。由图可见，输出信号频谱相对输入信号频谱在频率轴上搬移了一个载频频量。另外，应注意用于解调的相干载波信号必须与所收到的调幅波载波严格同步，即保持同频同相，否则会影响检波性能。因此，这种检波方式称为同步检波（相干解调）。

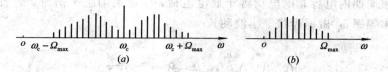

图 9-39 幅度解调中的频谱搬移

虽然图 9-38 所示的电路在原理上适用于 AM、DSB、SSB 信号的解调，但对 AM 信号而言，因为其载波分量未被抑制，不必另外加相干载波信号，而可以直接利用非线性器件的频率变换作用解调（例如第一篇中的二极管检波），这种解调称为包络检波，也可称为非同步检波或非相干解调。对于 DSB、SSB 信号，其波形包络不直接反映调制信号的变化规律，所以不能采用包络检波器解调，只能采用同步检波。

9.6.2 包络检波电路

包络检波是指检波器的输出电压直接反映高频调幅波包络变化规律的一种检波方式。如平方律检波、峰值包络检波、平均包络检波等都属于这种检波形式。由于普通调幅波的包络与调制信号成正比，因此包络检波只适用于 AM 波。目前应用最广的是二极管包络检波器，在集成电路中则广泛采用三极管发射极包络检波电路。下面将以第一章中介绍的二极管峰值包络检波器为例，对其原理、性能等进行较详细的讨论。

二极管峰值包络检波电路有两种电路形式：二极管串联式和二极管并联式，如图 9-40(a)、(b)所示。串联式是指二极管与信号源、负载三者串联，而并联是指三者并接。下面主要讨论串联型二极管包络检波器。图中 $R_L C_L$ 为检波负载，同时也起低通滤波的作用。一般要求输入信号的幅度在 0.5 V 以上，所以二极管处于大信号（开关）工作状态，故又称为大信号检波器。

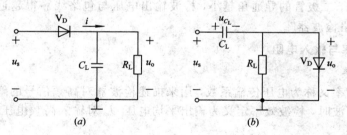

图 9-40 大信号检波电路

1. 大信号检波的物理过程

当检波器输入高频信号 u_s 为等幅载波时，其输出电压为 u_o。这种情况的输入、输出电压波形和二极管电流波形分别如图 9-41(a)、(b)所示。电路接通后，载波正半周二极管导通，并对负载电容 C_L 充电，充电时间常数为 $C_L r_d$（r_d 为二极管导通内阻），C_L 上电压即 u_o 近似按指数规律上升。这个电压建立后通过信号源电路，又反向加到二极管两端，这时二极管上的电压为 $u_s - u_o$。当 u_s 由最大值下降到小于 u_o 时，二极管截止，电容 C_L 将通过 R_L 放电。由于放电时间常数 $C_L R_L$ 远大于高频电压的周期，故放电很慢。电容 C_L 上电荷尚未放完时，下一个正半周的电压又超过 u_o，使二极管又导通，C_L 再次被充电。如此反复，直到在一个高频周期内电容充电电荷等于放电电荷，即达到动态平衡时，u_o 便在平均值 u_{av} 上下按载波角频率 ω_c 做锯齿状等幅波动。

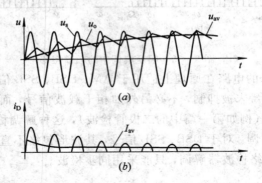

图 9-41　等幅波的检波波形

当输入信号 u_s 是调幅波时，只要 $\omega_c \gg \Omega_{max}$，并且电容 C_L 放电速度能跟得上包络变化速度，那么检波器输出电压就能随调幅波的包络线变化，如图 9-42 所示。

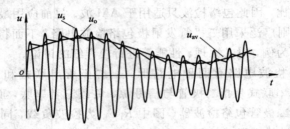

图 9-42　调幅波的检波波形

由图中可见，二极管的导通角越小，检波输出电压与包络线靠得越近，故称这种检波电路为"峰值包络检波器"。

2. 检波效率与输入电阻

1）检波效率

检波器的效率又称为电压传输系数，用来描述检波器对高频信号的解调能力。当输入信号为高频等幅波时，检波效率定义为输出平均电压 U_{av} 对输入高频电压振幅 U_{cm} 的比值，用 K_d 表示，即

$$K_d = \frac{U_{av}}{U_{cm}} \tag{9.51}$$

当输入为高频调幅波时，检波效率是指检波器的输出信号幅度和输入信号包络幅度之比，即

$$K_d = \frac{U_{\Omega m}}{m_a U_{cm}} \tag{9.52}$$

式中：$U_{\Omega m}$ 为检波器输出端低频信号幅度；$m_a U_{cm}$ 为输入端高频调幅波包络变化的幅度；m_a 为调幅系数。

以上这两个定义是一致的，对同一个检波器它们的值是相同的。由检波原理分析可知，二极管包络检波器当 $R_L \gg \dfrac{1}{\omega_c C_L}$，$R_L \ll \dfrac{1}{\Omega C_L}$ 时，输出低频信号电压振幅只略小于调幅波

包络振幅，故 K_d 略小于 1，实际上 K_d 在 80% 左右。

2）输入电阻

检波器的输入电阻说明检波器对前级的影响程度，其定义为输入高频电压振幅 U_{cm} 与输入高频电流中的基波电流振幅 I_{1m} 的比值

$$R_i = \frac{U_{cm}}{I_{1m}} \tag{9.53}$$

分析表明，对等幅高频振荡检波时，$R_i = R_L/2$；对单频普通调幅信号检波时，$R_i \approx R_L/2$。R_i 的大小与检波器的输入电压无关。

3. 大信号检波电路的失真

检波电路除了具有与放大器相同的线性与非线性失真外，还可能存在下述两种特有的非线性失真。

1）惰性失真

惰性失真是由于检波负载 $R_L C_L$ 取值过大而造成的。通常为了提高检波效率和滤波效果，希望选取较大的 $R_L C_L$ 值，但 $R_L C_L$ 取值过大时，二极管截止期间电容 C_L 通过 R_L 放电速度过慢，当它跟不上输入调幅波包络线下降速度时，检波输出电压就不能跟随包络线变化，于是产生如图 9-43 所示的惰性失真。

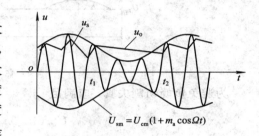

图 9-43　惰性失真

由图可见，在 $t_1 \sim t_2$ 时间内，因 $u_s < u_o$，二极管总是处于截止状态。为了避免产生这种失真，必须保证在每一个高频周期内二极管导通一次，也就是使电容 C_L 的放电速度大于或等于调幅波包络线的下降速度。若输入调幅波 $u_s = U_{cm}(1 + m_a \cos\Omega t)\cos\omega_c t$，则应满足

$$\left| \frac{\partial u_o}{\partial t} \right| \geqslant \left| \frac{\partial U_{cm}(1 + m_a \cos\Omega t)}{\partial t} \right|$$

进一步分析表明，避免产生惰性失真的条件为

$$R_L C_L \leqslant \frac{\sqrt{1 - m_a^2}}{m_a \Omega} \tag{9.54}$$

应当注意的是在多频调制情况下，上式中的 Ω 应取调制信号的最高频率分量值 Ω_{max}。

2）负峰切割失真

实际上，检波电路总要和低频放大电路相连接。作为检波电路的负载，除了电阻 R_L 外，还有下一级输入电阻 r_{i2} 通过耦合电容 C_c 与电阻 R_L 并联，如图 9-44 所示。

当检波器输入单频调制的调幅波时，检波器输出的低频电压全部加到 r_{i2} 两端，而直流电压全部加

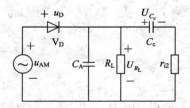

图 9-44　检波电路与低放连接

到 C_c 两端，其大小近似等于输入信号的载波电压振幅 U_{cm}。由于 C_c 容量较大，在音频的一个周期内认为其两端的直流电压 U_c 近似不变，可看成一直流电源。在 R_L 上的压降为

$$U_{R_L} = \frac{R_L}{R_L + r_{i2}} U_{cm} \tag{9.55}$$

此电压对二极管而言是反偏置，因而在输入调幅波正半周的包络小于 U_{R_L} 的那一段时间内，二极管被截止，使检波电路输出电压将不随包络线的规律而变化，电压被维持在 U_{R_L} 电平上，输出电压波形被箝位，这种失真称为负峰切割失真，如图 9-45 所示。

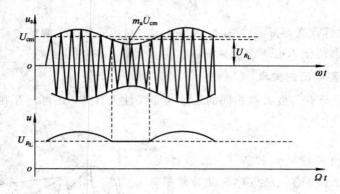

图 9-45　负峰切割失真

为避免负峰切割失真，应满足

$$U_{cm}(1 - m_a) > \frac{R_L}{R_L + r_{i2}} U_{cm} \tag{9.56}$$

即

$$m_a < \frac{r_{i2}}{R_L + r_{i2}} = \frac{R_{L\sim}}{R_L} \tag{9.57}$$

式中：$R_{L\sim} = \dfrac{R_L r_{i2}}{R_L + r_{i2}}$ 是检波器的低频交流负载；R_L 为直流负载。

上式表明，为防止产生负峰切割失真，检波器的交、直流负载之比应大于调幅波的调幅系数 m_a。当低放输入阻抗较低，对调幅系数较大的信号难以满足式(9.56)时，解决办法有两个：

(1) 将 R_L 分成 R_{L1} 和 R_{L2}，r_{i2} 通过 C_c 并接在 R_{L2} 两端，如图 9-46 所示。

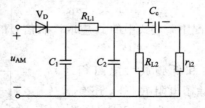

图 9-46　检波器改进电路之一

这样，因 $R_L = R_{L1} + R_{L2}$ 一定，R_{L1} 越大，交、直流负载电阻相差越小，越不容易产生负峰切割失真，但是音频输出电压也随 R_{L1} 增大而减小。通常取 $R_{L1}/R_{L2} = 0.1 \sim 0.2$，图中 C_2 是为进一步提高滤波能力而加的，常选 $C_1 = C_2$。

(2) 在检波器与低放之间采用直接耦合方式。图 9-47 为国产黑白电视机中图像信号检波器的实际电路。这是一个峰值包络检波电路，其调制信号是电视图像信号。它的最高频率为 6 MHz 左右。其载波频率即图像中频为 38 MHz。晶体管 V_T 对视频信号而言构成射极跟随器，其输入阻抗很大，检波电路交、直流负载电阻相等，从而避免了产生负峰切割失真。L、C_1、C_2 组成 II 型滤波网络，滤除图像中频。电阻 R_2 是为改善二极管检波特性而加入的，因为串联 R_2 之后信号增大时二极管内阻减小的倾向不明显，从而使传输系数在信号强弱变化时，改变较小，即提高了检波线性。

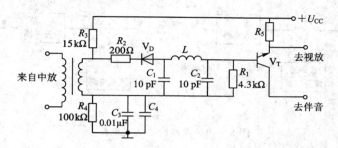

图 9 - 47　检波器改进电路之二

例 9.6　二极管包络检波器如图 9 - 48 所示。现要求检波器的等效输入电阻 $R_i \geqslant 5$ kΩ，不产生惰性失真和负峰切割失真。选择检波器的各元件参数值。设调制信号频率为 300 Hz～3000 Hz；信号中的载频为 465 kHz；二极管的正向导通电阻 $r_D \approx 100$ Ω，低放输入阻抗 $r_{i2} \approx 2$ kΩ，调幅系数 $m_a = 0.3$。

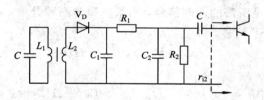

图 9 - 48　二极管包络检波器

解　先计算电阻 R_1、R_2 的值。因为二极管包络检波器的输入电阻 R_i 与直流负载 R_L 的关系为 $R_i \approx R_L/2$，所以有 $R_L \geqslant 10$ kΩ。不产生负峰切割失真的条件是 $R_{L\sim}/R_L > m_a$，因此可得 $R_{L\sim} > 3$ kΩ。现取 $R_1 \approx (1/5\sim1/10)R_2$，如给定 $R_1 = 2$ kΩ，则 $R_2 = 10$ kΩ（检验：直流负载 $R_L = R_1 + R_2 = 12$ kΩ > 10 kΩ，满足要求），此时交流负载

$$R_{L\sim} = R_1 + \frac{R_2 r_{i2}}{R_2 + r_{i2}} = 2 + \frac{10 \times 2}{10 + 2} = 3.7 \text{ kΩ}$$

再由不产生惰性失真的条件计算 C_1、C_2。由 $R_L C_L \leqslant \dfrac{\sqrt{1-m_a^2}}{m_a \Omega_{max}}$ 可得 $R_L C_L \leqslant \dfrac{3}{\Omega_{max}}$，则

$$C_L \leqslant \frac{3}{R_L \Omega_{max}} = \frac{3}{2\pi \times 3000 \times 12 \times 10^3} \approx 0.013 \ \mu\text{F}$$

所以，C_1、C_2 可以选用 0.005 μF 的电容。

9.6.3　同步检波电路

以上讨论的包络检波器只能用于解调普通调幅信号或残留边带信号，因为双边带信号和单边带信号的包络不直接反映调制信号的变化规律，不能用包络检波器解调。又因为其

频谱中不含有载波分量，解调时必须在检波器输入端另加一个与发射载波同频同相并保持同步变化的相干载波，此相干载波与调幅信号共同作用于非线性器件电路，经过频率变换，恢复出调制信号。这种检波方式称为同步检波。同步检波也可以用于普通调幅波的解调。

同步检波器有两种实现方法：一是采用模拟相乘器构成的乘积型同步检波器；二是采用非线性器件构成的叠加型同步检波器。它们的实现模型分别如图 9-49(a)、(b)所示。

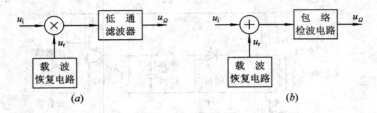

图 9-49　同步检波的实现模型

1. 乘积型同步检波器的原理及实现电路

1）解调原理

设已调幅波为 DSB 信号，$u_i = U_{im} \cos\Omega t \cos\omega_c t$，相干载波为 $u_r = U_{rm} \cos\omega_c t$，经过图 9-49($a$)中的相乘器后输出电压为

$$u_o = Au_i u_r = \frac{1}{2}AU_{im}U_{rm}\cos\Omega t + \frac{1}{2}AU_{im}U_{rm}\cos\Omega t \cos2\omega_c t$$

显然，上式右边第一项是所需的调制信号，而第二项为高频分量，可被低通滤波器滤除。

同样，若输入为 SSB 信号，即

$$u_i = U_{im}\cos(\omega_c + \Omega)t$$

则相乘器的输出电压为

$$u_i = Au_i u_r = AU_{im}U_{rm}\cos(\omega_c + \Omega)t \cos\omega_c t$$

$$= \frac{1}{2}AU_{im}U_{rm}\cos\Omega t + \frac{1}{2}AU_{im}U_{rm}\cos(2\omega_c + \Omega)t$$

经低通滤波器滤除高频分量后，即可获得低频信号输出。

同理，乘积型同步检波器也可完成普通调幅波的解调，其原理读者可自行分析。

2）实现电路

集成电路中经常采用双差分模拟相乘器实现同步检波器，其电路如图 9-50 所示。在集成化电视机中广泛用于集成中放后的视频检波电路。其中，u_2 为双边带信号，u_1 为相干载波信号。

图中晶体管 V_{T5}、V_{T6} 的发射极接反馈电阻 R_{e1}、R_{e2}，使其组成的差分放大器对解调信号 u_2 而言工作在线性范围。相干载波 u_1 的信号幅值较大，使晶体管 V_{T1}、V_{T4} 和 V_{T2}、V_{T3} 轮流导通截止，即电流 I_5 随 u_1 而变，而 V_{T1}、V_{T2} 可以看成是 I_5 的控制开关（同样，I_6 随 u_1 而变，V_{T3}、V_{T4} 可看成是 I_6 的控制开关）。

该电路的解调过程可以从图 9-51 的各波形图中看出。设 u_1 和 u_2 同频同相。正半周时 $V_{T1}(V_{T4})$ 导通，$V_{T2}(V_{T3})$ 截止，$I_5(I_6)$ 全部通过 $V_{T1}(V_{T4})$，有 $I_1 = I_5$（或 $I_4 = I_6$），$V_{T2}(V_{T3})$ 截止，$I_2 = I_3 = 0$；负半周时，则有 $I_2 = I_5$，$I_3 = I_6$，$I_1 = I_4 = 0$。流过 R_{c1}、R_{c2} 的电流分别是 $I_1 + I_3$ 和 $I_2 + I_4$，则 $u_{o1} = -R_{c1}(I_1 + I_3)$，$u_{o2} = -R_{c2}(I_2 + I_4)$。差分电路的双端

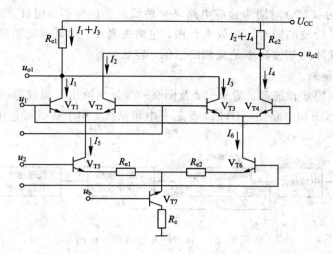

图 9-50 双差分电路同步检波器

输出 $u_o = u_{o2} - u_{o1}$。以上各电流、电压的波形如图 9-51(a)~(k)所示。可以看出，由于开关信号 u_1 的作用，在双差分输出端得到了 u_2 的类似全波整流般的波形，再经过低通滤波器，便可检出其包络信号，从而还原出调制信号 u_2。

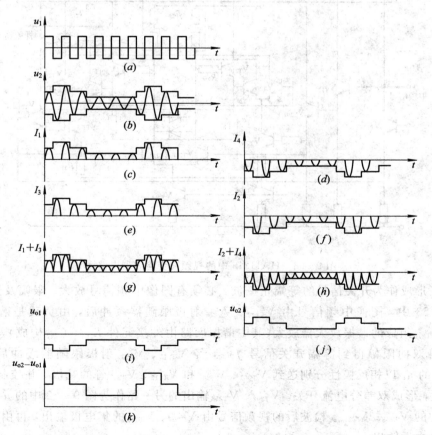

图 9-51 电压、电流波形图

以上所分析的双差分对同步检波电路是一种低电平检波器。相对普通二极管检波器有不少优点,对信号检波的同时还有放大作用;包络失真小;对低通滤波器要求低(因为实现全波整流,电流脉冲的基波频率是载频的二倍,容易滤除)。

3) 实用电路举例

(1) 图像中频同步检波器。图 9-52 及图 9-53 分别给出了集成电路 HA11215 中视频同步检波器的方框图和电路图(HA11215 是一中频系统,用于集成彩色电视机中)。

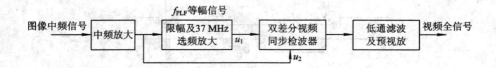

图 9-52 视频同步检波器方框图

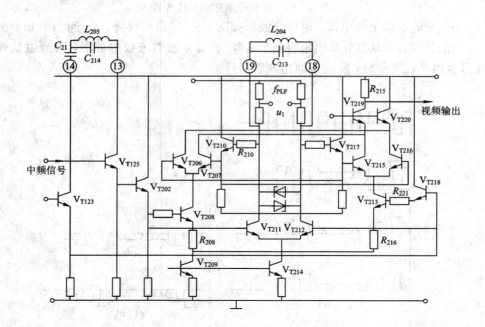

图 9-53 HA11215 中的视频同步检波器电路图

为了形成作为开关信号的等幅正弦波,必须有图像中频信号放大、限幅及选频电路。在图 9-53 中,图像中频信号由 V_{T202}、V_{T218} 射极跟随器缓冲后,由负载是谐振回路的 V_{T211}、V_{T212} 组成的谐振放大器放大(其中谐振回路由外接元件 L_{204}、C_{213} 构成),并依靠两个二极管双向限幅得到等幅开关信号 f_{PLF},经 V_{T210}、V_{T217} 射极跟随器缓冲后,作为图 9-52 中的 u_1 以相反极性分别送到 V_{T207}、V_{T206} 和 V_{T216}、V_{T215} 管的基极,并控制其轮流导通、截止,形成双差分电流开关。V_{T202}、V_{T218} 输出的另一路作为图 9-52 中的 u_2 送给同步检波器中的 V_{T208}、V_{T213}。检波后的视频信号由 V_{T207}、V_{T215} 的集电极输出,再由 V_{T219} 共基放大器放大后输出。

(2) 集成电路 MC1496 构成的同步检波器。图 9-54 为集成电路 MC1496 组成的同步检波器实例。图中 u_r 为载波恢复电路提供的载波（参考）信号，其电平大小只要能保证双差分对管工作于开关状态即可，通常在 $100\ \mathrm{mV} \sim 500\ \mathrm{mV}$ 之间。u_i 为调幅信号，其有效值在几毫伏到一百毫伏范围内都能不失真解调。电路采用 12 V 单电源供电，工作频率可达 100 MHz。12 脚为输出，并接有 Ⅱ 型低通滤波器。

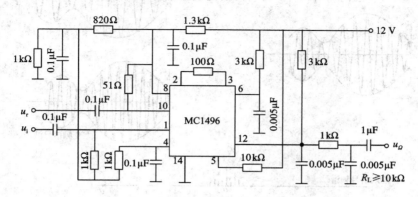

图 9 - 54　MC1496 构成的同步检波器

2. 叠加型同步检波器

叠加型同步检波器的电路模型如图 9 - 49(b) 所示。它的原理是先将待检波的双边带调幅信号 u_i 与参考信号（相干载波）u_r 合成（叠加）为普通调幅波，然后再经包络检波，解调出调制信号。具体电路不再详细讨论。

9.7　混　频　器

9.7.1　概述

通过第三章的学习和实验，我们已体会到，在超外差式接收机中由于采用了混频电路，克服了直放式接收机高增益与稳定性、宽频带与选择性间的矛盾，从而使超外差式接收机的灵敏度、选择性等性能都明显优于直放式接收机。此外，混频器还广泛用于其他需要进行频率变换的电子系统及仪器中，如频率合成器、外差频率计等。

1. 混频器的功能和电路模型

混频器的功能是将载频为 f_s（高频）的已调信号不失真地变换为载频为 f_1（固定中频）的已调信号，而保持原调制规律不变。例如，在调幅广播接收机中，混频器将中心频率为 $535\ \mathrm{kHz} \sim 1605\ \mathrm{kHz}$ 的高频已调信号变换为中心频率为 $465\ \mathrm{kHz}$ 的中频已调信号。因此，混频器也是频谱线性搬移电路。图 9 - 55 以调幅波为例，直观地说明了这种作用及其频谱搬移过程。

混频器的电路模型如图 9 - 56 所示。图中的非线性器件完成特定的频率变换。构成混频器的常用非线性器件有二极管、三极管、场效应管和相乘器等。滤波器选出变频后所需要输出的频率分量。本振来产生一参考频率信号输入给混频器。

如果频率变换作用和产生本振信号是由同一个器件完成的，通常称为变频电路；如果频率变换作用和产生本振信号是分别由两个器件完成的，通常称为混频电路。由此可见，变频和混频功能对非线性器件来说，其作用是相同的，故有时不加以区分。

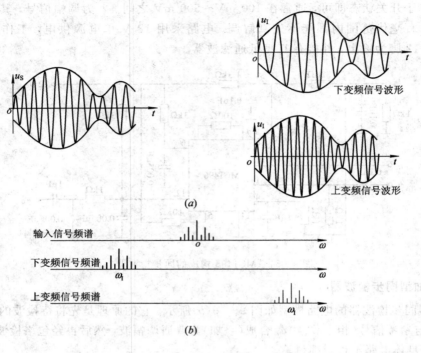

下变频信号波形

上变频信号波形

(a)

输入信号频谱

下变频信号频谱

上变频信号频谱

(b)

图 9-55 混频器输入/输出波形和频谱图

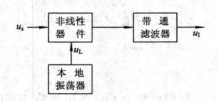

图 9-56 混频器的电路模型

2. 混频器的工作状态

非线性器件构成混频器时，有以下几种工作状态最为适宜。

1) 线性时变工作状态

工作在线性时变状态的器件很适宜构成频谱搬移电路，尤其适宜组成混频器。例如，混频器工作时，加在非线性器件上的两个输入信号分别是本振信号 $u_L(t) = U_L \cos\omega_L t$ 和载频为 ω_s 的已调信号。本章第一节中已分析过，在器件的输出端将产生无数多组合频率分量 $p\omega_L \pm q\omega_s$。如果器件工作在线性时变状态，则输出端会消除 $q > 1$ 众多组合频率分量，而剩下 $p\omega_L \pm \omega_s$ 各分量，此时只要适当选择 ω_L、ω_s 值，混频器的输出端就不会出现接近于中频 $\omega_I = \omega_L - \omega_s$ 的无用频率分量，而滤波器可以有效地滤除其他无用分量，取出中频分量。

2) 开关状态

当本振信号的幅值 U_L 远远大于信号幅值 U_s 时，非线性器件的导通与截止仅由 u_L 控制，而不受 u_s 的影响，可认为器件工作在开关状态。开关工作状态是线性时变工作状态的特例，它可进一步减少组合频率分量。

3）合理设置工作点，使器件伏安特性具有平方关系

由第一节的讨论知道，具有平方律伏安特性的器件，其输出端不会产生高于输入信号二次谐波的组合分量。因此，对于混频器的差频或和频输出，采用具有平方律伏安特性的器件最为适宜。工作在饱和区的 MOS 管基本上具有这样的特性，用其组成混频器，可减少无用频率分量的输出，因此场效应管混频器得到广泛应用。如果采用双极型晶体管构成混频器，则应合理设置静态工作点，选取适当的本振信号幅值，使电路的工作范围基本处于器件转移特性的线性区。

本节主要讨论广泛用于通信接收机小信号混频器。由于输入信号幅值非常小（微伏级），而本振信号幅值很大（伏特级），可将混频电路近似看成受本振信号控制的线性时变器件或开关器件。

3. 混频器的主要性能指标

1）变频（混频）增益

混频器输出中频电压幅值 U_I 与输入信号电压幅值 U_s 之比，称为变频电压增益，即

$$A_{uc} = \frac{U_I}{U_s} \tag{9.58}$$

混频器输出中频信号功率 P_I 与输入信号功率 P_s 之比，称为变频功率增益，即

$$G_{pc} = \frac{P_I}{P_s} \quad \text{或} \quad G_{pc}(\text{dB}) = 10 \lg \frac{P_I}{P_s} \tag{9.59}$$

一般要求变频增益大些，这样有利于提高接收机的灵敏度。

2）选择性

为了抑制混频器中其他不需要的频率分量的输出，要求混频器中频输出回路应具有较好的选择性，即希望有较理想的幅频特性，它的矩形系数应尽可能接近于 1。

3）噪声系数

混频器噪声系数定义为输入端高频信号信噪比与输出端中频信号信噪比的比值。混频器噪声系数越小，电路性能越好。由于混频器处于接收机的前端，它的噪声电平高低对整机有较大影响，所以必须注意选择变频电路的器件及其工作状态，使其噪声系数尽量小。

4）失真和干扰

混频电路除了会产生幅度失真和非线性失真外，还会产生各种组合频率干扰，因此不但要求选频回路的幅频特性要理想，还应尽量选择场效应管或乘积型器件构成混频器，以尽量减少产生不需要的频率分量。

5）稳定度

这里所说的稳定度是指本振的频率稳定度。因为变频电路输出端的中频滤波器的通频带宽度是一定的，如果本振频率产生较大的漂移，那么经变频所得的中频可能超出中频滤波器通频带的范围，引起总增益的降低。

9.7.2 混频电路

既然混频电路是典型的频谱搬移电路，那么原则上凡是具有相乘功能的器件，都可以用来构成混频电路，如集成模拟相乘器，含有平方项特性的各种非线性器件等。虽然模拟相乘器能实现理想相乘，消除组合频率干扰，但是它们目前尚不能在甚高频（VHF）以上的

频段满意地工作，因此这些频段混频时，还是采用晶体三极管、场效应管或者肖特基二极管等器件。所以对这些器件组成的混频器的分析，仍有它的现实意义。它们广泛地应用在中短波段及微波波段的接收机和高频测量仪器中。

1. 晶体三极管混频器

晶体三极管混频器的主要优点是具有大于 1 的变频增益（大约 20 dB 变频增益）。

1）三极管混频电路原理

图 9-57 给出了晶体三极管混频器的基本电路。其中，图 9-57(a)、(b)所示电路在调幅广播接收机中应用较多，图 9-57(c)、(d)所示电路则适用于工作频率较高的调频接收机。

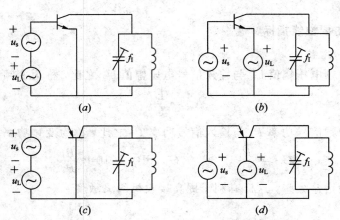

图 9-57　晶体三极管混频器的基本电路

接收机中所用的混频器，一般可认为 $u_L \gg u_s$，三极管工作在线性时变状态。图 9-58 给出了三极管的转移特性（$i_c \sim u_{be}$）曲线、变频跨导 $g(t)$ 与 u_{be} 的关系曲线及本振电压对三极管变频跨导的控制情况。从图中可见，虽然本振电压为正弦波，但由于三极管转移特性的非线性，变频跨导 $g(t)$ 随时间 t 的变化已不再是正弦波形，其变化周期仍与本振电压相同。$g(t)$ 中含有基波与高次谐波，即

$$g(t) = g_0 + g_1 \cos\omega_L t + g_2 \cos2\omega_L t + \cdots$$

亦即

$$g(t) = \sum_{n=0}^{\infty} g_n \cos n\omega_L t \qquad (9.60)$$

混频器的输出电流可写为

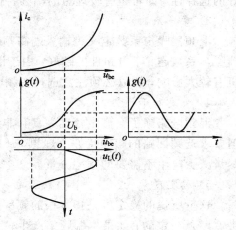

图 9-58　变频跨导示意图

$$i_c(t) = g(t)u_s(t) = \left(\sum_{n=0}^{\infty} g_n \cos n\omega_L t \right) u_s(t) \qquad (9.61)$$

上式表明，输出信号中除了含有所需要的中频分量 $\omega_I(\omega_L - \omega_s)$ 外，还有 ω_s 分量及 $n\omega_L \pm \omega_s$ 各组合频率分量。众多的无用分量对输出有用分量形成干扰，并引起电路不稳定。因此，应调整工作点和本振信号振幅，使混频器的工作范围处于转移特性的弱非线性区，以基本

保证 $g(t)$ 中只有 $g_1 \cos\omega_L t$，从而输出分量只含有 $\omega_L \pm \omega_s$ 频率分量。

2）实用电路举例

图 9-59 是第一篇中实验用的中波广播收音机的晶体管变频电路，空间电磁波在磁性天线上产生感应电流，通过输入回路选择出有用信号，经 L_2 耦合到变频管基极。而本振电压是由晶体管、振荡回路（L_4、C_3、C_5、C_{1b}）和反馈电感 L_3 组成的互感耦合反馈振荡电路产生的，并通过耦合电容 C_2 加到晶体管发射极上。这里采用信号、本振分开注入方式，是因为广播收音机的中频频率为 465 kHz、本振频率和信号频率相距较近，为减小其间相互影响而为之。变频器的负载中频变压器即是一个带通滤波器，选择出所需的 465 kHz 中频信号，抑制带外干扰。

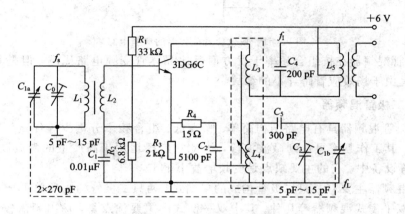

图 9-59　中波调幅收音机变频电路

图 9-60 是典型电视接收机中的混频电路。高频放大器输出的高频信号 u_s 经双调谐回路滤波后，加到混频管基极。本振信号电压 u_L 经耦合电容 C_4 注入到混频管基极。为了减小 u_L、u_s 之间的相互影响，C_4 取值较小（几个 pF）。输出回路是一双调谐回路，其中心频率调谐在 38 MHz 的图像中频上。

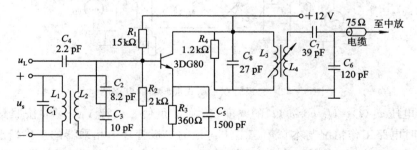

图 9-60　电视接收机中的混频电路

2. 场效应管混频器

场效应管混频器在电路形式上与晶体三极管的十分相似，其典型电路如图 9-61 所示。图中 R_1、C_1 是自给偏置电路，本振电压通过互感耦合注入源极，信号由栅极输入经混频管的非线性作用，产生和频、差频等电流分量，若将输出回路 $L_3 C_3$ 调谐于差频频率 $\omega_I = \omega_L - \omega_c$，则在回路两端就可得到中频分量的电压，从而完成频率变换。

根据电路组态（对信号而言共源型或共栅型）和本振注入方式（源极注入或栅极注入）不

同，场效应管混频器电路有四种组合形式，其选取原则和晶体管混频器的相同。

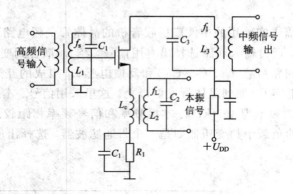

图 9-61　场效应管混频器的典型电路

场效应管混频器在抗组合频率干扰方面远比晶体管变频电路优越，但是其增益比晶体管低，这是由于场效应管跨导小的缘故。

3. 晶体二极管混频器

晶体二极管混频器具有电路结构简单、噪声低、组合频率分量少等优点，如果采用肖特基二极管，其工作频率可达到微波波段，因此它广泛地用于高质量的微波波段的通信、雷达、测量等设备中。它的主要缺点是变频增益小于 1。

二极管混频器主要有一只二极管构成的单端式、两只二极管构成的单平衡式和四只二极管构成的双平衡式混频器等几种。其中双平衡式的主要优点是，输出频谱较纯净、噪声低、工作频带宽等。图 9-62 给出了二极管双平衡式混频器的电路图。

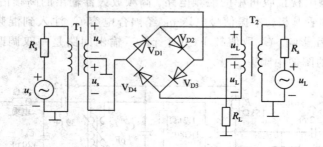

图 9-62　二极管双平衡式混频器的电路图

当本振电压 $u_L(t) = U_L \cos \omega_L(t)$ 的幅度较大时，可使二极管 $V_{D1} \sim V_{D4}$ 按照其周期呈开关状态，此时电路工作情况与本章第三节中讨论的二极管环形相乘器的工作情况相同，可直接引用其结论。在二极管特性完全相同、变压器中心抽头准确时，混频器的输出频谱中含有本振信号频率的基波、奇次谐波与信号频率的组合频率分量，即 $(2n+1)\omega_L \pm \omega_c$，其中包含了混频需要的 $\omega_L - \omega_c$ 频率分量，式中 n 为所有正整数。

若用第三节中介绍的双平衡相乘器组件构成混频器，则可以性能较高地完成混频功能。

4. 集成模拟相乘器混频电路

两信号相乘可以得到其和、差频分量，因此两信号相乘实现混频是最直观的方法。利用非线性器件实现两个信号相乘时，虽然可采用多种措施来减少一些无用频率分量，但都无法根除它们的影响。为实现理想相乘，只要条件允许，应首先选用模拟相乘器。

图 9-63 是用 MC1496 构成的混频器电路，本振电压 u_L（频率 39 MHz）由 10 脚输入，信号电压 u_s（频率 30 MHz）由 1 脚输入，混频后的中频（9 MHz）信号由 6 脚输出。输出端 II 型带通滤波器调谐在 9 MHz，回路带宽为 450 kHz。为获得较高变频增益，带通滤波器应兼有阻抗变换作用。当本振注入电平为 100 mV，信号电压在 5 mV～7.5 μV 之间时，此混频器的变频增益达 13 dB。1、4 脚之间接有调平衡电路，以减小输出波形失真。

相乘器构成的混频器输出电流频谱纯净，可减少对接收系统的干扰；所允许的输入信号动态范围大，利于减小交调、互调失真；本振电压的大小不会引起信号失真，因此对其大小无严格限制。

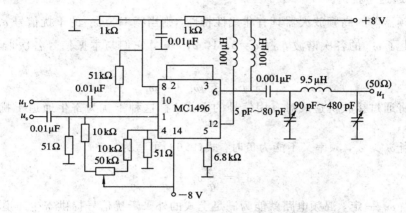

图 9-63　用 MC1496 构成的混频器电路图

9.7.3　变频干扰

为了实现混频功能，混频器件必须工作在非线性状态，而作用在混频器上的除有用信号电压和本振电压外，不可避免地还存在干扰和噪声，它们之间任意两者都有可能产生组合频率，这些组合频率如果等于或接近中频，将与有用信号一起通过中频放大器、解调器，在输出级形成干扰，影响有用信号的正常接收。下面对混频器中产生的几种常见的干扰进行讨论。

1. 组合频率干扰

组合频率干扰是由于混频器不满足线性时变工作条件而形成的。这时信号本身的谐波不可忽略，其产生干扰的条件是

$$|\pm p\omega_L \pm q\omega_c| \approx \omega_I$$

假定 $\omega_L > \omega_I$，而频率又不能是负值，所以产生组合频率只有两种情况是合理的，即

$$p\omega_L - q\omega_c = \omega_I$$
$$-p\omega_L + q\omega_c = \omega_I$$

两式和并可写成

$$p\omega_L - q\omega_c = \pm\omega_I$$
$$\omega_c = \frac{p \pm 1}{q - p}\omega_I \tag{9.62}$$

上式表明，当信号频率 ω_c 和中频频率 ω_I 满足式(9.62)的关系时，就可能产生组合频率干扰，也称为干扰哨声。若 p 和 q 取不同的正整数，则可能产生干扰哨声的信号频率就会有无限多个。但实际上，因为任何一部接收机的工作频带都是有限宽的，组合频率分量的振幅总是随着 $p+q$ 的增加而迅速减小，因此只有对应于 p 和 q 值较小的信号才会产生明显的干扰哨声，而对应于 p 和 q 较大的信号所产生的干扰哨声均可忽略。

由此可见，抑制干扰哨声的方法是合理选择中频频率，将产生最强的干扰哨声的频率移到接收频段以外。例如，当 $p=0$，$q=1$ 即 $f_s \approx f_I$ 时的干扰哨声最强，为避免最强干扰哨声，应将接收机的中频选在接收机频段以外。如中波收音机的接收频率为 535 kHz～1605 kHz，而中频为 465 kHz。

2. 寄生通道干扰

如果混频器前的高频放大器具有非线性特性，则当频率为 ω_m 的干扰信号 $u_m(t)$ 通过放大器时，产生了 ω_m 的各次谐波 $q\omega_m$（$q=0，1，2，\cdots$），它们与本振信号各次谐波差拍，如满足

$$| \pm p\omega_L \pm q\omega_m | \approx \omega_I \tag{9.63}$$

该干扰信号将通过接收机造成对有用信号的干扰，称这种干扰为寄生通道干扰（或组合副波道干扰）。

同样，当 $\omega_L > \omega_I$，频率又不能为负时，式(9.63)可写为

$$\omega_m = \frac{p}{q}\omega_L \pm \frac{\omega_I}{q} \tag{9.64}$$

上式表明，当 ω_L 一定，混频电路就能为满足上式的外来干扰信号提供寄生通道，将它变为中频。理论上寄生通道有无限多个，实际上，只有对应于 p 和 q 值较小的外来干扰信号才会形成较强的干扰。其中，影响最大的是中频干扰和镜像干扰。当 $p=0$ 和 $q=1$ 时，$\omega_m = \omega_I$，称为中频干扰；当 $p=1$ 和 $q=1$ 时，$\omega_m = \omega_L + \omega_I = \omega_c + 2\omega_I$，相对 ω_L 而言，ω_m 恰好是 ω_c 的镜像，故称为镜像频率干扰，简称镜像干扰。

对于中频干扰，混频电路实际起到中频放大电路作用，因而它具有比有用信号更强的传输能力；对镜像干扰，它具有与有用通道相同的变换能力。一旦这两种干扰信号加到混频电路输入端，就无法将其削弱或抑制。因此，减小这两种干扰的主要方法是提高混频电路前级的选择性。

3. 交叉调制（交调）干扰

交调干扰是由混频器或高频放大器的非线性传输特性产生的。当干扰信号是调幅信号时，该电流分量振幅中就含有干扰信号的调制规律。换句话说，干扰信号的包络转移到了中频信号的振幅中，故称为交叉调制干扰。

当人们收听有用信号声音的同时，也可听到干扰信号的声音。当有用信号电台停止发射时，干扰信号也随之消失。

交调干扰显然仅与干扰信号振幅有关，而与其频率无关，因此它是一种危害性更大的干扰。抑制交调干扰的主要措施有：① 提高和混频电路前级的选择性；② 选择合适的器件和合适的工作状态，使混频器的非线性高次方项尽可能小；③ 采用抗干扰能力较强的平衡混频器和模拟相乘器混频电路。

4. 互相调制（互调）干扰

当混频器输入端同时进入两个干扰信号 u_{m1} 和 u_{m2} 时，由于混频器的频率变换作用，使之与本振频率相互混频，若混频后产生的频率接近中频，就会形成干扰。此时

$$u = u_s + u_L + u_{m1} + u_{m2} = U_{sm}\cos\omega_c t + U_{Lm}\cos\omega_L t + U_{m1m}\cos\omega_{m1} t + U_{m2m}\cos\omega_{m2} t$$

混频后除了存在 $f_L - f_s = f_I$ 的有用分量外，还可能产生频率为 f_I 的寄生中频分量，从而对混频器的输出有用中频信号形成干扰。

9.8 单片集成调幅收音机

在此以单片集成调幅收音机芯片 TA7641BP 为例，讨论振幅调制解调和混频电路的应用。单片收音机由一片 TA7641BP 集成电路芯片和一些外围电路组成。TA7641BP 属于系统集成电路。

TA7641BP 为单片集成调幅收音机芯片，采用 16 脚双列直插式塑料封装，其引脚排列和功能框图如图 9-64 所示。芯片内部包含混频、中频放大、包络检波、功率放大等电路。由天线回路接收到的高频调幅信号从 16 脚输入混频级，与本振信号进行混频，产生 465 kHz 中频信号，由 1 脚输出，经片外中频调谐回路选频后，从 3 脚输入片内中频放大器，放大后的中频信号经包络检波器检波，解调出音频信号，由 7 脚输出，经片外低通滤波器和音量电位器再由 13 脚送入片内低频功放放大后，由 10 脚输出到外接的扬声器。电源为 3 V 直流电压，从 9 脚输入，地接 11 脚。

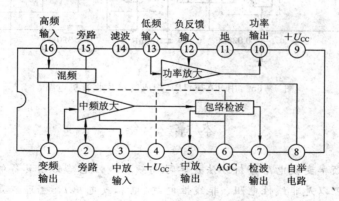

图 9-64 TA7641BP 引脚排列和功能框图

用 TA7641BP 构成的单片收音机电路如图 9-65 所示。图中 T_{r1} 为磁棒天线，电容 C_{1a} 与 L_1 组成输入调谐回路，调节 C_{1a} 改变接收信号频率，从天线感应的无线电波中选出需要的电台信号，由 16 脚加到混频器输入端。T_{r2} 为本地振荡器（简称本振）的振荡线圈，L_3、C_{1b}、C_3、C_2 构成本振的选频回路，L_4 为反馈线圈，调节 C_{1b} 可以改变本振频率，C_{1a} 与 C_{1b} 为双联可变电容，其作用与第三章超外差式接收机中所用的双联可变电容相同。两电容同轴旋转，以保证本振频率与接收信号频率始终相差 465 kHz。T_{r3} 是混频器输出端连接的中频变压器（简称中周），调谐在 465 kHz 的中频频率上。T_{r3} 选出的中频信号由 3 脚输入片内的中频放大器进行中频放大。中放的谐振负载由 L_7、C_7 组成，调谐在 465 kHz 上。中放的输出电压经片内的包络检波器检波，解调出音频信号。检波输出信号一路经 7 脚输出通过

C_{11}、R_4、R_6 构成的低通滤波器选择出解调后的音频信号，经耦合电容 C_{10} 和音量电位器 R_W 从 13 脚送回片内进行低频功率放大。另一路经片内 AGC 电路实现自动增益控制。低频功放放大后的音频信号从 10 脚输出到外接的扬声器，10 脚与 12 脚之间外接电阻电容 R_3、R_2、C_{14} 构成交流负反馈，以改善低放的性能。9 脚外接的电阻、电容 R_5、C_4、C_8 组成电源退耦电路。

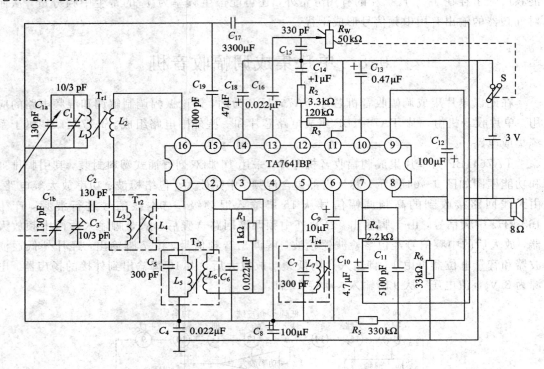

图 9-65　用 TA7641BP 构成的单片收音机电路

本 章 小 结

　　本章讨论的频率变换电路分析方法是学习高频非线性电路必须具备的基础知识。

　　非线性元件可以是非线性电阻、非线性电抗（电容或电感），也可以是二极管、晶体管或是由以上有源、无源元件组成的完成特定功能的电子线路。非线性元器件（电路）具有频率变换作用，可在输出端产生输入信号所不具有的新的频率分量。

　　对非线性元件（电路），工程上往往根据实际情况进行某些合理的近似分析。一般情况下，采用最普遍的方法是幂级数近似分析法；而当信号足够大，涉及到非线性元件导通、截止状态的转换，常采用开关函数分析法；当器件正偏，且有两个信号作用时，其中一个信号远大于另一个信号，采用线性时变分析法。总之，对不同元件可用不同的函数去描述，即使对同一元件（电路），当工作状态不同时，也可以采用不同的函数去逼近，输出的频率分量也不同。

　　相乘器是实现频率变换的重要电路。集成模拟相乘器和双平衡式二极管环形相乘器在合适的工作状态下可实现两信号的理想相乘，即输出端只存在两个输入信号的和频、差频。

　　调幅、检波、混频在时域上都表现为两个信号的相乘，在频域上则是频谱的线性搬移，因此其原理电路模型相同，都由非线性元件和滤波器组成，不同之处是输入信号、参考信号、滤波器特性在实现调幅、检波、混频时各有不同的形式，以完成特定要求的频谱搬移。

　　普通调幅、抑制载波双边带调幅和单边带调幅的数学表达式、波形图、功率分配、频带宽度等各有区别，其检波也要采用不同的电路。集成相乘器构成的调幅器只适用于小功率的低电平调幅，而对于发射机的末级高电平调幅，则常采用晶体三极管（或电子管）构成的调幅器。

　　采用相乘器构成的同步检波器，可以对 AM、DSB、SSB 信号进行解调。同步检波的关键是如何产生一个与发射载波同频、同相的相干载波。普通调幅波中已含有载波，可以用包络检波器实现解调。

　　混频器是超外差式接收系统的重要电路，其作用是将载频为高频的已调信号不失真地变换为载波为固定中频的已调信号，而保持原调制规律不变。混频同样可以用具有相乘特性的非线性元件来完成。为了净化频谱，减少干扰，较好的方法是选用平方律伏安特性的场效应管、相乘器或平衡式电路，以及合理设置静态工作点和适当地选取本振电压的幅值。

习 题 九

　　1. 信号 $u = U_{cm} \cos\omega_c t + U_{cm} \cos\Omega t + \dfrac{1}{2} U_{cm} \cos2\Omega t$ 作用于伏安特性为 $i = a_1 u + a_2 u^2$ 的非线性器件，$\Omega \ll \omega_c$。求电流 i 中的组合频率分量。

　　2. 非线性器件的伏安特性为 $i = g_D u$（当 $u > 0$ 时）或 $i = 0$（当 $u \leqslant 0$ 时），其中，$u = U_Q + U_{1m} \cos\omega_1 t + U_{2m} \cos\omega_2 t$，设 U_{2m} 很小，满足线性时变条件，且 $U_Q = -\dfrac{1}{2} U_{1m}$，求时变跨导 $g(t)$ 的表达式，并讨论电流 i 中的组合频率分量。

　　3. 两信号的数学表达式分别为 $u_1 = 2 + \sin2\pi F t (\text{V})$，$u_2 = \sin20\pi F t (\text{V})$。写出两者相乘的数学表达式，并画出其波形图和频谱图。

　　4. 已知载波电压 $u_c = 5 \cos2\pi \times 10^6 t (\text{V})$，调制信号电压 $u_\Omega = 2 \cos2\pi \times 5000 t (\text{V})$，令比例常数 $K = 1$，写出调幅波表示式，求调幅系数及频带宽度，画出调幅波的波形图和频谱图。

　　5. 调幅波表示式为

$$u(t) = 25(1 + 0.7 \cos2\pi \times 5000 t - 0.3 \cos2\pi \times 10\,000 t) \sin2\pi \times 10^6 t (\text{V})$$

　　(1) 求该调幅波包含哪些频率分量？占据的频带宽度是多少？

　　(2) 该调幅波的总功率和边频功率各是多少？

　　6. 若非线性元件的伏安特性为 $i = a_0 + a_1 u + a_2 u^2$，其中，信号 $u = \cos\omega_c t + \cos\Omega t$。在电流中能否得到调幅波 $K(1 + m_a \cos\Omega t) \cos\omega_c t$？

　　7. 某调幅波的表示式为 $u = U_m(1 + m_1 \cos\Omega_1 t + m_2 \cos\Omega_2 t) \cos\omega_c t$，且 $\Omega_2 = 2\Omega_1$，当此调幅波分别通过题 7 图 (a)、(b)、(c) 所示滤波器后，分别写出其输出信号的数学表达式，

并说明属于何种调幅形式？其频谱宽度各为多少？

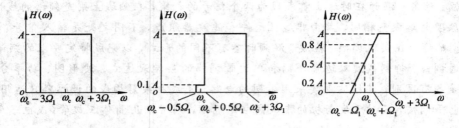

题 7 图

8. 若单频调幅波载波功率 $P_c = 1\ kW$，调幅系数 $m_a = 30\%$，求：

(1) 旁频功率；

(2) 旁频与载波总功率。

9. 题 9 图是由两只二极管构成的平衡调制器，参照环形调制器的分析方法讨论：

(1) 若 $u_\Omega = \cos\Omega t$，$u_c = \cos\omega_c t$，写出 i_1、i_2 表示式（输出信号 $u(t)$ 的形式与此相同）；

(2) 画 $u(t)$ 波形；

(3) 画 $u(t)$ 的频谱图；

(4) 将以上结果与环形调制器比较有何区别？如果都用做平衡调制器，哪种电路好？

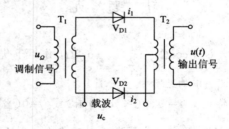

题 9 图

10. 题 10 图为产生 SSB 信号的第三种方法——相移滤波法原理方框图，设调制信号 $u_\Omega = \sin\Omega t$，音频振荡器产生的信号为 $u = \sin\omega_1 t$，载波振荡器产生的信号为 $u_c = \sin\omega_c t$。分析此系统的工作原理，推导输出信号 $u(t)$ 的表示式。

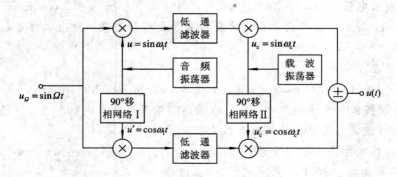

题 10 图

11. 检波电路如题 11 图所示，$i(t) = 0.4(1 + 0.2\cos 5000t)\cos 10^7 t$ (mA)。回路谐振在输

入信号的载波上，忽略回路损耗及输入电容影响。$R_1 = 5$ kΩ，$R_2 = 10$ kΩ，$C_2 = 1000$ pF。求：

（1）检波器输入端电压表达式；

（2）负载 R_2 两端电压的振幅值。

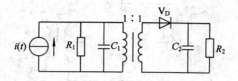

题 11 图

12. 题 12 图所示二极管包络检波器中，已知 $R_1 = 2$ kΩ，$R_2 = 3$ kΩ，$R_3 = 20$ kΩ，$R_4 = 27$ kΩ，$C_1 = C_2 = 0.01$ μF，$C_3 = C_4 = 30$ μF。若要求不产生负峰切割失真，求输入调幅波 u_s 的最大调幅系数 m_{max}。

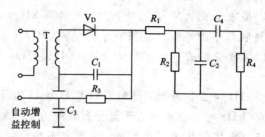

题 12 图

13. 二极管检波电路如题图 13 所示，已知调制信号频率 $F = 300$ Hz～4500 Hz，载波频率 $f_c = 5$ MHz，最大调幅系数 $m_{max} = 0.8$，要求电路不产生惰性失真和负峰切割失真，试决定 C 和 R_L 的值。图中 $R_1 = 1.2$ kΩ，$R_2 = 6.2$ kΩ，$C_1 = 20$ μF。

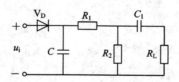

题 13 图

14. 设乘积型同步检波器中，输入信号 $u_s = U_{sm} \cos\omega_c t$，参考信号 $u_r = U_{rm} \cos(\omega_c t + \Delta\omega)t$，且 $\Delta\omega < \Omega$。画出此检波器的输出电压频谱，并讨论能否实现不失真解调。

15. 某乘积型同步检波器方框图如题 15 图所示，设 $u_s = U_{sm}(1 + m_a \sin\Omega t) \cos\omega_c t$，证明此电路能实现不失真解调。

题 15 图

16. 平衡混频器电路如题 16 图所示。

（1）求混频器输出电流表达式（设二极管 $i = au^2$）；

(2) 若将信号、本振电压的输入位置互换，混频器能否正常工作？为什么？

(3) 将二极管 V_{D1} 或 V_{D2} 的正负极倒置，混频器能否正常工作？

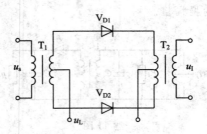

题 16 图

17. 假设欲接收电台的载频是 1500 kHz，接收机的中频是 465 kHz，问接收机的本振频率是多少？对接收机引起干扰的镜像频率是多少？

18. 已知超外差式广播收音机的中频 $f_I = f_L - f_s = 465$ kHz，工作频段为 535 kHz～1605 kHz，试求在哪些接收频率附近会产生组合干扰哨声（取 $p+q \leqslant 6$）？

19. 已知超外差式广播收音机的中频 $f_I = f_L - f_s = 465$ kHz，试分析下列两种现象属于何种干扰：

(1) 当接收 $f_s = 560$ kHz 电台信号时，还能听到频率为 1490 kHz 强电台的信号；

(2) 当接收 $f_s = 1460$ kHz 电台信号时，还能听到频率为 730 kHz 强电台的信号。

20. 如果超外差式接收机的干扰哨声很严重，应采取哪些措施来改善？

21. 变频器有哪些干扰？如何来抑制？

第十章　角度调制与解调：非线性频率变换电路

10.1　概　　述

角度调制是用调制信号去控制载波的频率或相位而实现的调制。若载波信号的瞬时频率随调制信号线性变化，则称为频率调制（简称调频 FM）；如果载波信号的瞬时相位随调制信号线性变化，则称为相位调制（简称调相 PM）。无论调频或调相，其结果都表现为载波总相角的变化，故将二者合称为角度调制。调频波与调相波有相似的表示式和基本性质，但两者随调制信号变化的规律又不完全相同，因此，在学习中应特别注意它们之间的相互联系与区别。

在角度调制系统中，调制的结果产生了频谱的非线性变换，已调高频信号不再保持低频调制信号的频谱结构，因此，常把这一类电路称为频谱非线性变换电路。需要强调，无论是第八章讨论的频谱线性搬移电路还是本章讨论的频谱非线性变换电路，其本质都是实现频谱变换，是典型的非线性过程。所谓频谱的线性搬移和非线性变换，是指变换中形式上的差别。

角度调制与调幅相比，占据的频带较宽，但抗干扰能力强，因此在通信系统，特别是广播和移动通信领域中广泛应用。在无线电测量技术中，利用一个调频信号来测试放大器或其他通道的频率特性（即"扫频法"），比逐点测试要迅速、方便，而且更为准确。此外，在自动频率控制以及锁相系统中，也应用角度调制和解调技术。因此，在通信、测量以及电子技术的许多领域，角度调制和解调技术得到极为广泛的应用。

10.2　角度调制原理

1. 调相波和调频波的数学表示式

设未调载波的一般表示式为

$$u_c(t) = U_{cm} \cos\theta(t) = U_{cm} \cos(\omega_c t + \varphi_0) \tag{10.1}$$

式中：φ_0 为载波初相角；ω_c 为载波的角频率，在这里为一常数；$\theta(t)$ 为载波振荡的瞬时相位，它与角频率的关系为

$$\theta(t) = \omega_c t + \varphi_0 \tag{10.2}$$

为简化分析，令 $\varphi_0 = 0$。根据调相定义，高频载波的角频率不变（幅度也不变），而其瞬时相位 $\theta(t)$ 随调制信号 $u_\Omega(t)$ 线性变化，则不难写出调相波的数学表示式为

$$u_{PM}(t) = U_{cm} \cos[\omega_c t + k_p u_\Omega(t)] \tag{10.3}$$

式中：k_p 为与调相电路有关的比例常数，单位是 rad/V。$k_p u_\Omega(t)$ 表示瞬时相位中与调制信号成正比例变化的部分，称为瞬时相位偏移，简称相移。其最大相移称为调制指数，以 m_p 表示，即

$$m_p = k_p \mid u_\Omega(t) \mid_{max} \tag{10.4}$$

当单音频调相时，即 $u_\Omega(t) = U_{\Omega m} \cos\Omega t$，则

$$u_{PM}(t) = U_{cm} \cos(\omega_c t + k_p U_{\Omega m} \cos\Omega t) = U_{cm} \cos(\omega_c t + m_p \cos\Omega t)$$

式中：$m_p = k_p U_{\Omega m}$ 为该调相波的调制指数（即最大相移）。

根据调频的定义，高频载波的瞬时频率随调制信号 $u_\Omega(t)$ 线性变化，可写出

$$\omega(t) = \omega_c + k_f u_\Omega(t) \tag{10.5}$$

式中：k_f 为与调频电路有关的比例常数，单位是 rad/s·V。$k_f u_\Omega(t)$ 表示瞬时频率中与调制信号成正比例变化的部分，称为瞬时频率偏移，简称频移。其最大频移以 $\Delta\omega_m$ 表示，则

$$\Delta\omega_m = k_f \mid u_\Omega(t) \mid_{max} \tag{10.6}$$

习惯上把最大频移称为频偏。

由于正弦振荡的瞬时角频率与瞬时相位之间有如下关系：

$$\omega(t) = \frac{d\theta(t)}{dt} \tag{10.7}$$

为写出调频波的数学表示式，首先按式（10.7）求出其瞬时相位

$$\theta(t) = \int_0^t \omega(t)dt = \int_0^t [\omega_c + k_f u_\Omega(t)]dt = \omega_c t + k_f \int_0^t u_\Omega(t)dt \tag{10.8}$$

调频波的数学表示式为

$$u_{FM} = U_{cm} \cos\left[\omega_c t + k_f \int_0^t u_\Omega(t)dt\right] \tag{10.9}$$

当单音频调频时，即 $u_\Omega(t) = U_{\Omega m} \cos\Omega t$，则

$$u_{FM} = U_{cm} \cos\left(\omega_c t + \frac{k_f U_{\Omega m}}{\Omega} \sin\Omega t\right) = U_{cm} \cos(\omega_c t + m_f \sin\Omega t)$$

式中：$m_f = \dfrac{k_f U_{\Omega m}}{\Omega} = \dfrac{\Delta\omega_m}{\Omega}$ 为调频波的最大相移，又称调频指数。

例 10.1　瞬时频率为 $f(t) = 10^6 + 10^4 \cos(2\pi \times 10^3 t)$ Hz 的调角波受单频正弦信号 $U_{\Omega m} \sin\Omega t$ 调制，已知调角波的幅度为 10 V。

（1）此调角波是调频波还是调相波？写出其数学表示式。

（2）求此调角波的频偏和调制指数。

解　（1）瞬时角频率 $\omega(t) = 2\pi f(t) = 2\pi \times [10^6 + 10^4 \cos(2\pi \times 10^3 t)]$rad/s 与调制信号 $U_{\Omega m} \sin\Omega t$ 形式不同，可判断出此调角波不是调频波。又因为其瞬时相位

$$\theta(t) = \int_0^t \omega(t)dt = 2\pi \times 10^6 t + 10 \sin(2\pi \times 10^3 t)$$

即 $\theta(t)$ 与调制信号的函数形式一样（成正比），而 $\omega(t)$ 与其是微分关系，所以可以确定此调角波是调相波，且载频为 10^6 Hz，调制信号频率为 10^3 Hz。调相波的数学表示式为

$$u_{PM}(t) = U_{cm} \cos\theta(t) = 10 \cos[2\pi \times 10^6 t + 10 \sin(2\pi \times 10^3 t)]$$

（2）由于瞬时角频率 $\omega(t) = 2\pi f(t) = 2\pi \times [10^6 + 10^4 \cos(2\pi \times 10^3 t)]$rad/s，所以，频偏 $\Delta\omega_m = 2\pi \times 10^4$。调制指数可直接由调相波的表示式得到，$m_p = 10$。

2. 实现调频、调相的方法

由以上讨论可知，无论是调频或调相，都会使瞬时相位发生变化，说明调频和调相可以互相转化。因此，对于如何实现调频和调相，也可从它们之间的关系得到启发。图 10-1

(a)、(b)给出了实现调频的原理框图。

图 10-1(a)是用调制信号直接对载波进行频率调制，得到调频波；图 10-1(b)是先对调制信号 $u_\Omega(t)$ 积分，得到 $\int u_\Omega(t)\mathrm{d}t$，再由这一积分信号对载波进行相位调制，得到的已调信号对 $u_\Omega(t)$ 而言是调频波。

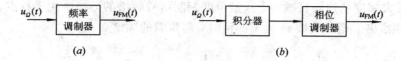

图 10-1 实现调频的原理框图
(a) 直接调频法；(b) 间接调频法

同理，也可以给出实现调相的原理框图，如图 10-2 所示。

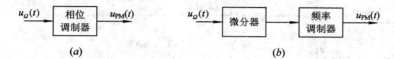

图 10-2 实现调相的原理框图
(a) 直接调相法；(b) 间接调相法

图 10-2(a)是直接由调制信号 $u_\Omega(t)$ 对载波的相位进行调制，产生调相波；图 10-2(b)则是先将调制信号微分，得到 $\dfrac{\mathrm{d}u_\Omega(t)}{\mathrm{d}t}$，再由此微分信号对载波进行频率调制，所得已调波相对 $u_\Omega(t)$ 而言是调相波。

3. 调角波的频谱与有效频谱宽度

理论分析证明，一个单音频调制($u_\Omega(t)=\cos\Omega t$；为使分析简单，令 $U_m=1$)的调角波，除了有载波频率成分外，还含有无限多个边频分量；邻近两个边频之间的频率间隔仍是 Ω；各个边频的大小与调制指数 m(即 m_f 或 m_p)有关，它们的关系如表 10-1 所示。

表 10-1 载频、边频幅度与调制指数 m 的关系

m ＼ 边频次数 n	0	1	2	3	4	5	6	7	8	9
0.00	1.0									
0.20	0.99	0.10								
0.50	0.94	0.24	0.03							
1.00	0.77	0.44	0.11	0.02						
2.00	0.22	0.58	0.35	0.13	0.03					
3.00	0.26	0.34	0.49	0.31	0.13	0.04	0.01			
4.00	0.39	0.06	0.36	0.43	0.28	0.13	0.05	0.01		
5.00	0.18	0.33	0.05	0.36	0.39	0.26	0.13	0.05	0.02	
6.00	0.15	0.28	0.24	0.11	0.36	0.36	0.25	0.13	0.06	0.02

注：此表也称为第一类贝塞尔函数表。

表中列出的是 m 取不同值时，各次边频分量幅度和未调载波幅度的比值。比值小于

1%的未列出。

　　既然调角波的边频分量有无限多个，那么从理论上讲调角波所占频谱宽度为无限宽。实际上没有必要这样考虑，因为由表 10-1 可以看出边频分量的幅度随边频次数 n 的增加而迅速下降（虽有起伏）。例如，当 $m=1$ 时，在四次以上边频分量的相对幅度就小于 0.01，可以忽略，表中已没有列出，这时可以认为它的边频分量只有三对。从表中还可以发现，m 越大，具有较大幅度的边频就越多，这是角度调制信号频谱的另一个主要特点。

　　图 10-3 给出了调制指数 m 为不同值时，调角波的频谱。

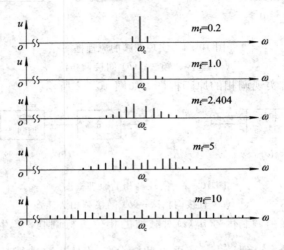

图 10-3　m 为不同值时调角波的频谱

　　上面分析指出，调角波的能量绝大部分集中在载频附近的一些边频分量中。为了便于处理调角波，我们必须对其规定一个有效频带宽度。如果允许忽略幅度小于未调载波幅度 10% 的边频分量，观察表 10-1 不难发现，当边频数 $n \geqslant m+1$ 时，边频分量幅度与未调载频幅度的比值已小于 10%。此时需要考虑的上、下边频的总数等于 $2(m+1)$，于是调角波的有效频带宽度等于

$$2\pi B = 2(m+1)\Omega = 2(\Delta\omega_{\mathrm{m}} + \Omega)$$

或者

$$B = 2(m+1)F = 2(\Delta f_{\mathrm{m}} + F) \tag{10.10}$$

其中：Δf_{m} 为最大频偏；F 为调制信号频率。

　　由以上分析可见，在调制信号频率相同的条件下，调角波占据的频带比调幅波大 m 倍。

　　实现调频时，当 $m_{\mathrm{f}} \ll 1$（工程上只要求 $m_{\mathrm{f}} < 0.25$ rad）时，$m_{\mathrm{f}}+1 \approx 1$，式（10.10）简化为 $2\pi B \approx 2\Omega$，表明调频波近似有 ω_{c}、$\omega_{\mathrm{c}} \pm \Omega$ 三个频率分量，此时调频波的频谱宽度与调幅波相同，称为窄带调频。

　　以上只是讨论了单频余弦波调制的情况，实际上调制信号要包含很多的频率分量，所以调频波的频谱还要复杂些。为了说明这个问题我们来看在同样频偏 Δf 情况下，不同调制信号频率的频谱宽度。

　　例 10.2　给定 $\Delta f = 12$ kHz。

　　（1）若调制信号频率 $F = 300$ Hz，求频谱宽度 B；

　　（2）若调制信号频率 $F = 3$ kHz，求频谱宽度 B。

解 (1) $m_f = \dfrac{\Delta f}{F} = \dfrac{12 \text{ kHz}}{300 \text{ Hz}} = 40$

$B = 2(m_f + 1)F = 82 \times 300 = 24.6 \text{ (kHz)}$

(2) $m_f = \dfrac{\Delta f}{F} = \dfrac{12 \text{ kHz}}{3 \text{ kHz}} = 4$

$B = 2(m_f + 1)F = 10 \times 3 = 30 \text{ (kHz)}$

从上面的计算可以看出，在同样频偏的情况下，调制频率越高所占频谱宽度越宽。

当调制信号包含有许多频率成分时，不仅有每一调制频率所产生的旁频频率，而且还有各种组合频率成分，问题变得很烦琐。例如，当调制信号由频率为 Ω_1 和 Ω_2 的两个余弦信号所组成时，调频波的频谱成分中不仅包含对应于频率 Ω_1 和 Ω_2 的边频 $(\omega_c \pm n\Omega_1)$ 和 $(\omega_c \pm n\Omega_2)$，而且还有交叉调制项 $(\omega_c \pm n\Omega_1 \pm k\Omega_2)$。这一特性与振幅调制中的情形有着明显的区别。对于调幅波，调制信号中每个新频率的增加仅使它自己的边频增多，而没有交叉调制项。正因为如此，振幅调制称为线性调制，而频率调制称为非线性调制。

10.3 调频电路

前一节已讨论了实现调频的两种方法——直接调频法和间接调频法。直接调频的特点是频偏大，但中心频率稳定度不高；间接调频恰与其相反，中心频率稳定度较高，但频偏较小。

对调频电路的主要技术要求有以下几点：

(1) 调制特性。被调振荡器的相对频率偏移与调制电压间的关系曲线，即

$$\frac{\Delta f}{f_c} \propto u_\Omega \tag{10.11}$$

称为调制特性，要求它呈线性关系。

(2) 调制灵敏度。单位调制电压所产生的频率偏移大小，称为调制灵敏度，以 S_f 表示，即

$$S_f = \frac{\Delta f}{\Delta U_\Omega} \tag{10.12}$$

显然，S_f 越大，调制信号控制作用越强。

(3) 频偏。频偏是指在正常调制电压作用下，所能产生的最大频率偏移 Δf_m。它是根据对调频指数 m_f 的要求来确定的。并要求其数值在整个调制信号所占有的频带内保持不变。

(4) 中心频率稳定度。虽然调频信号瞬时频率是随调制信号而变化，但它是以稳定的中心频率为基准的。为保证接收机能正常接收调频信号，要求该中心频率具有足够的稳定度。

10.3.1 直接调频电路

在第五章我们对调频电路已有了初步认识，直接调频法体现在电路上，就是利用调制信号直接控制影响振荡频率的元件参数。例如，在 LC 正弦波振荡器中其振荡频率主要取决于振荡回路的电感量和电容量，所以，在振荡回路中接入可控电抗元件，就可完成直接调频任务，如图 10-4 所示。

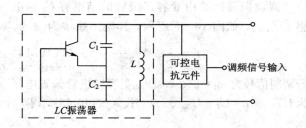

图 10-4 直接调频电路模型

常用的直接调频电路有变容二极管、电抗管调频电路。这里主要讨论变容二极管调频。

1. 变容二极管调频原理

半导体 PN 结结电容随加在其两端的反向电压变化而改变，变容二极管正是利用这一特性制成的。它是单向导电器件，在反向偏置时，它始终工作在截止区，它的反向电流极小，它的 PN 结呈现一个与反向偏置电压 u 有关的结电容 C_j（主要是势垒电容）。C_j 与 u 的关系是非线性的，所以变容二极管的结电容 C_j 属非线性电容。这种电容基本上不消耗能量，产生噪声的量级也很小，是较理想的高效率、低噪声非线性电容。变容二极管的结电容 C_j 与加在其两端的反向电压 u 的绝对值之间的关系为

$$C_j = \frac{C_{j0}}{\left(1 + \frac{|u|}{U_D}\right)^r} \tag{10.13}$$

式中：C_{j0} 为变容二极管在零偏时的结电容值；U_D 为 PN 结的势垒电位差（硅管约为0.7 V，锗管约为 0.2 V～0.3 V）；r 为变容指数，它由半导体掺杂浓度和 PN 结的结构决定。变容二极管的符号及 C_j-u 曲线如图 10-5 所示。

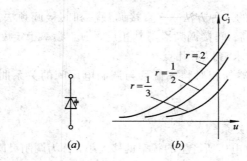

图 10-5　变容二极管的符号与 C_j-u 曲线

（a）符号；（b）特性曲线

将变容二极管接入振荡器决定振荡频率的回路中，并用调制信号改变它的偏压 u，就可实现调频功能。但须注意，为减小振荡回路损耗，变容二极管必须工作在反向偏压范围内。

由式(10.13)可见，C_j 与 u 呈非线性关系，又知振荡器的振荡频率 f 与回路电容间也呈非线性关系（$f = 1/2\pi\sqrt{LC_j}$），那么能否实现调制特性的线性呢？为此对其做如下的定量分析。

假设振荡回路由变容二极管的结电容 C_j 与电感 L 组成，如图 10-6 所示，其振荡频率为

$$f = \frac{1}{2\pi\sqrt{LC_j}} \tag{10.14}$$

若调制信号为 $u_\Omega = U_{\Omega m}\cos\Omega t$，变容二极管偏置电压为 U_B，则 $u = U_B + U_{\Omega m}\cos\Omega t$，代入式(10.13)，得

$$C_j = \frac{C_{j0}}{\left(1 + \frac{U_B + U_{\Omega m}\cos\Omega t}{U_D}\right)^r}$$

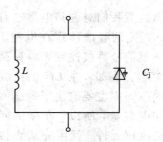

图 10-6　最简单的变容管二极调频电路

经整理，可得

$$C_j = \frac{C_{jQ}}{(1+m\cos\Omega t)^r} \tag{10.15}$$

式中：$C_{jQ}=\dfrac{C_{j0}}{\left(1+\dfrac{U_B}{U_D}\right)}$为静态工作点处的结电容；$m=\dfrac{U_{\Omega m}}{U_D+U_B}$称电容调制指数（或结电容调制度）。

将式(10.15)代入式(10.14)得

$$f = \frac{1}{2\pi\sqrt{LC_{jQ}}}(1+m\cos\Omega t)^{\frac{r}{2}} = f_0(1+m\cos\Omega t)^{\frac{r}{2}} \tag{10.16}$$

式中：$f_0=\dfrac{1}{2\pi\sqrt{LC_{jQ}}}$为$u_\Omega=0$时振荡器的振荡频率（即中心频率）。由式(10.16)可见，只有当$r=2$时，才具有线性调制特性，此时

$$\frac{f-f_0}{f_0} = \frac{\Delta f}{f_0} = m\cos\Omega t \tag{10.17}$$

如果$r\neq2$，式(10.16)可利用二项式公式

$$(1+x)^n = 1+nx+\frac{n(n-1)}{2!}x^2+\frac{n(n-1)(n-2)}{3!}x^3+\cdots$$

（当$x<1$时）展开，经整理得

$$\frac{\Delta f}{f_0} = \frac{r}{2}m\cos\Omega t+\frac{r}{8}\left(\frac{r}{2}-1\right)m^2+\frac{r}{8}\left(\frac{r}{2}-1\right)m^2\cos2\Omega t+\cdots \tag{10.18}$$

可见，除第一项为有用项外，还存在第二项（表示中心频率相对偏移量）、第三项（表示二次谐波失真分量的相对频偏量）等，只有m很小时，才能近似认为调制特性是线性的。但m过小，频偏

$$\Delta f_m = \frac{1}{2}rmf_0 \tag{10.19}$$

和调制灵敏度

$$S = \frac{\Delta f_0}{\Delta U_{\Omega m}} = \frac{rmf_0}{2U_{\Omega m}} \tag{10.20}$$

也都要减小。因此，在实际电路中，总是设法使变容二极管工作在$r=2$的区域。

2. 实际电路举例

图10-7(a)是一个通信机的变容二极管调频电路，它的基本电路是电容三点式振荡器，图10-7(b)是其高频等效电路，其中$L_{p1}\sim L_{p4}$是高频扼流圈。

图10-7(a)中，直流反向偏置同时加到两个同极性对接变容二极管的正极，调制信号经高频扼流圈L_{p2}加到变容二极管的负极。对于直流和调制信号来说，两只变容二极管相当于并联，所处偏置点和受调制状态是一样的。对于高频振荡信号而言，两只变容二极管是串联的，使加到每个变容二极管的高频振荡电压是谐振回路端电压的一半，从而避免了二极管两端交流电压过大，进入导通状态而降低回路Q值。此外，还可以削弱高频振荡电压的谐波成分。由于变容二极管是一个非线性电容，高频信号必然要产生谐波分量（注意不是指调制信号的谐波），它可能引起交叉调制干扰。现在两管高频信号反相，某些谐波成分就可以抵消了。然而，两只变容二极管串联后的总电容要减半，所以调制灵敏度有所下降。

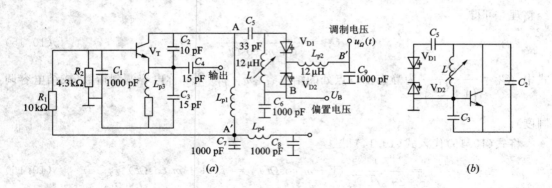

图 10 - 7 某通信机的变容二极管调频电路

(a) 变容二极管调频电路；(b) 简化原理图

改变变容二极管的反向偏置电压，并调节可变电感 L，可使变容二极管调频器的中心频率在 50 MHz～100 MHz 范围内变化。输入调制信号电压 $u_\Omega(t)$ 可使两变容二极管的总电容随 $u_\Omega(t)$ 而变化，两变容二极管串联后再与 C_5 串联，控制回路总电容随 $u_\Omega(t)$ 而变化，从而实现频率调制。

图 10 - 8(a) 是中心频率为 70 MHz±100 kHz，频偏为 $\Delta f = 6$ MHz 的变容二极管直接调频电路，用于微波通信设备中，图 10 - 8(b) 为其高频等效电路。

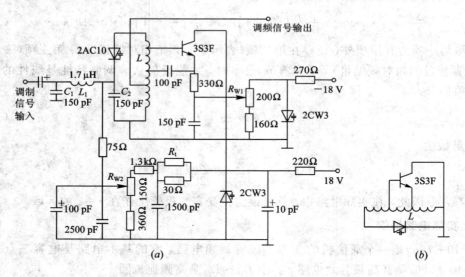

图 10 - 8 频偏较大的变容二极管调频电路

振荡器是电感反馈三点式电路，晶体管基极和振荡回路采用部分接入方式，C_1、L_1 和 C_2 组成低通 Π 型滤波器，使调制信号可以加到变容二极管上，而高频电压却不能进入调制信号源，C_2 对高频是近似短路的。为了减小调频信号中心频率的变化，变容二极管的偏压电路采用了稳压措施，并用热敏电阻进行温度补偿，此时直流偏置电压随温度而变化，这个变化抵消变容二极管势垒随温度的变化而造成的结电容变化，以保证中心频率不随温度变化。用 R_{w2} 调节变容二极管的工作点电压，使中心频率符合所要求的数值；用 R_{w1} 调节晶体管电流，以改变振荡电压的大小和得到最好的线性。

　　另外，在第一篇的实验十一中安装和调试的调频电路就是一个典型的直接调频电路的应用实例。

10.3.2　间接调频电路

1. 概述

　　直接调频的主要优点是容易获得大频偏的 FM 信号。直接调频是在振荡器上直接实现频率调制的，调制电路对振荡器的影响会使 FM 波的中心频率（载频）稳定度降低。调频时，设法把调制与振荡的功能分开，就可削弱调制电路对振荡器的直接影响，再采用高稳定度振荡器来产生频率稳定度很高的载波，这就是间接调频的基本思路。

　　实现间接调频的基本方法是：先对调制信号 $u_\Omega(t)$ 积分，再加到调相器对载频信号调相，则从调相器输出的便是对调制信号 $u_\Omega(t)$ 而言的调频信号。由此可见，实现间接调频的关键电路是调相器。调相器的种类很多，常用的有可控移相法调相电路（如变容二极管调相器）、可控延时法调相电路（如脉冲调相电路）和矢量合成法调相电路等。这里只讨论变容二极管调相电路。

2. 变容二极管调相电路（可控移相法调相电路）

　　图 10-9 是一个单级调谐回路变容二极管调相电路，它的基本电路是一个高频晶体管放大器。在晶体管放大器 V_{T1} 的基极电路输入的高频载波信号的控制下，集电极电流流过由 L、C_4、变容二极管 V_{D2} 组成的谐振回路。变容二极管加有反向偏置电压和调制信号电压 $u_\Omega(t)$，这使变容二极管的结电容 C_j 随调制信号电压而变化，从而使振荡回路的谐振频率随调制信号电压而变化，使固定频率的高频载波电流在流过谐振频率调变的振荡回路时，产生高频调相信号电压输出。

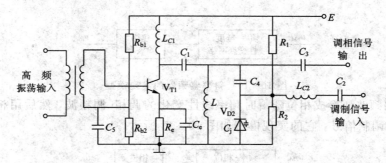

图 10-9　变容二极管调相电路

　　由第六章对并联谐振回路的讨论可知，在高 Q 及小失谐条件下，并联谐振回路的相频特性（电压、电流间相移）$\Delta\varphi$ 为

$$\Delta\varphi = -\arctan\left(Q\frac{2\Delta f}{f_0}\right) \tag{10.21}$$

式中：f_0 为并联谐振回路的谐振频率；$\Delta f = f - f_0$；Q 为并联谐振回路的品质因数。

　　当 $|\Delta\varphi| < \dfrac{\pi}{6}$ 时，$\tan\varphi \approx \varphi$，式（10.21）简化为

$$\Delta\varphi \approx 2Q\frac{\Delta f}{f_0} \tag{10.22}$$

在 $C_4 \gg C_j$ 的条件下，变容二极管的结电容 C_j 近似构成 LC 回路的总电容。若调制信号为 $u_\Omega(t) = U_{\Omega m} \cos\Omega t$，由式（10.18）可知，当 m 很小时，有 $\frac{\Delta f}{f_0} \approx \frac{r}{2} m \cos\Omega t$，代入式（10.22）中，得

$$\Delta\varphi \approx Qrm \cos\Omega t = m_p \cos\Omega t \tag{10.23}$$

上式表明，谐振回路输出信号电压的相移是按输入调制信号电压 $u_\Omega(t)$ 的规律变化的。若将 $u_\Omega(t)$ 先积分后输入，使加到变容二极管的调制信号为 $\int u_\Omega(t)\mathrm{d}t$，则输出调相电压的相移与 $\int u_\Omega(t)\mathrm{d}t$ 是线性关系，这就实现了对调制信号 $u_\Omega(t)$ 的调频。

10.4　调频波的解调

对调频波而言，调制信息包含在已调信号瞬时频率的变化中，所以解调的任务就是把已调信号瞬时频率的变化不失真地转变成电压变化，即实现"频率-电压"转换，完成这一功能的电路，称为频率解调器，简称鉴频器。

10.4.1　鉴频的方法和鉴频器的主要技术指标

1. 实现鉴频的方法

实现鉴频的方法很多，但常用的方法有以下几种：

（1）将等幅调频波变换成幅度随瞬时频率线性变化的调幅-调频波，然后利用振幅检波器进行检波，还原出调制信号，常用的电路有斜率鉴频器。它的实现模型如图 10 - 10 所示。

图 10 - 10　斜率鉴频器的实现模型

（2）将调频波变换成相位随瞬时频率线性变化的调相-调频波，然后用相位检波器解调即可获得原调制信号。它的实现模型如图 10 - 11 所示。

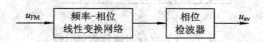

图 10 - 11　相位鉴频器的实现模型

（3）利用调频波的过零信息实现鉴频。因为调频波的频率是随调制信号变化的，所以它们在相同的时间间隔内过零点的数目将不同。当瞬时频率高时，过零点的数目就多；当瞬时频率低时，过零点的数目就少。利用调频波的这个特点，可以实现解调，这种鉴频器叫做脉冲计数式鉴频器。其中一种具体方法的方框图和波形图如图 10 - 12(a)、(b)所示。首先将输入调频波通过限幅器变为调频方波，然后微分变为尖脉冲序列，用其中正脉冲去触发脉冲形成电路，这样调频波就变换成脉宽相同而周期变化的脉冲序列，它的周期变化反映调频波瞬时频率的变化。将此信号进行低通滤波，取出其平均分量，就可得到原调制

信号。这种电路的突出优点是线性好、频带宽、便于集成，同时它能工作于一个相当宽的中心频率范围(1 Hz～10 MHz，如配合使用混频器，中心频率可扩展到100 MHz)。

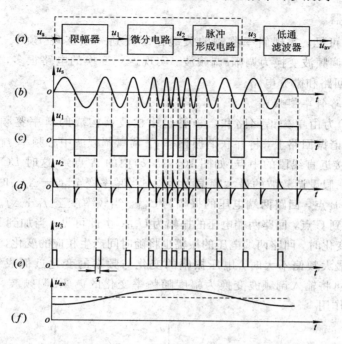

图 10-12 脉冲计数式鉴频器实现方框图和波形图

(4)利用锁相环路实现鉴频。

2. 鉴频器的主要技术指标

鉴频器的主要特性是鉴频特性，也就是鉴频器输出电压 u_o 与输入调频波频率 f 之间的关系。典型的鉴频特性曲线如图10-13所示。当信号频率为中心频率 f_0 时，输出电压 $u_o=0$；当信号频率偏离中心频率升高、下降时，则分别得到正、负极性的输出电压，但当频率偏移过大时，输出电压值将会减小。通常希望鉴频特性曲线要陡直，线性范围要大。由此可得出两个衡量鉴频器性能的技术指标：

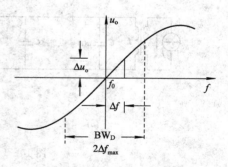

图 10-13 鉴频特性曲线

(1)鉴频灵敏度 S_D。鉴频灵敏度指在中心频率附近，单位频偏所引起的输出电压的变化量，即

$$S_D = \frac{\Delta u_o}{\Delta f}\bigg|_{f=f_0} \tag{10.24}$$

显然，鉴频灵敏度越高，意味着鉴频特性曲线越陡峭，鉴频能力越强。

(2)线性范围。线性范围指鉴频特性曲线近似于直线段的频率范围，用 $2\Delta f_{max}$ 表示，如图10-13所示。它表明变频器不失真解调时所允许的最大频率变化范围。因此，要求 $2\Delta f_{max}$ 应大于调频波最大频偏的两倍。$2\Delta f_{max}$ 又称为鉴频器的带宽。

10.4.2 常用鉴频电路

1. 斜率鉴频器

由图 10 - 10 可见，实现斜率鉴频的关键在于找到一个实现"频率-幅度线性变化网络"，从而将等幅调频波变换为调幅-调频波。实现这一变换的电路很多，常用的有工作于失谐状态的谐振回路和微分电路。

1）单失谐回路斜率鉴频器

图 10 - 14(a) 为由单失谐回路和二极管包络检波器构成的斜率鉴频电路。把调频波 u_{FM} 加到 LC 并联谐振回路上，将并联谐振频率 f_{p} 调离调频波中心频率 f_0，使 f_0 位于谐振曲线倾斜部分中接近直线段的中点（如图 10 - 14(b) 中的 A 点），这时 LC 并联回路两端电压的振幅为 U_{mA}。假设调频波的最大频偏为 Δf_{m}，当频率变至 $f_0 - \Delta f_{\mathrm{m}}$ 时，电压振幅增加 ΔU，工作点移到 B 点，回路两端电压的振幅为 U_{mB}。当频率变至 $f_0 + \Delta f_{\mathrm{m}}$ 时，电压振幅减小 ΔU，工作点移到 C 点，回路两端电压的振幅为 U_{mC}。由此可见，当加到 LC 并联回路的调频波频率随时间变化时，回路两端电压的振幅也将随时间产生相应的变化，如图 10 - 14(b) 所示。当调频波的最大频偏不大时，电压振幅的变化与频率的变化近似成线性关系。所以，利用单谐振回路可将输入调频波变换为幅度随频率变化的调幅-调频波。然后，通过包络检波器完成鉴频作用。

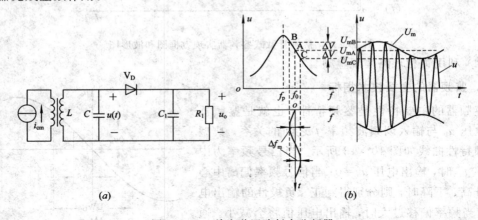

图 10 - 14　单失谐回路斜率鉴频器

然而，由于单失谐回路谐振曲线的线性范围较窄，当频偏较大时，非线性失真严重，不宜直接采用。

2）双失谐回路斜率鉴频器

为了扩大鉴频特性的线性范围，实用的斜率鉴频器都是采用两个单失谐回路构成平衡电路，如图 10 - 15(a) 所示。它由两个单失谐回路和二极管包络检波器组成，上、下两个回路分别调谐于 f_{p1} 和 f_{p2} 上，各自失谐于输入调频波载波频率 f_0 的两侧，并且与 f_0 之间的失谐量相等，即 $f_0 - f_{\mathrm{p1}} = f_{\mathrm{p2}} - f_0$，这个差值应大于调频波的最大频偏。调频信号在回路两端产生的电压 u_1 和 u_2 的幅度分别以 U_1 和 U_2 表示，回路的频率响应曲线如图 10 - 15(b) 所示。图 10 - 15(a) 中两个二极管检波器参数一致（$C_1 = C_2$，$R_1 = R_2$，V_{D1} 和 V_{D2} 参数一样）。U_1 和 U_2 分别经二极管检波器得到输出电压 U_{o1} 和 U_{o2}，它们是反相的，合成输出电压 U。

$=U_{o1}-U_{o2}$，粗略地认为两个检波器传输系数都近似为 1，可以得到 $U_o \approx U_1 - U_2$。也就是说，U_o 随频率改变的规律应与 $U_1 - U_2$ 随频率改变的规律一致。将 U_1 与 U_2 两曲线相减，就可得到图 10-15(c) 中所示的鉴频特性曲线。由此可见，双失谐回路鉴频器由于采用了平衡电路，上、下两个单失谐回路鉴频器特性可以相互补偿，使得鉴频器输出电压中的直流分量和低频偶次谐波分量相互抵消，故鉴频的非线性失真小，线性范围宽，鉴频灵敏度高。但是这个电路中三个回路互相耦合，而且又分别工作在三个频率上，调试不方便。

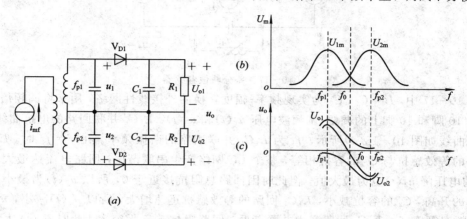

图 10-15　双失谐回路斜率鉴频器

图 10-16 是某微波机采用的双失谐回路斜率鉴频器的实际电路。三个回路 A、B、C 分别调谐于 35 MHz、30 MHz 和 40 MHz。

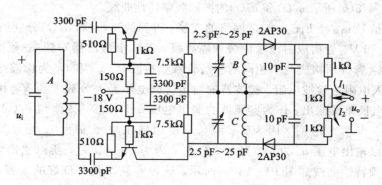

图 10-16　实用鉴频电路

为了便于调整，减少三个回路之间的互相影响，这个电路没有采用互感耦合的方式，而是将三个回路分别屏蔽起来。调频信号加到回路 A 以后经两个共基极放大器再分别加到回路 B 和 C，而回路 B 和 C 的连接点与检波电容中点一起接地，由于接地点的改变，输出信号 U_o 不像图 10-15 那样取出，这时 U_o 不再由两检波器输出电压之差决定，而由两检波电流 I_1 与 I_2 之差决定。为了得到电流之差，把图 10-15 中下面的二极管反过来，这也为空载时构成了检波直流通路。

　3）差分峰值鉴频器

在集成电路中，广泛采用斜率鉴频电路。如图 10-17 所示为 HA1124A 集成块中的差分峰值鉴频器（应用于日立彩电伴音通道）。

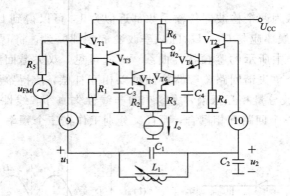

图 10-17　差分峰值鉴频器

　　图 10-17 中，L_1、C_1、C_2 为实现频率-幅度转换的外接线性网络，用来将调频信号 u_{FM} 转换为 10 脚和 10 脚上的调幅-调频波电压 $u_1(t)$ 和 $u_2(t)$。L_1C_1 并联回路的电抗曲线和 C_2 的电抗曲线如图 10-18(a)所示，f_1 为 L_1C_1 并联回路的谐振频率。在 $f=f_2$ 时，L_1C_1 并联回路的等效感抗与 C_2 的容抗相等，整个 LC 网络产生串联谐振，回路电流达最大值，故 C_2 上的电压降 $u_2(t)$ 也为最大值，但此时因回路总阻抗接近于 0，所以 $u_1(t)$ 为最小值。随着频率的升高，C_2 的容抗减小，L_1C_1 回路的等效感抗迅速增大，所以 $u_2(t)$ 减小，$u_1(t)$ 增大，当频率等于 f_1，L_1C_1 回路产生并联谐振，回路阻抗趋于无穷大，此时 $u_1(t)$ 达到最大值，而 $u_2(t)$ 为最小值。可见，$u_1(t)$、$u_2(t)$ 的振幅可随输入信号频率的变化而变化，故该网络可实现频率-幅度转换作用。调整回路参数，在 $f=f_0$ 时，使 $u_1(t)$ 和 $u_2(t)$ 振幅相等，这样可以得到图 10-18(b)所示 $u_1(t)$ 和 $u_2(t)$ 的振幅频率特性曲线。

　　输入调频信号 u_{FM} 经 L_1C_1 和 C_2 网络的变换，得到的 $u_1(t)$ 和 $u_2(t)$ 分别加到 V_{T1} 和 V_{T2} 管的基极，V_{T1} 和 V_{T2} 管构成射极输出缓冲隔离级，以减小检波器对频率-幅度转换网络的影响。V_{T3} 和 V_{T4} 管分别构成两个相同的三极管峰值检波器，C_3 和 C_4 为检波滤波电容，V_{T5} 和 V_{T6} 管的输入电阻为检波电阻。检波器的输出解调电压经差分放大器 V_{T5} 和 V_{T6} 放大后，由 V_{T6} 管的集电极单端输出，作为鉴频器的输出电压 u_o。显然，其值与 $u_1(t)$ 和 $u_2(t)$ 振幅的差值成正比。当 $f=f_0$ 时，因为 $U_{1m}=U_{2m}$，所以输出电压 $u_o=0$；当 $f>f_0$ 时，因为 $U_{1m}>U_{2m}$，所以输出电压 u_o 为正；当 $f<f_0$ 时，因为 $U_{1m}<U_{2m}$，所以输出电压 u_o 为负。故鉴频器的鉴频特性曲线如图 10-18(b)所示。这种鉴频器具有良好的鉴频特性，其中间的线性区比较宽，典型值可达 300 kHz。

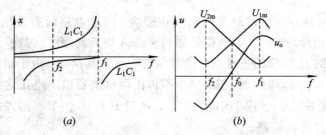

图 10-18　频率-幅度转换网络电抗特性曲线和鉴频特性曲线

2. 相位鉴频器

　　图 10-11 给出了相位鉴频器的实现模型，它由频率-相位线性变换网络和相位检波器

两部分组成。前者将调频波的瞬时频率变化不失真地转换成相位变化；后者又称鉴相器，它的任务是把已调信号瞬时相位变化不失真地转变成电压变化，即实现相位-电压转换。其实现方法主要有两种：一种是乘积型相位鉴频器；一种是叠加型相位鉴频器。

我们先介绍频率-相位变换网络和鉴相器的工作原理，然后介绍常用电路。

1）频率-相位变换网络

在相位鉴频器中，广泛采用谐振回路作为频率-相位变换网络，如单谐振回路、耦合回路或其他 LC 电路。现以图 $10-19(a)$ 所示电路为例，讨论网络的频率-相位变换特性。

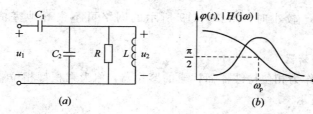

$$(a) \qquad\qquad (b)$$

图 $10-19$　单谐振回路频率-相位变换网络及频率特性

由图 $10-19(a)$ 可写出电路的电压传输系数为

$$H(j\omega) = \frac{\dot{U}_2}{\dot{U}_1} = \frac{\dfrac{1}{\dfrac{1}{R} + j\left(\omega C_2 - \dfrac{1}{\omega L}\right)}}{\dfrac{1}{j\omega C_1} + \dfrac{1}{\dfrac{1}{R} + j\left(\omega C_1 - \dfrac{1}{\omega L}\right)}} = \frac{j\omega C_1}{\dfrac{1}{R} + j\left(\omega C_1 + \omega C_2 - \dfrac{1}{\omega L}\right)}$$

令

$$\omega_p = \frac{1}{\sqrt{L(C_1 + C_2)}}, \quad Q = \frac{R}{\omega_p L}$$

则上式可改写为

$$H(j\omega) = \frac{j\omega C_1 R}{1 + jQ\left(\dfrac{\omega^2}{\omega_p^2} - 1\right)} \tag{10.25}$$

在失谐较小的情况下，式(10.25)可简化为

$$H(j\omega) \approx \frac{j\omega C_1 R}{1 + jQ\dfrac{2(\omega - \omega_p)}{\omega_p}} \tag{10.26}$$

由此可得到网络的幅频特性和相频特性分别为

$$|H(j\omega)| \approx \frac{\omega C_1 R}{\sqrt{1 + \left(2Q\dfrac{\omega - \omega_p}{\omega_p}\right)^2}} \tag{10.27}$$

$$\varphi(t) \approx \frac{\pi}{2} - \arctan\left(2Q\frac{\omega - \omega_p}{\omega_p}\right) \tag{10.28}$$

根据式(10.27)和式(10.28)可作出网络的幅频特性和相频特性曲线如图 $10-19(b)$ 所示。由图可见，当输入信号频率 $\omega = \omega_p$ 时，$\varphi = \pi/2$；当 $\omega > \omega_p$ 时，随着 ω 的增大，φ 减小；当 $\omega < \omega_p$ 时，随着 ω 的减小，φ 增大。但上述频相之间的转换是非线性的，只有当失谐量很

小，$\arctan\left(2Q\dfrac{\omega-\omega_{\mathrm{p}}}{\omega_{\mathrm{p}}}\right)<\dfrac{\pi}{6}$ 时，相频特性曲线才近似为线性，此时

$$\varphi(t)\approx\frac{\pi}{2}-2Q\frac{\omega-\omega_{\mathrm{p}}}{\omega_{\mathrm{p}}} \tag{10.29}$$

若输入为调频波，其瞬时角频率 $\omega=\omega_{\mathrm{c}}+\Delta\omega_{\mathrm{m}}\cos\Omega t=\omega_{\mathrm{c}}+\Delta\omega(t)$，并令 $\omega_{\mathrm{c}}=\omega_{\mathrm{p}}$，则式 (10.29) 可写成

$$\varphi(t)\approx\frac{\pi}{2}-\frac{2Q}{\omega_{\mathrm{c}}}\Delta\omega(t) \tag{10.30}$$

可见，当调频波的 $\Delta\omega_{\mathrm{m}}$ 较小时，图 10-19 所示的网络可不失真地完成频率-相位线性变换。

2）乘积型相位鉴频器

采用模拟相乘器作为相位检波器而构成的鉴频器，称为乘积型相位鉴频器，其组成原理框图如图 10-20 所示。

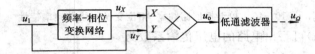

图 10-20　乘积型相位鉴频器组成原理框图

（1）相乘器的鉴相功能。模拟相乘器可以完成两个输入信号相乘的功能，也可用它来检出两个输入信号的相位差，实现相位-电压的变换作用。下面根据加到相乘器输入信号幅度的大小不同，分两种情况来讨论。

一种是当相乘器输入信号 u_X、u_Y 均为小信号，设 u_X 和 u_Y 分别为

$$u_X=U_{Xm}\sin(\omega_{\mathrm{c}}t+\varphi)$$
$$u_Y=U_{Ym}\cos\omega_{\mathrm{c}}t$$

式中，u_X、u_Y 除了有相位差 φ 外，还有固定的相位差 $\pi/2$。由此可得相乘器的输出电压为

$$u_{\mathrm{o}}=Au_X u_Y=\frac{1}{2}AU_{Xm}U_{Ym}\sin\varphi+\frac{1}{2}AU_{Xm}U_{Ym}\sin(2\omega_{\mathrm{c}}t+\varphi)$$

通过低通滤波器滤除上式中第二项高频分量，可得

$$u_\Omega=\frac{1}{2}AU_{Xm}U_{Ym}\sin\varphi \tag{10.31}$$

这里略去了低通滤波器的通带损耗。上式说明保持 U_{Xm}、U_{Ym} 不变，输出电压与两个输入信号相位差的正弦成正比。作出 u_Ω 与 φ 的关系曲线，如图 10-21 所示，称为鉴相器的鉴相特性曲线，可见是一条正弦曲线。当 $\varphi\leqslant\pi/6$ 时，$\sin\varphi\approx\varphi$，鉴相特性接近于直线，故相乘器可实现线性鉴相作用。

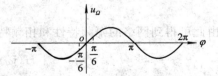

图 10-21　正弦鉴相特性曲线

另一种情况是两个输入信号均为大信号，$u_X=U_{Xm}\sin(\omega_{\mathrm{c}}t+\varphi)$，$u_Y=U_{Ym}\cos\omega_{\mathrm{c}}t$ 波形如图 10-22(a)、(b) 所示。由于模拟相乘器自身的限幅作用，可以将 u_X、u_Y 等效成经双向限幅变成正、负对称的方波信号 u_X'、u_Y' 后加入相乘器，其幅度分别为 U_{Xm}'、U_{Ym}'，两者的相位差为 φ，其波形如图 10-22(c)、(d) 所示。相乘后的输出电压 u_{o} 波形如图 10-22(e) 所示。

而低通滤波器的输出电压 u_Ω 正比于相乘器输出电压的平均值。因此，由图 $10-22(c)$、(d) 可求得

$$u_\Omega = \frac{AU'_{Xm}U'_{Ym}}{2\pi}\left[2\left(\frac{\pi}{2}+\varphi\right)-2\left(\frac{\pi}{2}-\varphi\right)\right] = AU'_{Xm}U'_{Ym}\frac{2\varphi}{\pi} \tag{10.32}$$

式(10.32)适用于 $-\frac{\pi}{2}<\varphi<\frac{\pi}{2}$。

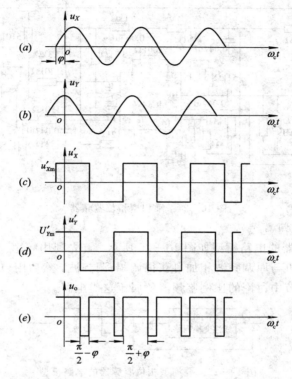

图 $10-22$　大信号时相乘器鉴相工作波形

当 $\frac{\pi}{2}<\varphi<\frac{3\pi}{2}$ 时，可以证明，u_Ω 为

$$u_\Omega = AU'_{Xm}U'_{Ym}\frac{2\pi-2\varphi}{\pi} \tag{10.33}$$

由式(10.32)和式(10.33)可以作出 u_X、u_Y 均为大信号时，相乘器的鉴相特性(如图 $10-23$ 所示)，它是一条三角形特性。由图可见，φ 在 $-\frac{\pi}{2}$ 与 $\frac{\pi}{2}$ 之间变化时，可实现线性鉴相，其线性范围比小信号鉴相特性增大近三倍。

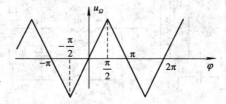

图 $10-23$　大信号时相乘器的鉴相特性

（2）乘积型相位鉴频器电路。图 10-24 是利用单片集成模拟相乘器 MC1496P 构成的乘积型相位鉴频器电路。图中，V_T 为射极输出器，其负载 L、R、C_1、C_2 组成频率-相位变换网络，该网络适用于中心频率为 7 MHz～9 MHz、最大频偏约 250 kHz 的调频波解调。相乘器输出用 F007 运算放大器构成平衡输入低频放大器，F007 输出端接有低通滤波器。

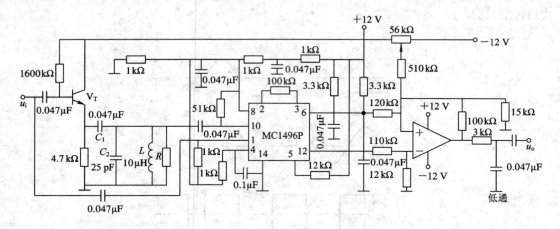

图 10-24　乘积型相位鉴频器

3）叠加型相位鉴频器

叠加型相位鉴频器的电路模型如图 10-25 所示。首先利用频率-相位线性变换网络将调频波变为调相波，再与原调频波相加可获得调幅-调频波，然后用包络检波器解调，恢复出调制信号。在 4.3 节中讨论的比例鉴频器就属于这类电路。

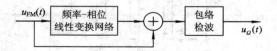

图 10-25　叠加型相位鉴频器的电路模型

另外，广泛应用于调频广播接收机中的互感耦合回路相位鉴频器也是一种典型的叠加型相位鉴频器，其电路如图 10-26 所示。图中，$L_1 C_1$ 和 $L_2 C_2$ 互感耦合回路作为频率-相位变换网络，它们均调谐在调频波的中心频率 f_0 上。两个二极管包络检波器接成平衡对称电路形式，有利于消除偶次谐波失真。高频耦合电容 C_5 将初级电压 U_1 经 L_2 中心抽头分别加到两个二极管上，高频扼流圈 L_3 对高频信号呈开路，而为包络检波器平均电流提供通路。

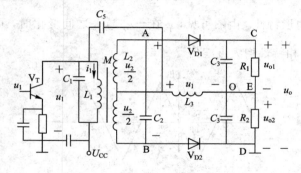

图 10-26　互感耦合回路相位鉴频器电路

经 V_T 放大后的输入信号在初级回路 L_1C_1 上产生的电压为 $\dot{U}_1$，感应到次级回路 L_2C_2 上产生的电压为 $\dot{U}_2$，由于 L_2 被中心抽头分成两半，所以对中心抽头来说，每边电压为 $U_2/2$。又由于 C_5 和 C_4 的容抗远小于 L_3 的感抗，所以 L_3 上的电压约等于 $\dot{U}_1$，因此，加到两个二极管包络检波器上的高频信号电压分别为

$$\dot{U}_{A0} = \dot{U}_1 + \frac{1}{2}\dot{U}_2, \quad \dot{U}_{B0} = \dot{U}_1 - \frac{1}{2}\dot{U}_2 \tag{10.34}$$

当调频波瞬时频率改变时，由于谐振回路的相位特性，$\dot{U}_1$ 和 $\dot{U}_2$ 的相位差就改变，这两个矢量合成的 $\dot{U}_{A0}$ 和 $\dot{U}_{B0}$ 的幅度也随之改变，就从调频波转变为调幅-调频波。这个转变过程与 4.3 节分析的比例鉴频器完全相同，这里不再赘述。下面仅对这两种鉴频器的异同做些比较。

（1）两者的相同点是 FM 信号的输入和频率-相位变换电路相同，因而 $\dot{U}_{A0} = \dot{U}_1 + \frac{1}{2}\dot{U}_2$ 和 $\dot{U}_{B0} = \dot{U}_1 - \frac{1}{2}\dot{U}_2$ 的形成和分析方法是相同的。

（2）为构成包络检波器的直流通路，比例鉴频器中的两只二极管是顺向连接的，因而两类鉴频器中的 V_{D2} 极性连接是相反的。

（3）鉴频器的输出电压能线性地跟随输入调频波瞬时频率变化的一个重要条件是输入信号的幅度是恒定的。实际上，调频波在产生过程中总是或多或少地附带有寄生调幅，在传输和接收过程中由于各种干扰和噪声的影响，也会在调频波上出现寄生调幅。寄生调幅的存在必将影响鉴频器的输出，产生失真，因此，需在耦合回路鉴频器前加入限幅电路，将调频波的寄生调幅部分"削平"，保证进入鉴频器的是等幅的调频波。而比例鉴频器自身具有限幅的功能（图 4-4 中接入了大电容 C_8），因此，采用比例鉴频器时可以不必在其前面加入限幅器。

（4）比例鉴频器输出电压不是从 C、D 端输出，而是从 O、E 端输出（见图 10-26）。

在实际应用中，为了便于调整初、次级回路之间的耦合量，常采用电容耦合代替上述的互感耦合。图 10-27(a) 是某小型移动式通信机鉴频器的实际电路，图中初、次级回路线圈均各自屏蔽，相互间无互感耦合，初、次级回路之间通过 C_p 和 C_m 进行耦合，只要改变 C_p 或 C_m 的大小就可调节耦合的松紧。由于 C_p 的容量远大于 C_m，C_p 对高频短路，因此可作出耦合回路部分的等效电路，如图 10-27(b) 所示。初级电压 $\dot{U}_1$ 经 C_m 耦合，在次级回路产生电压 $\dot{U}_2$，经 L_2 中心抽头分成两个相等的电压 $\dot{U}_2/2$。可以看出加到两个二极管上的信号电压分别为 $\dot{U}_{D1} = \dot{U}_1 + \frac{1}{2}\dot{U}_2$ 和 $\dot{U}_{D2} = \dot{U}_1 - \frac{1}{2}\dot{U}_2$，随着输入信号频率的变化，$\dot{U}_1$ 和 $\dot{U}_2$ 之间的相位发生变化，从而使它们的合成矢量幅度发生变化，同样可将调频波变成调幅-调频波，其工作原理与互感耦合电路是一样的。

图 10-27 中，鉴频器输出电压 $\dot{U}_o$ 由 C_5 两端取出，C_5 对高频短路而对低频开路。考虑到次级回路 $L_2C_2C_3C_4$ 对低频分量短路，所以鉴频器输出电压 $\dot{U}_o$ 等于两个检波器负载电阻上的电压之差。电阻 R_3 相当于图 10-26 所示电路中的扼流圈 L_3，为检波器构成直流通路。电阻 R_4 和电容 C_6 是低通滤波电路，在调频接收机中叫做"去加重电路"，它的作用将在 10.5 节进行说明。

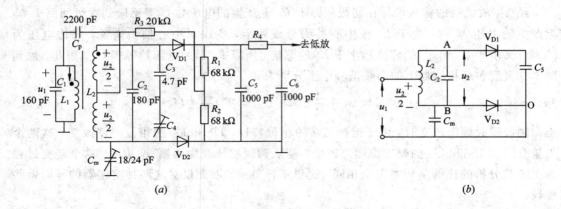

图 10-27   电容耦合双调谐回路相位鉴频器

10.5   调频制的抗干扰(噪声)性能

关于各种调制方式的抗干扰性能分析属于后续课程"通信原理"的课程内容,但是,有些高频电路的组成(如调频收、发信机中的预加重、去加重等特殊电路)与抗噪声性能的分析是密切相关的。本课程只能在讲清楚讨论条件后,直接引用有关结论。

抗干扰性是指在接收机解调器的输入端信噪比(SNR)相同时,哪种调制方式的接收机输出端信噪比高,则认为这种调制方式的抗干扰性能好。在本章的开头曾提到调频制的突出特点是它的抗干扰性能优于调幅制,这是为什么呢?

分析表明,对于单音调频波而言,解调的输出电压信噪比为

$$(SNR)_{FM} \approx \frac{U_s}{U_n} \frac{\Delta f}{F} = m_f \frac{U_s}{U_n} \tag{10.35}$$

式中:U_s/U_n 为接收机输入端信噪比;U_s 和 U_n 分别表示信号与干扰电压的幅值;Δf 为频偏;F 为调制信号频率;m_f 为调频系数。一般宽带调频系数 m_f 总是大于 1 的,因而调频接收机信噪比与输入端相比是有所提高的。

对于调幅接收机而言,检波输出电压信噪比为

$$(SNR)_{AM} \approx m_a \frac{U_s}{U_n} \tag{10.36}$$

当 $m_a = 1$ 时,输出信噪比与输入信噪比相等,这是调幅接收的最好情况,但通常 $m_a < 1$。

由于在调幅制中,调幅系数 m_a 不能超过 1,而在调频制中,调频系数 m_f 可以远大于 1,所以说调频制的抗干扰性能优于调幅制。以上分析表明,加大调频系数 m_f 可以使鉴频输出信噪比增加,但必须注意,加大 m_f 将增加信号带宽。因此,调频制的抗干扰性能优于调幅制的抗干扰性能是以牺牲带宽为代价的。

以上讨论仅指干扰为单频信号的简单情况,如果干扰信号非单频,而是白噪声,分析表明,只有在调频系数大于 0.6 时,调频制的抗干扰性能才优于调幅制。因此,常把 $m_f = 0.6$ 作为窄带调频与宽带调频的过渡点。在抗干扰性能方面,窄带调频并不优于调幅制,因为窄带调频信号和调幅信号的带宽并无差异。

从表面看,增加带宽将使更多的噪声信号进入接收机,但是,为什么宽带的调频信号

反而可以提高信噪比呢？这是因为调频信号的频谱是有规律地扩展的，各旁频分量是相关的，经解调后宽带信号可以凝聚为窄带的原始调制信号频谱。而噪声各频率是彼此独立的，不能凝聚，解调后仍分布在宽带内，大部分将被滤波器滤除，这就使输出信噪比得以提高。

从式(10.35)还可以看出，调频接收机中鉴频器输出端的噪声随调制信号频率的增加而增大，即鉴频器输出端噪声电压频谱呈三角形（其噪声功率谱呈抛物线形），如图 10-28 所示。而各种消息信号（如话音、音乐等），它们的能量都集中在低频端，因此在调制信号的高频端输出信噪比将明显下降，这对调频信号的接收是很不利的。为了使调频接收机在整个频带内都具有较高的输出信噪比，可以在调频发射机的调制器之前人为地加重高音频，使高音频电压提升，这一技术被

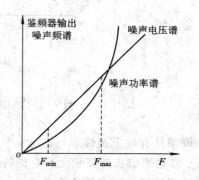

图 10-28 鉴频器输出噪声频谱

称为"预加重"，实现这一技术的电路称为预加重网络。但这样做的结果改变了原调制信号各调制频率之间的比例关系，将造成解调信号的失真。因此，需要在调频接收机鉴频器输出端加入一个与预加重网络传输函数相反的去加重网络，把人为提升的高音频电压振幅降下来，恢复原调制信号各频率之间的比例关系，使解调信号不失真。

1. 预加重网络

调频噪声频谱呈三角形，即与调制信号频率 F 成正比。与此相对应，可将信号电压做类似处理，要求预加重网络的传输函数应满足 $|H(j2\pi F)| \propto 2\pi F$，这对应于一个微分电路。但考虑到对信号的低端不应加重，一般采用的预加重网络及其传输特性分别如图 10-29(a)、(b)所示。图中，$F_1 = \dfrac{1}{2\pi R_1 C}$，$F_2 = \dfrac{1}{2\pi RC}$（式中 $R = R_1/R_2$）。对于广播调频发射机中的预加重网络参数 C、R_1、R_2 的选择，常使 $F_1 = 2.1$ kHz，$F_2 = 15$ kHz，此时 $R_1 C = 75$ μs。

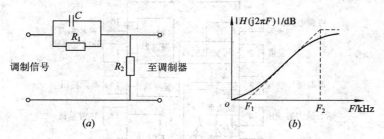

图 10-29 预加重网络

2. 去加重网络

去加重网络及其频响特性见图 10-30(a)、(b)。去加重网络应具有与预加重网络相反的网络特性，因而应使 $|H(j2\pi F)| \propto 1/2\pi F$。可见，去加重网络相当于一个积分电路。在广播调频接收机中，去加重网络参数 R、C 的选择应使 $F_1 = 2.1$ kHz，$F_2 = 15$ kHz，此时，$R_1 C = 75$ μs。

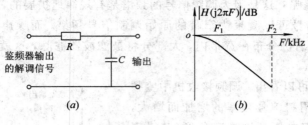

图 10 - 30　去加重网络

10.6　单片集成调频发射机与接收机实例

调频具有抗干扰性能好、低噪声、高保真、效率高等优点，因此广泛应用于广播、电视伴音、移动通信和甚高频无线电话等通信设备中。随着集成电路技术的发展，目前已有很多集成调频发射机和接收机的芯片，本节以 Motorola 公司生产的 MC2833 单片集成调频发射机和 MC13136 单片集成调频接收机为例，讨论这类芯片的功能及应用。

10.6.1　单片集成调频发射芯片 MC2833

MC2833 的工作电压范围宽，可以在 2.8 V～9.0 V 的电压下正常工作；工作温度范围在 −30℃～+70℃ 之间；功耗非常低，典型电流值为 2.9 mA。MC2833 的电路结构简单，在使用时只需少量的外围元器件；使用片内放大晶体管使输出功率达 10 dBm，工作频率近 60 MHz，可以接入 FCC、DOT、PTT 等射频电路。

1. MC2833 的内部结构

MC2833 是采用可变电抗直接调频的发射芯片，图 10 - 31 是其内部结构及引脚排列图。由图可见，MC2833 由话音放大器、可变电抗器、射频振荡器、缓冲器和两个辅助晶体管构成。

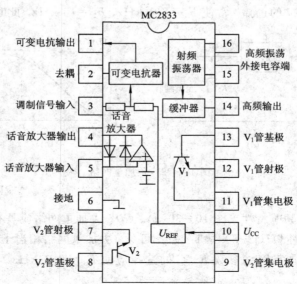

图 10 - 31　MC2833 的内部结构及引脚排列图

低频调制信号从引脚 5 输入，经话音放大器放大后，送入可变电抗器，通过调制信号改变可变电抗的参数，从而改变射频振荡器的频率，进而实现调频。射频振荡器的中心频率由引脚 1 和引脚 16 外接的晶体决定，经过调频后的信号由缓冲器端引脚 14 输出，经片外选频网络返回引脚 13，由 V_1、V_2 构成的两级功率放大器放大后由引脚 9 输出，两级放大器的谐振回路均外接。

2. MC2833 构成的调频发射机电路

由 MC2833 构成的调频发射机电路如图 10-32 所示。该电路在 50 Ω 负载上谐波衰减不低于 50 dB，输出功率可达 10 mW，调制灵敏度为 10 Hz/mV，最大调制频偏为 15 kHz～30 kHz。下面对发射机各主要部分的电路进行分析。

1) 话音放大器

话筒将声音信号变成音频电压信号，经耦合电容 C_1 由引脚 5 送入话音放大器，话音放大器由片内运放和外接电阻等组成反相放大器，放大器的增益由负反馈电阻 R_4 决定。图中两只二极管用来将话音放大器的输出电压幅度限制在 ±0.7 V 之间。话音放大器输出信号由引脚 4 输出通过 C_2 加到可变电抗器的控制端引脚 3。

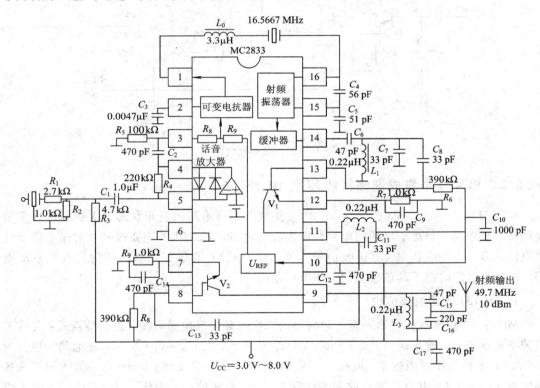

图 10-32　MC2833 构成的调频发射机电路

2) 调频振荡器

调频振荡器由可变电抗器、射频振荡器以及外接电感 L_0、晶体、反馈电容 C_4、C_5 等组成，振荡的中心频率由晶体决定，调节 L_0 使振荡频率等于晶体的标称频率 16.5667 MHz。片内电阻与外接电阻构成可变电抗器的控制分压器，片内参考电压源通过分压器向可变电抗器提供静态偏置电压。话音放大器的输出信号通过耦合电容 C_2 加到分压器的 R_3 上，使可变电抗器的电抗随音频电压而变化，从而实现调频。

3）缓冲放大与三倍频

调频振荡器的输出信号由片内直接送入缓冲器，缓冲器的作用是将振荡器与功率放大器隔离，以提高振荡器的频率准确度和稳定度。缓冲器负载由外接 L_1、C_7 并联回路构成，其频率调谐在振荡频率的三倍频 49.7 MHz 上（也可调谐在振荡频率上）。

4）功率放大器

经缓冲器倍频放大后的信号，通过 C_8 耦合到 V_1、V_2 构成的功率放大器进行放大。功率放大器电路如图 10-33 所示，图中 R_6、R_7、R_8、R_9 分别为 V_1、V_2 管的偏置电阻，L_2、C_{11} 和 L_3、C_{15}、C_{16} 分别组成两级放大器的谐振回路，它们均调谐在 49.7 MHz 上。为保证发射机输出功率能最大限度地转换为电磁波，设计输出电路 L_3、C_{15}、C_{16} 时要考虑功率管的输出阻抗与天线输出阻抗的匹配。

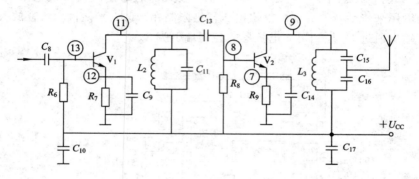

图 10-33　功率放大器

10.6.2　单片窄带集成调频接收芯片 MC13136

MC13136 是 Motorola 公司在 MC3362 集成电路技术基础上开发的二次变频单片窄带调频接收机电路。相对于早期的单片调频接收机电路，MC13136 主要改进和增强了信号处理电路、第一本振级和 RSSI（接收信号强度指示）电路；改善了音频解调的失真及驱动电路，在高稳定性前提下具备较宽的工作电压范围。

1. MC13136 的内部结构

MC13136 包含从天线输入至音频输出的二次变频全部电路，该电路的特点是：芯片工作频率范围很宽，输入最高频率达 200 MHz；功耗低，在 $U_{cc}=0.4$ V 时，耗电典型值仅为 3.5 mA；工作电压范围较宽，可在 0.2 V～6.0 V 之间正常工作；VHF 第一放大级可选择晶体或 VCO 方式，并具有独立的调谐变容二极管，组成第一本振级；同时第一缓冲放大级可驱动 CMOS 锁相环 PLL 合成器，配合少量的外接元件即可完成调频信号的解调。

图 10-34 为 MC13136 的内部结构图，芯片内含有振荡器、VCO 变容二极管、低噪声第一和第二混频器、高性能限幅放大器、RSSI（接收信号强度指示）电路、低频放大器等电路，适合于 VHF 单片接收机系统，或采用更低中频的三次变频接收机系统。

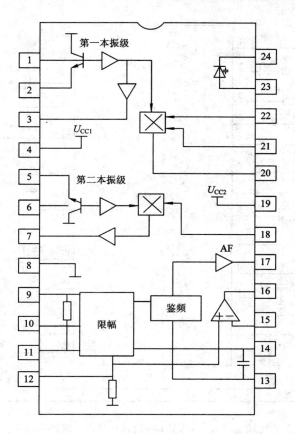

图 10-34　MC13136 的内部结构图

2. MC13136 构成的调频接收机电路

图 10-35 是由 MC13136 构成接收机电路的实例。需要解调的 RF 信号频率为 28.3 MHz，该信号经 *LC* 谐振回路选频后从引脚 22 和引脚 21 输入。MC13136 的内部振荡器电路与引脚 1 和引脚 2 的外接元件组成第一本振级，第一本振频率为 39 MHz。在芯片内部第一混频级需要解调的 RF 信号与 39 MHz 的第一本振信号进行混频，其差频 10.7 MHz(39-28.3=10.7)为第一中频。第一中频信号由引脚 20 输出，经 10.7 MHz 陶瓷滤波器选频后由引脚 18 送到内部的第二级混频电路，内部的振荡电路及引脚 5 和引脚 6 的外接晶体与电容构成第二本振级，频率选比第一中频低 455 kHz 的 10.245 MHz。10.7 MHz 的第一中频信号与第二本振频率进行混频，其差频为 455 kHz 的第二中频信号。第二中频信号由引脚 7 输出，由 455 kHz 陶瓷滤波器选频，再经引脚 9 送入 MC13136 的限幅放大器进行中频增益放大，限幅放大级是整个电路的主要增益级。引脚 13 的外接 *LC* 元件组成 455 kHz 鉴频谐振回路，经放大后的第二中频信号在内部进行鉴频解调，并经一级 AF 音频电压放大后由引脚 17 输出音频信号。

MC13136 的引脚 12 为 RSSI 输入端，引脚 15 为运算放大级的输入端，引脚 16 为 RSSI 缓冲放大的输出端；引脚 10 和引脚 11 为外接退耦电容，以保证电路的稳定工作。

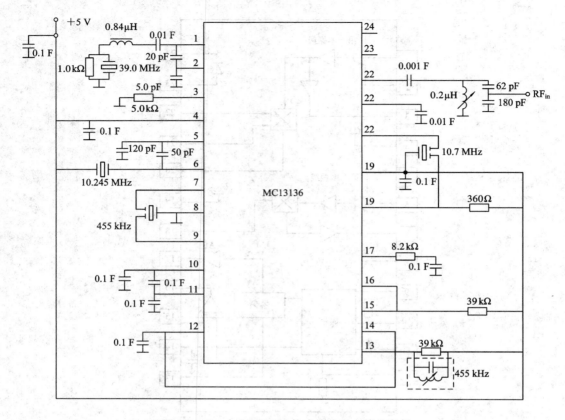

图 10 - 35　由 MC13136 构成接收机电路的实例

本 章 小 结

本章主要讨论了调频、调相及鉴频、鉴相等非线性频率变换的原理和电路。

调频和调相都表现为载波总相角随调制信号的变化，因此，调频波与调相波有相似的表示式和基本性质。它们的主要区别在于调频是高频载波的瞬时频率与调制信号的幅值成正比；而调相是高频载波的瞬时相位与调制信号的幅值成正比。

角度调制在时域上不是两个信号的简单相乘，在频域上也不是频谱的线性搬移，而是产生了无数个组合频率分量，其频谱结构与调制指数 m 有关，这一点与调幅是不同的。

角度调制信号包含的频谱虽然是无限宽，但其能量集中在中心频率 f_0 附近的一个有限频段内。略去小于未调高频载波振幅的 10% 以下的边频，可认为调角信号占据的有效带宽为 $B = 2(\Delta f_m + F)$，其中，Δf_m 为最大频偏，F 为调制信号频率。

实现调频的方法分两类：直接调频与间接调频。

直接调频是用调制信号去控制振荡器中的可变电抗元件(通常是变容二极管)，使其振荡频率随调制信号线性变化；间接调频是将调制信号积分后，再对高频载波进行调相，获得调频信号。

直接调频可获得大的频偏，但中心频率的频率稳定度低；间接调频时中心频率的频率稳定度高，但难以获得大的频偏。

鉴频的任务是从调频波中还原出调制信号。本章讨论了两类鉴频方法——斜率鉴频和相位鉴频，它们的电路模型都是由实现波形变换的线性网络和实现频率变换的非线性电路组成的。斜率鉴频是将频率变化通过频率-幅度线性变换网络变换成幅度随调制信号的变化，再进行包络检波；相位鉴频则是先将频率变化通过频率-相位线性变换网络变换成相位随调制信号的变化，再进行鉴相。

在鉴频、鉴相的集成电路中广泛采用了相乘器，相乘器实现两信号的理想相乘，输出端只出现两信号的和频、差频分量。因此，相乘器应用于鉴频、鉴相等频谱非线性变换电路中是有局限条件的，即只能不失真解调相移变化量小的调频波和调相波。

习 题 十

1. 一载波为 $u_c(t)=4\cos2\pi\times25\times10^6$（V），调制信号为单频正弦波，频率 $F=400$ Hz，频偏 $\Delta f=10$ kHz。分别写出调频波、调相波的数学表示式。

2. 求下列两个已调波的 $\Delta\varphi(t)$、$\Delta\omega(t)$ 的表示式。如果它们是调频波或调相波，其相应的调制电压是什么？

(1) $u=U_m(1+A\cos\omega_1 t)\cos(\omega_c t+B\cos\omega_1 t)$；

(2) $u=U_m\cos(\omega_c t+A\omega_1 t)t$。

3. 调频广播最高调制频率为 15 kHz，调制指数 $m_f=5$，求频偏和频谱宽度。

4. 对调频波而言，如果保持调制信号的振幅不变，而调制信号的频率增大为原值的 2 倍，则频偏、频带宽度怎样变化？如果保持调制信号的频率不变，而调制信号的振幅增大为原值的 2 倍，则频偏、频带宽度怎样变化？如果同时将调制信号的振幅和频率都增大为原值的 2 倍，则频偏、频带宽度又将怎样变化？

5. 题 5 图是变容二极管调频电路，试画出简化的高频等效电路并说明各元件的作用。

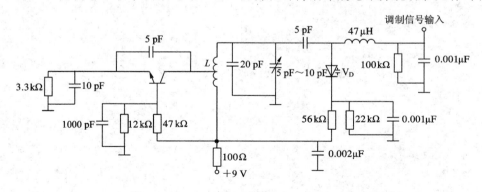

题 5 图

6. 电视四频道的伴音载频 $f_c=83.75$ MHz，最大频偏 $\Delta f_m=50$ kHz，最高调制率 $F_{max}=15$ kHz。

(1) 计算信号带宽；

(2) 瞬时频率的变化范围是多少？它与带宽是否相等？

7. 已知调频波的 $\Delta f_m=75$ kHz，计算：

(1) $F_{m1}=0.1$ kHz 时的调制信号带宽；

(2) $F_{m2}=1$ kHz 时的调制信号带宽；

(3) $F_{m3}=10$ kHz 时的调制信号带宽。

根据 F_m 变化了 100 倍的情况下调频信号带宽变化的情况，说明为什么可以把调频制叫做恒定带宽调制。

8. 鉴频器的输入调频信号为 $u_{FM}(t)=3\sin[\omega_c t+10\sin(2\pi\times10^3)t]$（V），鉴频跨导 $S_D=-5$ mV/kHz，线性鉴频范围大于 $2f_m$。求输出电压 $U_o(t)$。

9. 鉴频器的输入调频信号为 $u_{FM}(t)=3\cos[2\pi\times10^6 t+16\sin(2\pi\times10^2)t]$（V），鉴频灵敏度 $S_D=-5$ mV/kHz，线性鉴频范围 $2\Delta f_{max}=50$ kHz，试画出鉴频特性曲线并求出鉴频器输出电压。

10. 某调频设备方框图如题 10 图所示。直接调频器输出调频波的中心频率为 10 MHz，调制频率为 1 kHz，最大频偏为 15 kHz。求：

(1) 该设备输出信号 $u_o(t)$ 的中心频率和最大频偏；

(2) 放大器 1 与放大器 2 的中心频率和通频带各为何值？

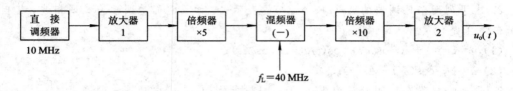

题 10 图

11. 在调频发射机中为什么要采用预加重网络？如果在调频发射机中采用了预加重网络，而在接收机中不采用相应的去加重网络，则对调频信号的解调有何影响？

第十一章　反馈控制电路

11.1　概　　述

反馈控制是现实物理过程中的一个基本现象。在各种人造系统中，为准确调整系统或单元的某些状态参数，常采用反馈控制的方法。采用反馈控制的方法来稳定放大器增益是反馈控制在电子线路领域最典型的应用之一。在高频电路中，常常需要准确调整放大器的输出电压振幅、功率放大器的输出功率、混频器的本振频率、振荡信号的频率或相位等。采用反馈控制的方法来稳定这些电路状态参数就是所谓的自动增益控制（AGC）、自动功率控制（APC）、自动频率控制（AFC）和锁相环路（PLL）。

为稳定系统状态而采用的反馈控制系统应是一个负反馈系统或称负反馈环路。它由图 11-1 所示的三部分组成。图中的输出就是需准确调整的状态参数，而输入是被跟踪的基准。比较器比较出输入与输出之间的误差；处理机构根据跟踪精度、反应速度和系统稳定性等要求对误差信号进行放大和滤波等处理；执行机构根据处理结果调整系统状态。系统的功能就是使输出状态跟踪输入信号或它的平均值的变化。跟踪过程如图 11-2 所示。控制过程总是使调整后的误差向与起始误差相反的方向变化，结果是误差的绝对值越来越小，最终趋向于一个极限值。

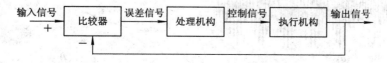

图 11-1　反馈控制系统

误差↑(或↓)──→输出↑(或↓)──→误差↓(或↑)

图 11-2　跟踪过程

必须指出，上述跟踪功能的实现是以反馈系统工作稳定为条件的。保证系统稳定的关键是在任何条件下误差的形成必须是输入减输出。若比较器用输出减输入，则这种反馈被称为正反馈。若系统在某种条件下出现正反馈，则输出幅度会无限增加或振荡，即系统不稳定。本书介绍的各种振荡器就是一种正反馈系统。

控制理论与技术是一门很系统化的学科。本章将介绍反馈控制电路的分析。除锁相环外，其他各种控制电路都属于控制技术的简单应用，在第一篇中已有定性的了解，因此我们不准备对 AGC、APC 和 AFC 电路进行环路的定量分析。相比之下，PLL 要复杂得多，对它的分析能使我们比较全面地了解控制电路所依据的理论基础及对电路的分析方法，因此本章重点讨论 PLL 电路，其他几种电路的分析即可触类旁通。

11.2 AGC 电路

11.2.1 AGC 电路的功能

在通信或广播电视接收机中，接收信号通常都通过长距离的电缆、光纤或自由空间（信道）的传输、衰减。接收机在解调出基带信号之前，必须放大射频信号到足够的幅度。放大器的增益必须足够大，以使射频信号在经过很大的衰减之后仍能正常恢复。问题是，射频信号在到达接收机之前被衰减了多大取决于传输距离和信道条件，而信道条件又可能随时变化，如移动通信或经电离层的通信中的情况。不同的传输距离和信道条件造成的传输衰减相差非常大，这些条件在设计、制造接收机时并不确定，这就使接收机高频和中频放大器增益的设计变得没有根据。如果按最小输入射频信号设计增益，当实际输入射频信号幅度较大时，前置放大器的输出信号幅度过大而超出后续电路的动态范围而产生很大的失真甚至完全不能工作。反之，若按最大输入射频信号设计增益，则当实际输入射频信号幅度较小时，前置放大器的输出信号幅度过小而达不到信噪比的要求。

通常解决这个问题的方案是采用 AGC 电路。这种方案的要点是放大器的增益设计成可调的，用负反馈控制的方法动态地调整放大器的增益，使得输入射频信号在相当大的范围内变化时，放大器输出信号振幅的平均值能基本保持恒定。因此，AGC 电路大大扩展了前置放大器的动态范围。图 11 - 3 说明了 AGC 电路的功能。

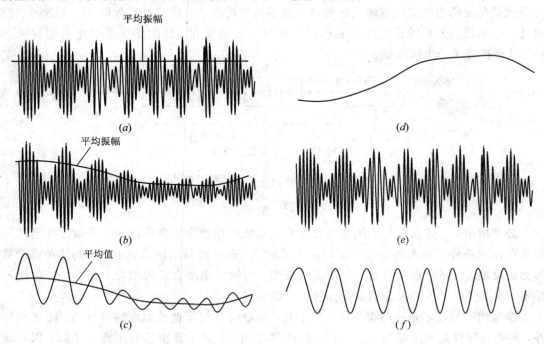

图 11 - 3 AGC 电路的功能

(a) 发送信号；(b) 接收信号（受到衰落）；(c) 不加 AGC 时的解调输出；
(d) 放大器增益变化；(e) 放大器输出；(f) 实际解调输出

由于控制的目标是稳定输出信号的平均振幅，因此很多文献将这种电路称做自动电平控制（ALC）电路。因为输出电平的稳定是依靠放大器增益的调整实现的，我们依习惯称之为自动增益控制电路。AGC 环路的组成方案如图 11-4 所示。

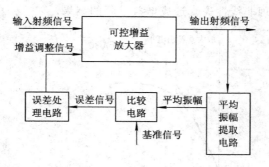

图 11-4 AGC 环路的组成方案

AGC 电路作为一个反馈环路，其主要问题是：放大器输出电平平均值（被稳定量）的测量；增益机制调整。

11.2.2 放大器输出电平测量

放大器输出电平测量一般用检波器实现。这里的问题是要保证检波器的输出电压准确地反映放大器的输出电平。因为按图 11-4 所示的环路结构，被稳定的量实际上是检波器输出，如果检波器的输出不能正确反映放大器输出电平，即使检波器输出达到预期值，放大器电平仍不能达到预期值。在输入信号幅度较大时，检波器的输出能准确地反映放大器的输出电平。

图 11-5 示出了一个 AGC 电路的主要部分。图中 V_{D1}、C_2、R_2 组成检波器，R_3、C_3 组成误差处理电路。从图中可看出，只有当其输入交流信号幅度 U_o 大于 U_1+U_D（二极管导通门限）时，检波器才有电压输出，其值为 $U_o-(U_1+U_D)$。可见检波器输出的是误差电压，比较基准为 U_1+U_D。由于检波器只能输出正电压，因此当 $U_o-(U_1+U_D)$（实际误差）为负数时，检波器输出 0 电压。这说明此时 AGC 电路不起作用，放大器按最大增益放大，U_o 与放大器输入信号幅度 U_i 成正比。只有当 $U_o>(U_1+U_D)$ 时，AGC 电路才起作用。习惯上我们把具有这种误差特性的 AGC 电路称为延迟式 AGC 电路。这样称呼是为了区分于另一种更简单的 AGC 电路。简单电路中 R_1 不接负偏压，因此基准电压为 U_D。由于实际二极管的门限比较模糊（检波器在输入信号幅度小于 U_D 时也会有一定的电压输出），因此

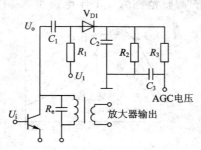

图 11-5 延迟式 AGC 电路

AGC 电路的起控点也会比较模糊。图 11-6 示出了这两种 AGC 电路的控制特性。可见采用延迟式 AGC 电路输出电平较稳定，起控点较高。图中无 AGC 电路的放大器输出电平在高输入电平时也小于最大增益时的值，这并非增益控制的结果，而是受晶体管非线性或电源电压限制，放大器出现非线性失真造成增益下降的结果。

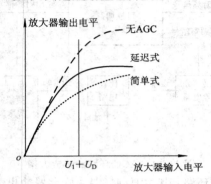

图 11-6　AGC 电路的控制特性

11.2.3　AGC 电路增益调整元件

增益调整通常靠改变作为放大元件的双极型晶体管的电流放大倍数、场效应晶体管的跨导等来实现，还可以通过改变作为衰减元件的二极管等的交流电阻，以改变衰减电路的衰减量，从而改变整个放大电路的增益。

1. 三极管电流放大倍数的调整

根据在低频电子线路所学的知识，三极管的小信号电流放大倍数 β 为其静态工作电流 I_c 的函数。图 11-7 是三极管的 $\beta - I_c$ 曲线。从图可看到，存在一个临界电流 I_0，当 I_c 小于 I_0 时，β 是单调增的；当 I_c 大于 I_0 时，β 是单调降的。图中同时画出了普通三极管和专用于 AGC 的晶体管的 $\beta - I_c$ 特性。可见，AGC 管的 β 的变化比较大一些。这样，我们就可用调整三极管直流偏置的方法来调整放大器的增益。在特定的电路中，I_c 总是工作在 I_0 的左边或右边以保持 β 随 I_c 单调变化。在 I_0 的左边，当接收电平小时，要求 I_c 增大以使放大器增益增大；当接收电平大时，要求 I_c 减小以使放大器增益减小。环路调整的结果是 I_c 与接收电平变化的方向相反，因此 AGC 管的这种工作状态叫反向 AGC。在 I_0 右边的情况与前面相反，叫正向 AGC。反向时，AGC 管的工作电流小，但调整范围小；正向工作时，AGC 管的调整范围大，工作电流也大，因此功耗也大。通常 AGC 管

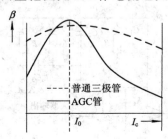

图 11-7　三极管的 $\beta - I_c$ 曲线

工作于正向状态以得到较大的调整范围，为解决功耗大的问题，在管子制造时特意将其 I_0 设计得较小。

2. 场效应管放大器的增益调整

场效应管由于其较低的噪声系数而在高频前置放大中得到了广泛的应用。场效应管用于增益调整元件有两种情况：一种是控制场效应管的栅—源电压来控制管子的跨导；另一种是使用双栅极的场效应管。

首先看第一种情况。众所周知，场效应管是一种电压控制电流的放大元件，其静态控制关系为平方关系。如耗尽型 N 沟道 FET 的关系为

$$I_{DS} = I_{DS0}\left(1 + \frac{U_{GS}}{U_{TH}}\right)^2 \tag{11.1}$$

式中：I_{DS} 为栅—漏电流；U_{GS} 为栅—漏极电压；U_{TH} 为门限电压；I_{DS0} 为 $U_{GS}=0$ 时的 I_{DS} 值。对给定场效应管和环境温度，U_{TH} 和 I_{DS0} 都为一定值。而跨导为

$$G_m = \frac{dI_{DS}}{dU_{GS}} = 2I_{DS0}\left(1 + \frac{U_{GS}}{U_{TH}}\right)\frac{1}{U_{TH}} \tag{11.2}$$

可见，场效应管的跨导与其栅—源电压成线性关系。图 11-8 示出了某种场效应管 I_{DS}-U_{GS} 与 G_m-U_{GS} 的关系。由于场效应管放大器的增益与所使用的场效应管的跨导成正比，故放大器的增益与管子的栅—源电压也成线性关系。控制关系的线性是场效应管作增益调整元件的一个优点。

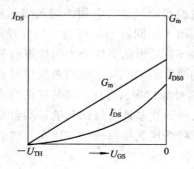

图 11-8 场效应管 I_{DS}-U_{GS} 与 G_m-U_{GS} 的关系

场效应管作为增益调整元件的第二种情况是使用双栅极场效应管。这种场效应管可以等效为两个普通场效应管串联而成，如图 11-9 所示。一般，输入信号电压加到 G_1，G_2 加直流偏置电压，D 作为输出端，S 接地。当 G_2 加较高的直流电压时，MOS_2 的源极电压即 MOS_1 的漏极电压也较高，因此两个 MOS 管都工作于放大状态。MOS_2 管以共栅极组态工作，具有很高的截止频率；MOS_1 管以共源极组态工作，具有较高的放大能力。由于 MOS_2 管的漏极电流等于 MOS_1 管的漏极电流，因此双栅 MOS 管的放大能力由 MOS_1 管决定。由于其漏极输出阻抗较高，负载阻抗为 MOS_2 管的源极输入阻抗，数值很低，可显著降低 MOS_1 管的漏—源极之间输出电容的影响，同时使 MOS_1 管的漏极与栅极之间具有非常小的内部反馈。而这两个因素是降低高频放大能力的主要因素。因此在做普通放大器时这种 MOS 管具有较大的放大能力和很宽的工作带宽。作 AGC 元件使用时，G_2 加较低的控制电压使 MOS_1 管浅饱和。由于饱和时，MOS_1 管的漏极电流同时受栅—源、漏—源电压的控

制，大体上漏极电流正比于栅一源、漏一源电压的乘积。由于 MOS_1 管的漏极电压跟随 MOS_2 管的栅极电压，MOS_2 管的漏极电流等于 MOS_1 管的漏极电流，因此双栅 MOS 管的漏极电流正比于 G_1、G_2 对地电压的乘积。即它具有相乘的功能，这正是 AGC 元件所需要的。

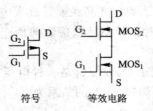

符号　　　　等效电路

图 11-9　双栅极场效应管

利用双栅 MOS 管的相乘功能还可将它做成混频器。此时，G_1 接收射频信号，G_2 加本振信号。

AGC 电路的应用实例见第三章超外差式接收机中实验七认识 AGC 电路。

11.3　APC 电路

自动功率控制（APC）电路用于发射机。它是为了解决同一无线通信系统内多台发射机发射的射频信号在接收机内发生强信号抑制弱信号的问题而设计出来的。在移动通信等多址通信场合，基地台不同信道的接收机通常共用一副天线和高频放大器，来接收不同信道的移动台发射来的射频信号。由于不同信道的移动台的位置不同，其所发射来的射频信号经历的传输距离与信道条件也不同，因此会造成不同信道的信号到达接收机后幅度相差很大。由于前置放大器晶体管的非线性，不同信道的射频信号在放大器中相互作用的结果会造成强信号干扰甚至抑制弱信号的情况。因此，当某移动台离基地台的距离比其他移动台近得多时，它所发射的射频信号到达基地台后比其他移动台发射来的射频信号要强得多而抑制其他移动台的信号。这样就造成其他移动台即使在有效的通信距离内也不能正常通信的问题。

解决这一问题的方案是进行功率控制。一种控制方案是由基地台根据接收到的某移动台发射来的信号强度向该移动台发送功率控制指令，移动台根据该指令设定自己的发送功率。由于要求控制得比较准确，因此需要采用负反馈控制方案，如图 11-10 所示。这里，发送功率是控制环路的稳定目标，也是负反馈控制环路的输出。从图中可知，功率放大器的输出功率与其直流偏置电流有关，调整该偏置电流即可调整功放的输出功率。若不加负反馈而只用调整偏置电流的方法来控制功放的输出功率（这种方法叫开环控制），则会由于功放输出功率与偏置电流的关系不稳定而造成输出功率不稳定。加入负反馈以后，环路输出（功率测量电路的输出，即图中的功率信号）将稳定在基准信号电平。因此，若该基准稳定，则功率信号稳定，功放输出功率稳定。同时，调整基准电平也就调整了功放的输出功率。基准信号通常是由 D/A 转换器产生，而 D/A 转换器的输入是中央处理单元来的数字信号，因此该 APC 电路可由软件灵活调整射频功率放大器的输出功率。

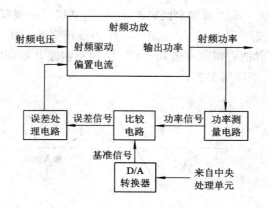

图 11 - 10　APC 环路的结构

11.4　AFC 电路

自动频率控制(AFC)电路用于接收机的本振电路频率微调,因此也叫自动频率微调电路。

11.4.1　AFC 电路的工作原理

AFC 电路的结构如图 11 - 11 所示。图中 f_R 为接收信号频率,f_L 为本振频率,中频为 $f_I = f_R - f_L$(或 $f_L - f_R$)。压控振荡器(VCO)的振荡频率受其输入控制电压的控制。本系统的功能是调整本振频率 f_L 使混频器输出中频 f_I 稳定在由基准信号决定的频率上。

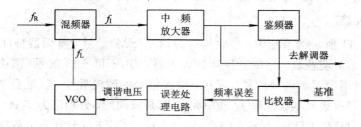

图 11 - 11　AFC 电路的结构

从图 11 - 11 可看出这是一个反馈系统,但不能看出是否是负反馈系统。显然,要实现稳定 f_I 的目的,AFC 系统必须是一个负反馈系统,负反馈可在混频器、鉴频器或误差处理电路中任一部分实现,例如若原来为正反馈系统,则只需在误差处理电路中将误差反相即可。我们假定压控振荡器的振荡频率随调谐电压的增加而增加,中频为 $f_I = f_R - f_L$,鉴频器特性如图 11 - 12 所示,误差处理电路为同相电路。这时图 11 - 12 所示环路是一个负反馈环路,比较器隐含在鉴频器中,基准就是鉴频器的中心频率 f_0,鉴频器直接输出反映频率误差 $f_I - f_0$ 的电压。若有任何原因造成 f_I 上升使之超过鉴频器的中心频率 f_0,则鉴频器输出电压为正,经误差处理电路放大滤波输出正的调谐电压,使本振频率 f_L 上升,从而造成 f_I 下降;反之,若有任何原因造成 f_I 下降使之小于 f_0,则环路会自动调整 f_L 使 f_I 上升。可见环路平衡 f_I 在 f_0 附近。上述 AFC 系统既不是稳定本振频率 f_L,也不是使 f_L

跟踪输入信号频率的变化。环路调整本振频率 f_L 的结果仅是使混频器输出中频 f_I 稳定在鉴频器的中心频率 f_0 附近。只有当 f_0 稳定时，f_I 才是稳定的。由于 f_0 的变化很小，因此 f_L 的调整量也很小，所以把它叫频率微调电路。第四章实验九鉴频电路中的自动频率控制电路就是 AFC 电路的一个应用实例。

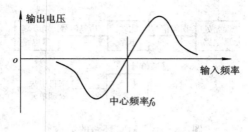

图 11 - 12　鉴频器特性

我们说 f_I 稳定在鉴频器的中心频率 f_0 附近是因为这两个频率之间总是存在误差。因为误差处理电路需要鉴频器输出的误差电压产生调谐电压。有关误差处理电路的内容将在下一节介绍。

在现代通信系统中，接收机往往采用相干解调方案。这时解调器用的相干载波要精确跟踪接收信号频率与相位的变化。这也需要微调本振频率或相干载波频率，在有关技术文件中也把有关的控制系统叫 AFC。但这种微调不能用图 11 - 11 所示的系统实现（因为这种系统有稳态频差），而必须用下一节介绍的锁相环实现。

11.4.2　AFC 电路的应用

图 11 - 11 所示的系统有很多应用，在此我们介绍两个实例。

1. 调频负反馈

若在图 11 - 11 所示的系统中，接收信号为调频（FM）信号，鉴频器特性如图 11 - 12 所示，误差处理电路为增益较大、带宽较宽的放大器，如图 11 - 13 所示（图中略去了中放部分），则该系统可用于解调调频信号。现在，输入信号的瞬时频率 f_R 是受基带信号调制而波动的，因此我们可想象本振频率 f_L 和中频 f_I 都是波动的，分别记为 $f_R(t)=f_{R0}+\Delta f_R(t)$、$f_L(t)=f_{L0}+\Delta f_L(t)$ 和 $f_I(t)=f_{I0}+\Delta f_I(t)$。这里，$f_{R0}$、$f_{L0}$ 和 f_{I0} 分别表示各频率的固定分量；$\Delta f_R(t)$、$\Delta f_L(t)$ 和 $\Delta f_I(t)$ 分别表示各频率的波动分量。根据前面的分析，环路稳定后，$f_I(t)$ 接近鉴频器的中心频率 f_0，$f_I(t)$ 与 f_0 之间的误差很小而 f_0 不变，说明 $\Delta f_I(t)$ 的绝对值也很小。这要求 $\Delta f_L(t)$ 必须接近 $\Delta f_R(t)$。由于 $\Delta f_L(t)$ 是 VCO 受本地调谐电压调制而产生的，因此 VCO 的调谐电压应跟踪发送端的调制信号即基带信号。这种系统利用本地调频

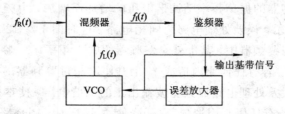

图 11 - 13　调频负反馈系统解调调频信号

信号与接收调频信号进行频率比较(通过混频器和鉴频器),通过负反馈系统使本地调频信号频率跟踪接收调频信号频率,因此叫调频负反馈系统。由于 $\Delta f_I(t)$、$\Delta f_L(t)$ 按基带信号的带宽波动,因此误差放大器的带宽应达到基带信号带宽。

根据通信理论,FM 体制的输出信噪比与输入信噪比之比(制度增益)与 FM 信号的调制指数 m_f 成 m_f^3 的关系。这说明在接收机的输入信噪比一定时,宽带调频可大大改善输出信噪比。但这种改善的条件是,接收机的输入信噪比必须大于某个门限值。而这个门限值随调制指数 m_f 的增加而增加。门限效应是由于鉴频器的非线性产生的,因此要降低门限就应降低鉴频器输入端 FM 信号调制指数。由前面的分析,鉴频器输入端的瞬时频偏为 $\Delta f_I(t)$,其绝对值很小,即该 FM 信号调制指数很小。因此用调频负反馈系统解调调频信号,其解调门限比普通限幅鉴频低 3 dB~4 dB。

2. 电视接收机高频调谐器的 AFC 电路

电视接收机高频调谐器(高频头)电路的特点是所接收的射频信号频率范围宽,这就要求混频器的本振频率在很宽的范围内是稳定的。另一方面,高频放大器的频率特性应是窄带的,使得在接收某个特定频道的信号时能滤除其他频道的信号,这就要求高频前置放大器频率特性的中心频率能随着频道的调整而动态地调整到频道的中心频率,并且要求它是稳定的。这里有两个参数需要稳定。在电视机高频调谐器中,常用同一个调谐电压来控制滤波器的中心频率和混频器的本振频率。实现这一功能的 AFC 电路如图 11-14 所示,其结构与图 11-11 相同。这是 AFC 电路的典型应用。根据前面对图 11-11 的分析,环路稳定时本振频率由比较器的基准电压决定,因此图 11-11 中的基准电压就是调谐器的调谐电压。由于 VCO 的振荡频率和前置放大器的谐振频率都由它们内部变容二极管的偏置电压(图中的内部调谐电压)决定,因此,若二者的变容二极管的控制特性相同,则在同一内部调谐电压作用下,VCO 振荡频率与前置放大器谐振频率将同步变化。

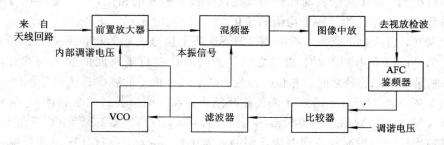

图 11-14　电视高频调谐器的 AFC 电路的结构

11.5　锁相环路(PLL)

锁相环路(Phaso Lock Loop)是一个相位误差控制系统,它将参考信号与输出信号之间的相位进行比较,产生相位误差电压来调整输出信号的相位,以达到与参考信号同频的目的。

锁相环路的应用非常广泛。通信领域中的相干载波恢复、位同步、频率合成都要用锁相环路实现。用锁相环路实现调频、调相信号的调制、解调,可得到很好的性能。此外,还可用锁相环路实现精密时延测量、微弱载波检测等。例如，锁相环路在跟踪接收来自宇宙飞行器的微弱信号方面显示了极大的优越性。普通的超外差式接收机的频带做得相当宽，噪声大，同时信噪比也大大降低。而在锁相环路接收机中，由于中频信号可以锁定，频带可以做得很窄（几十赫兹以下），带宽可以下降很多，所以输出信噪比也就大大提高了。只有采用锁相环路做成的窄带锁相跟踪接收机，才能把淹没在噪声中的信号提取出来。目前在比较先进的模拟和数字通信系统中都使用了锁相环路。

11.5.1　锁相环路的工作原理

1. 锁相环路的构成和基本原理

基本锁相环路由鉴相器（Phase Detector，PD）、环路滤波器（Loops Filter，LF）和压控振荡器（Voltage Control Oscilator，VCO）三个部分组成，如图 11 – 15 所示。

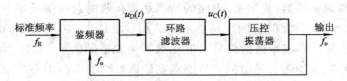

图 11 – 15　锁相环路的结构

由图可见锁相环路的结构与 AFC 电路相比，其差别仅在于鉴相器取代了鉴频器。鉴相器是相位比较器，它能够比较出两个输入信号之间的相位差，并将相位差变换成一个误差电压 $u_D(t)$ 输出。环路滤波器是一个低通滤波器，它滤除误差信号中的调制信号成分或干扰，还有高频振荡成分，对决定环路的一系列性能参数起着非常重要的作用，是环路设计的主要对象。压控振荡器的振荡频率受环路滤波器输出电压 $u_C(t)$ 的控制，它是控制环路中的执行机构。由于比较器的比较对象是两个振荡信号的相位，因此输出信号的相位跟踪输入信号相位或相位的某种平均值的变化。

众所周知，当两个正弦信号频率相等时，这两个信号之间的相位差必然保持恒定；当两个正弦信号的频率不相等时，它们之间的瞬时相位差将随时间的变化而变化。换句话说，如果能保证两个信号之间的相位差恒定，则这两个信号的频率必然相等。

根据上述原理，图 11 – 15 所示的锁相环路中，若压控振荡器的角频率 ω_o 与输入信号的角频率 ω_i 不相同，则输入到鉴相器的电压 $u_i(t)$ 和 $u_o(t)$ 之间势必产生相应的相位变化，鉴相器将输出一个与瞬时相位误差成比例的误差电压 $u_D(t)$，经过环路滤波器取出其中缓慢变化的直流电压 $u_C(t)$，控制压控振荡器的频率，使得 $u_i(t)$ 与 $u_o(t)$ 之间的频率差减小，直到压控振荡器输出的信号频率 ω_o 等于输入的信号频率 ω_i，此时两信号相位差将保持某一恒定值，鉴相器输出一个恒定直流电压（忽略高频成分），环路滤波器的输出也是一个恒定的直流电压，VCO 的频率将停止变化，锁相环进入锁定状态。应该指出，只有在 ω_o 与 ω_i 相差不大的范围内，才能使锁相环路锁定。

2. 锁相环路的捕捉和跟踪

锁相环路根据初始状态的不同有两种自动调节过程，分别称为锁相环路的捕捉过程和跟踪过程。

当没有输入信号时，VCO 以自由振荡频率 ω_o 振荡，如果环路有一个信号 $u_i(t)$ 输入，开始时输入频率一般不等于 VCO 的自由振荡频率，即 $\omega_i \neq \omega_o$。如果两者相差不大，在适当的范围内，鉴相器输出一个误差电压 $u_D(t)$，经环路滤波器滤波后输出一个控制电压 $u_C(t)$ 去控制 VCO 的频率 ω_o，使 ω_o 逐渐向输入信号频率 ω_i 靠近，当达到 $\omega_i = \omega_o$ 时环路进入锁定，这种环路由失锁进入锁定的过程称为捕捉过程。相应地，能够由失锁进入锁定的最大输入固有频差称为环路的捕捉带。

环路锁定以后，若输入信号的相位和频率发生变化，环路通过自身的调节来维持锁定的过程称为跟踪过程。相应地，能够保持跟踪的最大输入固有频差范围称为同步带（又称跟踪带）。

一般来说，捕捉带与同步带不相等，捕捉带小于同步带。

11.5.2 集成锁相环

集成锁相环发展十分迅速，应用也非常广泛，现已形成系列产品，按其功能可分为通用型和专用型两大类。通用型集成锁相环是将鉴相器、压控振荡器以及某些辅助电路集成在同一芯片上而构成的，使用者可以根据需要在芯片外部连接各种器件，实现锁相环路的各种功能。因此，这类锁相环具有通用性。专用型集成锁相环是专为某种功能或设备设计的锁相环路，例如，用于调频接收机中的调频多路立体声解调环路，用于通信收发信设备中的单片频率合成器，用于电视机中的正交色差信号同步检波环路等。

下面介绍两种通用型集成锁相环：数字锁相环 CC4046 和高频模拟锁相环 NE564。

1. 数字锁相环 CC4046

数字锁相环 CC4046 是一种应用十分广泛的单片锁相环电路（与它功能相同的芯片有 J691），采用 CMOS 工艺制成，最高工作频率为 1 MHz，其内部结构和引脚图如图 11 – 16 所示。

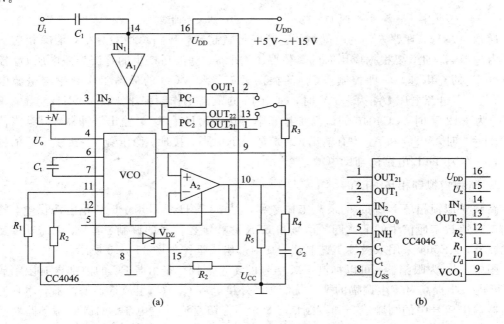

(a)   (b)

图 11 – 16 CC4046 的内部结构和引脚图

　　CC4046 的主要组成部分是压控振荡器和鉴相器，另外还有两个放大器和一个齐纳稳压管为辅助电路。其中放大器 A_1 对输入信号 U_i 进行放大和整形；鉴相器 PC_1 仅由异或门构成，它要求两个输入信号必须各自是占空比为 50% 的方波；鉴相器 PC_2 是由边沿触发器构成的数字相位比较器，仅在两个相比较的输入信号的上升沿起作用，与输入信号占空比无关。PC_1 具有鉴频\鉴相功能，相位锁定时，引脚 2 输出高电平。压控振荡器 VCO 是由一系列门电路和镜像恒流源电路构成的 RC 振荡器，输出占空比为 50% 的方波，固有振荡频率 f_V 由外接定时电阻 R_1、C_t 及定时电容 C_t 决定。通常情况下 $R_2 = \infty$（开路），当电源电压 U_{DD} 一定时，f_V 与 R_1、C_t 的关系曲线如图 11 - 17 所示。R_3、R_4（通常 R_4 的值大于 R_3 的值）与 C_2 组成一阶低通滤波器（比例型），滤除相位比较器输出的杂波。滤波器的截止频率 ω 的高低对环路的入锁时间、系统的稳定性与频率响应等都有一定的影响，且有

$$\omega = \frac{1}{(R_3 + R_4)C_2}$$

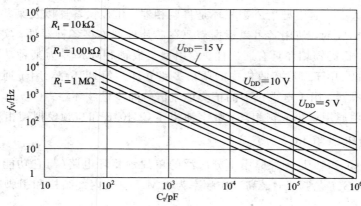

图 11 - 17　f_V 与 R_1、C_t 的关系曲线

　　通常 ω 越低，环路入锁的时间越快。环路带宽越窄，环路总增益越低，消除相应抖动的能力越差。因此，要根据应用时的具体要求选取 ω。滤波后产生的直流误差电压 U_d 控制对电容 C_t 的充电速率，即控制 VCO 的振荡频率 f_V。VCO 的最高工作频率与电源电压 U_{DD} 有关，当电源电压 U_{DD} 为 +5 V 时，CC4046 的最高工作频率小于 0.6 MHz。当电源电压 U_{DD} 为 +12 V 时，CC4046 的最高工作频率可达 1 MHz。A_2 为输出缓冲器，只有当使能端 INH = 0 时，VCO 和 A_2 才有输出，通常情况下引脚 5 接地。稳压管 V_{DZ} 提供 5 V 的稳定电压，可作为 TTL 电路的辅助电源。

2. 高频模拟锁相环 NE564

　　高频模拟锁相环 NE564 的最高工作频率可达 50 MHz，采用 +5 V 单电源供电，特别适用于高速数字通信中的 FM 调频信号和 FSK 移频键控信号的调制、解调，无需外接复杂的滤波器。NE564 采用双极性工艺制成，其内部组成框图如图 11 - 18 所示。

　　图中，A_1 为限幅器，可以抑制 FM 信号的寄生调幅，鉴相器 PC 的内部含有限幅放大器，可进一步提高对寄生调幅的抗干扰能力。外接电容 C_3、C_4 组成低通滤波器，用来滤除鉴相器输出信号中的高频成分和调制信号成分，保留直流误差电压。引脚 2 是环路增益控制端。改变引脚 2 的输入电流可以改变环路增益。压控振荡器 VCO 的内部接有固定电阻

（100 Ω），只需外接一个定时电容 C_t 就可以产生振荡，振荡频率 f_V 与 C_t 的关系曲线如图 11-19 所示。

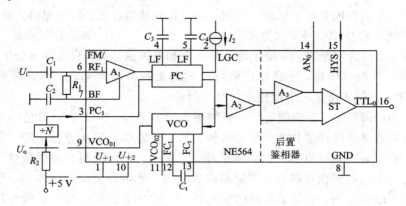

图 11-18　NE564 的内部组成框图

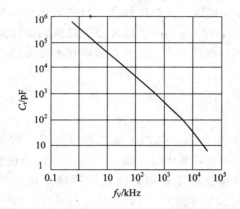

图 11-19　f_V 与 C_t 的关系曲线

VCO 有两个电压输出端，其中，VCO_{01} 输出 TTL 电平，VCO_{02} 输出 ECL 电平。后置鉴相器由单位增益跨导放大器 A_3 和施密特触发器 ST 组成，其中 A_3 提供解调 FSK 信号时的补偿直流电平及用做线性解调 FM 信号时的后置鉴相滤波器。ST 的回差电压可通过引脚 15 外接直流电压进行调整，以消除输出信号 TTL 的相位抖动。

11.5.3　锁相环路的应用

由于锁相环路具有一些特殊的性能，因此在电子、通信技术领域应用十分广泛。下面简单讨论一下锁相环路的几个特性。

（1）良好的跟踪特性。锁相环路的输出信号频率可以精确地跟踪输入参考信号频率的变化，这种性能称为锁相环路的跟踪特性。利用此特性可以构成载波跟踪型锁相环路和调制跟踪型锁相环路。

（2）良好的窄带滤波特性。当压控振荡器的输出频率锁定在输入参考信号频率上时，位于信号频率附近的干扰成分将以低频干扰的形式进入环路，绝大部分干扰会受到环路滤波器的低通特性的抑制，从而减少了对压控振荡器的干扰作用。所以环路对干扰的抑制作用就相当于一个窄带的高频带通滤波器，其通频带可以做得很窄（如在几百兆赫兹的中心频率上，带宽可以做到几十赫兹）。不仅如此，还可以通过改变环路滤波器的参数和环路增益来改变带宽，作为性能良好的跟踪滤波器，用以接收信噪比低、载频漂移大的空间信号。窄带特性在无线通信技术中是至关重要的。

（3）环路锁定时无剩余频差。锁相环路是一个相差控制系统，只要环路处于锁定状态，则通过环路本身的调节作用，环路输出就可以做到无剩余频差存在。与具有剩余频差的AFC 系统相比，锁相环路是一个理想的频率控制系统。

（4）良好的门限特性。在调频通信中若使用普通鉴频器，由于鉴频器是一个非线性器件，信号和噪声通过非线性器件会产生非线性失真，使输出信噪比急剧下降，即出现门限效应。锁相环路作为鉴相器也会产生门限效应，但是，在相同调制指数的条件下，它比普通鉴相器的门限低。当锁相环路处于调制跟踪状态时，环路有反馈控制作用，跟踪相位差小，这样通过环路的作用，限制了跟踪的变化范围，减少了鉴相特性的非线性影响，改善了门限效应。

由于上述特性，锁相环路可以实现各种性能优良的频谱变换功能，做成性能十分优越的跟踪滤波器，用以接收来自宇宙空间的信噪比很低且载频漂移大（由多普勒效应产生）的信号。下面对锁相环路在调制解调技术、频率合成器技术方面的应用以及集成锁相环在其中的应用作一些介绍。

1. 锁相鉴频电路

1）锁相鉴频原理

锁相鉴频电路如图 11 - 20 所示，在 PLL 输入端输入 FM 信号，PLL 设计成调制跟踪环，环路带宽大于基带信号带宽，则环路可跟踪 FM 信号的相位变化，当然也能跟踪 FM 信号的频率变化。由于环路振荡频率是由环路滤波器输出信号控制的，因此该信号跟踪FM 信号的瞬时频偏，即可作为鉴频输出。这种鉴频方法对宽带和窄带调频都适用。对窄带调频信号，其瞬时相位绝对值很小，若将 PLL 做成载波跟踪环，则鉴相器输出的相位误差就是FM 信号的瞬时相位。将它微分即可得到瞬时频率，再通过低通滤波器即可作为鉴频输出。

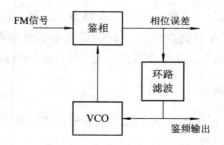

图 11 - 20 锁相鉴频电路

分析和实践表明，用锁相鉴频比调频负反馈鉴频可进一步降低解调门限约 2 dB～4 dB。

2）锁相鉴频实例

图 11 - 21 是由 NE564 组成的 FM 解调电路，已知输入 FM 调频信号电压 $U_i \geqslant$ 200 mV，中心频率 $f_0 = 5$ MHz，调制信号频率 $f_\Omega = 1$ kHz，频率偏移 Δf 大于中心频率 f_0。

的百分之一。要求 NE564 解调后，引脚 9 输出 $f_o=5$ MHz 的载波信号，引脚 14 输出 $f_\Omega=$ 1 kHz 的调制信号。元件参数设计如下：

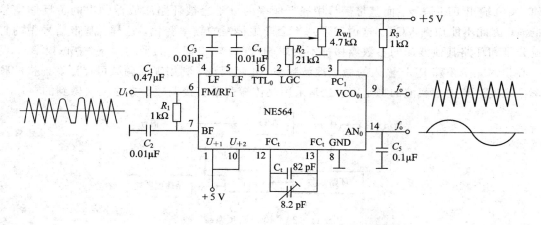

图 11-21　由 NE564 组成的 FM 解调电路

C_1 是输入耦合电容，R_1、C_2 组成差分放大器的输入偏置电路滤波器，可以滤除 FM 信号中的杂波，其值与中心频率 f_0 及杂波的幅度有关。R_2（包含电位器 R_{w1}）对引脚 2 提供输入电流 I_2，可控制环路增益和压控振荡器的锁定范围。R_2 与电流 I_2 的关系表示为

$$R_2 = \frac{U_{CC} - 1.3 \text{ V}}{I_2}$$

I_2 一般为几百微安。调整时可先设 I_2 的初值为 100 μA，待环路锁定后再调节电位器 R_{w1} 使环路增益和压控振荡器的锁定范围达到最佳值。R_3 是压控振荡器输出端必须接的上拉电阻，一般为几千欧。C_3、C_4 与内部两个对应电阻（阻值 $R=1.3$ kΩ）分别组成一阶 RC 低通滤波器，其截止角频率

$$\omega_c = \frac{1}{RC_3}$$

滤波器的性能对环路入锁时间的快慢有一定影响，可根据要求改变 C_3、C_4 的值。压控振荡器的固有频率 f_V 与定时电容 C_t 的关系可表示为

$$C_t \approx \frac{1}{2200 f_V}$$

已知 $f_V=5$ MHz，则 $C_t=90$ pF（可取标称值 82 pF 与 8.2 pF 并联）。C_5 用来滤除解调输出信号 1 kHz 中的谐波成分，如果谐波的幅度较大，还可采用 RC 组成的 Ⅱ 型滤波网络，调整 R 的值，滤波效果比较明显。如果引脚 9 输出的载波上叠加有寄生调幅，则可在电源端接入 LC 滤波网络。

2. 锁相调频电路

1）锁相调频原理

在载波跟踪环的输入端输入振荡频率很稳定的载波（例如用晶振），VCO 控制电压由环路滤波器输出外加基带信号组成，即构成了一个如图 11-22 所示的锁相调频系统。显然，基带信号变化时 VCO 的振荡频率随之变化。由于环路输入载波频率是很稳定的，没有相位变化，因此 VCO 因调制而产生的相位变化将作为相位误差在鉴相器输出。由于载波

跟踪环的环路滤波器带宽很窄，它输出的负反馈信号不能跟踪基带信号中快速变化的成分，因而也就不会抵消这些成分。这说明基带信号中较高频率的分量可无衰减地加到 VCO 使 VCO 输出 FM 信号。而基带信号中较低频率的分量会被环路滤波器输出的负反馈信号抵消，因此不能加到 VCO。这说明环路不会产生很慢的频率变化。这样，基带信号中的直流分量和环路其他慢速的参数漂移都不会影响 VCO 输出信号的平均频率（中心频率）。而中心频率完全跟踪 PLL 输入的稳频载波频率，也就是说，利用锁相调频可保证发射机的频率稳定度达到输入载波的稳定度。这是采用晶体振荡器直接调频等方法无法做到的。

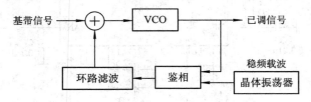

图 11-22　锁相调频系统

与晶体振荡器直接调频方法相比，这种调制器的调制线性非常好。因为锁相环路允许 VCO 的频率稳定度较低，这样 VCO 的频偏范围可以做得很大，在 FM 信号要求的频偏范围内，VCO 控制特性的线性非常好。锁相调频因为它的频率稳定度与调制频偏无关而成为实用调频电路的主要形式。锁相调频可与后面介绍的频率合成器结合在一个环路中。

必须指出，锁相调频基带信号的低频成分因负反馈而抵消一部分，因此频偏与基带信号之间的传输函数为高通特性。这在用调频传输低速数据的场合（如传呼发射机中）会衰减数据信号的低频成分而造成码间串扰，这时要注意将环路的带宽设计得非常窄。

2）锁相调频实例

由 NE564 组成的 FM 调频电路如图 11-23 所示。1 kHz 的调制信号 $U_i \geqslant 200$ mV，从引脚 6 输入，经缓冲放大器及相位比较器中的放大器放大后，直接控制压控振荡器的输出频率，因此，引脚 9 输出 FM 调频信号。

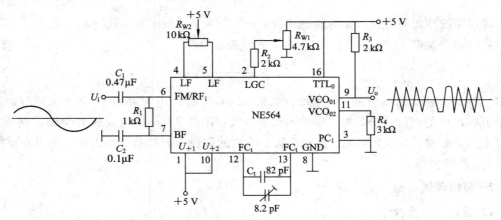

图 11-23　由 NE564 组成的 FM 调频电路

需要注意的是，这时相位比较器的输出端不再接滤波电容，而是接电位器 R_{W2}。调整环路增益，可细调压控振荡器的固有频率 f_V。若 $f_V = 5$ MHz，其电路参数与图 11-21 所示的基本相同。不加调制信号即 $U_i = 0$，NE564 锁定时，各引脚的电压如表 11-1 所示。

表 11 - 1　　NE564 各引脚的电压

引脚	1	2	3	4	5	6	7	8	9	10	11	12	13	14	15	16
电压/V	5	1.4	0	3.6	3.8	0.8	0.8	0	0.14	5	3.2	1.8	1.8	2.8	2.3	5

3. 锁相倍频电路

在窄带锁相环的 VCO 输出到鉴相器的反馈支路中插入一个分频器就得到一个锁相倍频器，如图 11 - 24 所示。N 分频器是一个模 N 计数器，它的功能是每输入 N 个脉冲输出一个计数脉冲，如图 11 - 25 所示。由图可见，一个频率和相位分别为 $f_{\circ}$ 和 $\varphi(t)$ 的振荡信号经 N 分频后频率和相位分别为 $f_{\circ}/N$ 和 $\varphi(t)/N$。

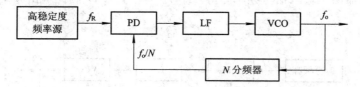

图 11 - 24　锁相倍频电路组成方框图

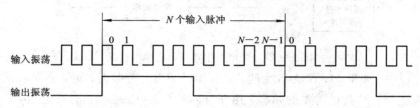

图 11 - 25　N 分频器的工作波形

设高稳定度频率源的输出参考频率为 f_R，当环路锁定时，由于鉴相器两个输入信号频率相等，即 $f_{\circ}/N = f_R$，因此输出频率

$$f_{\circ} = N f_R \tag{11.3}$$

此时环路的输出频率为输入频率 f_R 的 N 倍，这就是锁相倍频的原理。倍频次数等于分频器的分频次数。锁相倍频的优点是：频谱纯，而且倍频次数高，可达数万次以上。由于分频的原因，反馈回鉴相器的信号相位为 $\varphi(t)/N$，因此环路增益也下降为原值的 $1/N$，如果 N 取得太大，将使同步带变窄。

4. 锁相分频电路

如果将图 11 - 24 中的分频器换成倍频器，就可以组成基本的锁相分频器，如图 11 - 26 所示。当环路锁定时，$f_R = N f_{\circ}$，因此

$$f_{\circ} = \frac{f_R}{N}$$

即锁相分频器的分频次数等于倍频器的倍频次数。

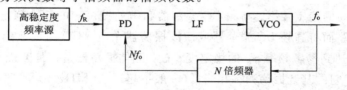

图 11 - 26　锁相分频电路组成方框图

5. 频率合成器

所谓频率合成器，就是利用一个（或多个）标准频率源，产生大量的与标准频率源有相同频率稳定度和准确度的众多频率的装置。目前利用具有很高的频率稳定度和准确度的石英晶体振荡器作为标准频率源，结合锁相环路的窄带跟踪特性，构成工程上大量使用的频率合成器。

1）简单锁相频率合成器

简单锁相频率合成器的构成如图 11-27 所示，设高稳定度频率源的输出参考频率为 f_R，经过 M 分频后频率为 f_R/M，VCO 输出频率为 f_o，经 N 分频后频率为 f_o/N。PLL 锁定后，由于鉴相器两个输入信号频率相等，即 $f_o/N = f_R/M$，因此输出频率

$$f_o = \frac{N}{M} f_R \tag{11.4}$$

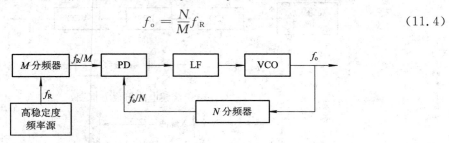

图 11-27　简单锁相频率合成器的构成

式（11.4）中，如果 M、N 为可变的，即分频器为可变分频器，则我们可在固定 f_R 的情况下通过调整 M、N 获得需要的频率。由于 f_o 与 f_R 成比例，f_o 的稳定度与 f_R 的相同，若 f_R 的稳定度很高，则 f_o 的稳定度也很高。这就是频率合成的概念。

频率合成器的应用非常广泛，主要分为以下几类。

（1）产生可变的频率。如在无线通信中，通常要求收发信机应能工作在多个信道中的任何一个。例如，某电台的工作频率为 160 MHz，综合考虑天线、接收电路和发射功放，电台可在 10 MHz 的带宽内正常工作，实际工作时每频道带宽为 25 kHz。这样，该电台从上述因素考虑可工作在 400 个频道中的任何一个。要最终实现电台的多频道工作，就要用频率合成器准确、稳定、可编程地产生工作频道所需要的发射载频和接收本振频率。这里只需设置 $f_R/M = 25$ kHz，调整 M 即可将电台调整到所需的工作频道。

（2）产生很多的稳定频率。无线收发信机至少需要两个稳定频率，即发射载频和接收本振频率。而一个通信设备的基带部分，处理过程（信源编码、信道编码、调制解调器的基带信号处理、TDMA 帧形成等）可能很多。现代通信设备中这些处理一般都要用到数字信号处理（DSP）芯片，不同的 DSP 需要不同的时钟。在数字通信网中，速率等级很多，不同的速率需要不同的时钟。用多个频率合成器锁定一个高稳定度频率源，即可产生多个高稳定、相干的频率。

（3）产生很高的稳定频率。高频 LC 振荡器和微波振荡器的频率稳定度是很低的，一般不能直接应用。而将高频 LC 振荡器或微波振荡器做成 VCO 组成频率合成器即可使它们的频率稳定度达到参考频率 f_R 的稳定度。石英晶体振荡器是一种廉价的较稳定（10^{-7} 量级）的频率源，但它的基音振荡频率相当低（一般不超过 20 MHz），将它作为参考频率源即可用频率合成器得到廉价、实用的高频或微波频率。从图 11-27 可见，这里工作频率高的

只有 VCO 和 N 分频器。制作高频或微波 VCO 早已没有困难,因此高频频率合成器的输出频率上限决定于 N 分频器。目前,分频器的最高工作频率限制在 10 GHz 以下。

图 11-27 中 M 分频器的作用有两个:一是用于改变频率合成器输出频率变化步长(即频率间隔),这对单片的通用频率合成器是必需的;二是降低鉴相器的工作频率,频率合成器通常使用电流型鉴相器,它的工作频率较低。而参考频率源通常是石英晶体振荡器,它的工作频率一般不超出 1 MHz~20 MHz 的范围,太低会使晶体的体积很大,太高则晶体的体积太小而容易振碎。

图 11-28 为由 CC4046 集成锁相环构成的频率合成器实际电路。其中,晶振 JT 与 74LS04 组成晶体振荡器,提供 32 kHz 的基准频率;74LS90 组成 M 分频电路,改变开关 S 的位置,即改变分频比 M,同时也改变了频率间隔 f_R/M;74LS191 组成可预置数的 N 分频电路,改变输入数据端 $D_0 D_1 D_2 D_3$ 的状态,即改变分频比 N 或波道数。

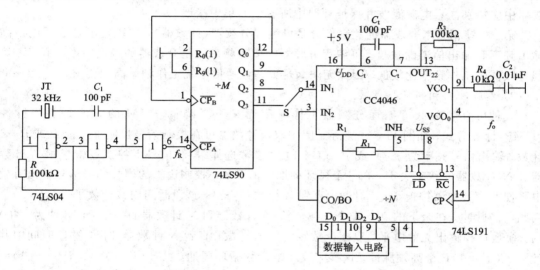

图 11-28 由 CC4046 组成的频率合成器实际电路

例如:设 $M=2$,则频率间隔为 $f_R/M=16$ kHz,当

$D_0 D_1 D_2 D_3 = 0000$ 时,$N=16$,$f_o=255$ kHz;

$D_0 D_1 D_2 D_3 = 0001$ 时,$N=15$,$f_o=240$ kHz;

$\vdots$

$D_0 D_1 D_2 D_3 = 1111$ 时,$N=1$,$f_o=16$ kHz。

由此可见,此时频率合成器的输出频率范围为 16 kHz~256 kHz,共有 16 种频率,两相邻频率间的间隔为 16 kHz。若 $M=4$,则频率间隔为 8 kHz,频率范围为 8 kHz~128 kHz。如图 11-28 所示的频率合成器能提供 $4 \times 16 = 64$ 种不同的频率值。如果采用逻辑电路控制开关 S(即数据输入电路),则频率合成器可以自动输出各种频率。频率合成器的频率转换时间主要由 M 和 N 这两个分频器的速度所决定,频率范围受锁相环器件最高工作频率的限制。在实际应用中需要考虑在此频率范围内,任何指定的频率点上合成器都能工作,且满足性能指标要求。显然,在不同频段可能还有改变定时电阻 R_1、定时电容 C_t(即低通滤波器中 R_3、R_4、C_2)的值,使压控振荡器能够入锁和同步。

2) 简单频率合成器存在的问题

以上讨论的简单频率合成器构成比较方便，但在实际应用中存在一些问题，必须加以注意和改进。

第一，图 11-27 所示的频率合成器中，输出频率的间隔等于鉴相器的参考频率 f_R/M，因此要减小输出频率间隔就必须减小输入参考频率。但降低参考频率后，环路滤波器的带宽也要压缩（因环路滤波器的带宽必须小于参考频率），以便滤除鉴相器输出中的参考频率及其谐波分量。这样，当由一个输出频率转换到另一个频率时，环路的捕捉时间或跟踪时间就要加长，即频率合成器的频率转换时间加大。

第二，分频比 N 很大，会造成环路增益降低（N 倍），为保持环路适当的阻尼和谐振角频率，环路滤波器的增益必须提高 N 倍。这会使 VCO 的相位噪声对鉴相器噪声非常敏感，鉴相器的电源电压和地线电压的轻微波动会造成 VCO 的相位的大幅波动。因此在频率合成器中应特别注意电源滤波并保证环路中所有单元集中接地。

第三，锁相频率合成器的关键部分是可编程分频器（计数器），它决定了合成器的最高输出频率和输出信道的数目。可编程分频器的输入频率就是合成器的输出频率。由于可编程分频器的工作频率比较低，因此无法满足大多数通信系统工作频率高的要求。

3) 吞脉冲锁相频率合成器

一种可有效降低可编程分频器工作频率而又不必降低 f_R/M 的方法是吞没脉冲（UMP）计数方式，如图 11-29 所示。图中双模计数器可在控制信号控制下按模 P 或 $P+1$ 计数，输出信号频率为 f_o/P 或 $f_o/(P+1)$。"模数选择"控制信号由控制逻辑根据 A 计数器和 N 计数器的状态决定。在一个循环周期内的开始，控制逻辑的模数选择信号输出有效电平使双模计数器按模 $P+1$ 计数，直到 A 计数器溢出，这段时间内共计数了 $A(P+1)$ 个高频（f_o）脉冲。在余下的 $N-A$ 个计数节拍（A 计数器和 N 计数器的一个 CP 脉冲为一拍）内，模数选择输出无效电平，双模计数器按模 P 计数，直到 N 计数器溢出，这段时间内共计数了 $(N-A)P$ 个高频脉冲。这样完成一个计数循环周期，共计 $(P+1)A+P(N-A)=NP+A$ 个高频脉冲。即这种分频器的分频比为 $NP+A$，让 A 在 $0\sim P$ 之间取值，$N\geqslant P$，当 $A=P$ 时，可得到 $P^2\sim P(N_{max}+1)$ 之间任意的分频比。例如取 $P=32$，$N_{max}=1024$，则上述分频比的范围为 $1056\sim32\,800$，若 $f_R/M=25$ kHz，则 VCO 输出频率范围为 26.500 MHz～820.000 MHz，频道间隔为 25 kHz。由图 11-29 可看出，UMP 分频器中只有双模计数器工作在高频，而它的结构较简单，级数也较少，因此比较容易实现。

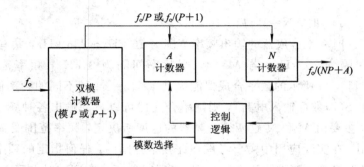

图 11-29　吞没脉冲（UMP）计数方式

由于移动通信产品市场容量大，而几乎各种移动通信产品都要用到两个以上的频率合成器，因此世界上主要的通信电路制造商都推出很多有关的集成电路产品。通常一片频率合成器 IC 中包括除 VCO、环路滤波器和高稳定度频率源外的全部功能电路。并且一个单片内可能包括两套电路分别用于发送和接收。也有将双模计数器单独集成的。这时，频率合成器芯片应能提供模数选择输出。

用吞脉冲可变分频器构成的吞脉冲频率合成器如图 11 - 30 所示。由于吞脉冲可变分频器的分频比为 $PN+A$，当锁相环路锁定时，$f_R=f_o'$，而 $f_o'=f_o/(PN+A)$，所以频率合成器的输出信号频率为

$$f_o=(PN+A)f_R$$

与简单的频率合成器相比，f_o 提高了 P 倍，而频率间隔仍然保持为 f_R，其中 A 为个位分频器，又称尾数分频器。

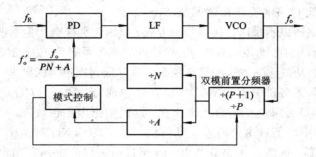

图 11 - 30 吞脉冲频率合成器组成方框图

6. 锁相环在移动通信设备中的应用举例

我们以一个 GSM 手机的频率合成方案介绍锁相环在实际移动通信设备中的应用，如图 11 - 31 所示。GSM 手机的发射频率范围为 890 MHz～915 MHz，接收频率范围为935 MHz～960 MHz，发送或接收总频带为 25 MHz，频道间隔为 200 kHz(每个频道用时分多址方式供 8 个用户同时使用)，共 125 个频道(1 个不用)。每个频道的接收频率与发射频率之间固定相差 45 MHz。

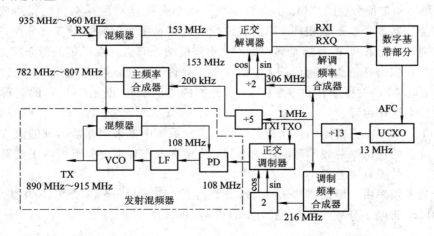

图 11 - 31 一个 GSM 手机中锁相环的应用

　　本机的主振荡器为 13 MHz 的温度补偿压控晶体振荡器，整机的全部射频频率和各处理器的时钟都由它变换而来。接收中频固定为 153 MHz，发射中频固定为 108 MHz。由于两个中频的频率差(45 MHz)等于接收射频信号频率和发射射频信号频率之差，收发两部分共用一个主频率合成器输出的 782 MHz～807 MHz 可变频率变换频道。由于频道间隔为 200 kHz，故主频率合成器的输入参考频率为 200 kHz。发射混频电路是间接式的，它不直接将 782 MHz～807 MHz 本振与 108 MHz 中频混出 890 MHz～915 MHz 的输出，而是将本振与输出混频得到 108 MHz 的反馈信号，这个信号与 108 MHz 的发射中频信号在鉴相器中比较相位。由图可见，虚线框中的鉴相器(PD)、环路滤波器(LF)、VCO 与混频器构成一个锁相环。环路滤波器的设计保证该锁相环为调制跟踪环。因此，108 MHz 的反馈信号的相位跟踪正交调制器输出的发射中频信号的相位。由于本振信号的频率和相位都是稳定的，因此发射信号的相位跟踪正交调制器输出的发射中频信号的相位。GSM 系统的调制体制为一种恒定包络的连续相位调制。

　　发射混频电路之所以不采用直接混频的方式，是因为那样会产生一些与发射频率接近的组合频率混在发射信号中。与发射频率 f_{TX} 最接近的组合频率是 $f_{TX} \pm 108$ MHz，发射混频器后的一级电压放大和功放无法将这些组合频率干扰降低到规定指标要求(< -36 dBm)。采用间接混频器后，混频器各部分都没有这些组合频率成分，同时 VCO 的频谱纯度很高。从 VCO 取得输出射频信号可避免组合频率干扰，同时输出电平也较高。

　　108 MHz 发射中频信号由两路正交基带信号 TXI 和 TXQ 对两个 108 MHz 的正交载波进行正交调制得到。这两个正交载波由 216 MHz 信号经 2 分频(图中表示为÷2)得到。

　　接收中频信号由两个 153 MHz 的正交载波解调。因此这两个正交载波必须与接收中频是相干的，即应进行载波同步。那么，载波同步环路在哪呢？我们看到，产生两个正交解调载波的 306 MHz 信号是由一个频率合成器产生的，而该频率合成器的输出相位最终跟踪 13 MHz 的主振荡器的相位。这说明主振荡器的相位应跟踪接收信号的相位。这是由 AFC 信号实现控制的。调整 AFC 信号的根据是，若正交解调载波与接收中频载波之间有相位差(扣除受调相位)，则必定会在解调器输出 RXI 和 RXQ 中出现异常，数字基带部分根据预定的算法和 RXI、RXQ 的异常调整 AFC。因此本机的载波同步环路由接收混频器、解调器、数字基带部分、UCXO、正交解调载波频率合成器和主频率合成器组成。而其中两个频率合成器本身就是锁相环，因此载波同步环路是一个很复杂的复合环路。这里我们应该注意到，一般 AFC 的目标是频率跟踪，跟踪的结果总会存在一定的稳态频差，稳态频差的存在会积累出任意大的相位误差。而这里只允许有极小的稳态相差，不允许有稳态频差，因此这里 AFC 的概念并非本章 11.4 节介绍的 AFC，这里使用 AFC 的名称是由于很多技术文件上这样称呼。

　　由于 13 MHz 主振荡器的作用极其重要，实际系统中常采用非常精细的温度补偿措施以减小振荡器的自由振荡频率随温度的漂移，使得在工作环境温度范围内正交解调载波与接收中频之间的固有频差极小。

　　两个参考频率由主振荡器的 13 MHz 分频得到。13 MHz 经 13 分频(图中表示为÷13)得到 1 MHz，再经 5 分频(图中表示为÷5)得到 200 kHz。

本 章 小 结

反馈控制是现代系统工程中的一种重要技术手段。在系统受到干扰的情况下，通过反馈控制作用可使系统某个参数达到所需的精度，或按照一定的规律变化。电子线路中也经常应用反馈控制技术。本章介绍了负反馈控制的基本原理及其在高频电路中的几种典型应用——AGC、APC、AFC 和 PLL。

反馈控制电路一般由比较器、控制信号发生器、可控器件及反馈网络四部分组成。其中比较器的作用是将参考信号和反馈信号进行比较，输出一个误差信号，然后通过控制信号发生器输出一个控制信号，对可控器件的某一特性进行控制。而反馈网络的作用是在输出信号中提取所需要进行比较的成分，在比较器中进行比较。

根据输入比较器的信号参量的不同，比较器可以是电压比较器、功率比较器、频率比较器（鉴频器）和相位比较器（鉴相器），与之对应的参考信号和反馈信号可以是电压、功率、频率和相位。可控器件的控制特性一般是增益、功率、频率和相位。

从控制理论的观点看，AGC、APC 和 AFC 都可在正常工作范围内等效为单变量的线性控制系统。从控制精度上看，环路的阶次不需太高，因此其稳定性较容易保证，分析与设计都较简单。而锁相环路是一个强非线性系统，阶次通常又较高，其稳定性不容易保证，分析与设计都要复杂得多。

如本章引言所述，负反馈控制是一种方法或思想，在所有需要稳定或准确调整状态参数的场合都可使用。

习 题 十 一

1. 在接收机中为什么需要采用自动增益控制电路？什么是延迟式 AGC？去掉自动增益控制环节对整个接收系统会带来什么影响？

2. 说明正向 AGC 和反向 AGC 有何不同？普通三极管和 AGC 管有什么区别？

3. 调频接收机中需要设置 AGC 电路吗？自动频率微调即 AFC 电路一般用于哪一类接收机？

4. 调频接收机 AFC 系统为什么要在鉴频与本振之间接入一个低通滤波器？

5. 频率合成器框图如题 5 图所示，$N = 760 \sim 960$，求输出频率范围和频率间隔。

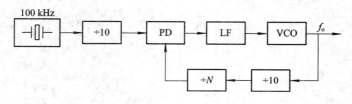

题 5 图

6. 在题 6 图所示的频率合成器中，参考频率为 10 MHz，输出频率范围为 9 MHz～10 MHz，频率间隔为 25 kHz，求前置分频器的分频比 M 和可变分频器的分频比变化范围。

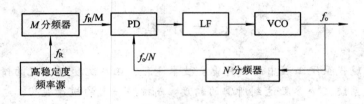

题 6 图

7. 求题 7 图所示的频率合成器中压控振荡器的振荡频率 f_V。

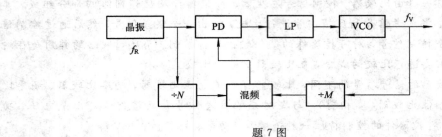

题 7 图

参 考 文 献

[1]　曾兴雯，刘乃安，陈健. 高频电路原理与分析. 4 版. 西安：西安电子科技大学出版社，2006.

[2]　刘联会，李玉魁. 高频电路及其应用. 北京：北京邮电大学出版社，2009.

[3]　胡宴如. 高频电子线路. 4 版. 北京：高等教育出版社，2010.

[4]　申功迈，钮文良. 高频电子线路. 西安：西安电子科技大学出版，2003.